国家级骨干高职院校建设规划教材

无机化学与实验技术

■伊赞荃　池利民　主编
■袁金磊　主审

WUJI HUAXUE YU SHIYAN JISHU

化学工业出版社
·北京·

本书按“突出重点、加强基础、必需够用”的原则选取和编排教学内容，包括无机化学理论和实验技术两部分，共计九章。全书重点讲授了物质结构、元素及其化合物、酸碱平衡、沉淀溶解平衡、氧化还原平衡、配位平衡等无机化学基本原理和无机化学实验的基础知识和基本操作技能。

本教材可作为高等职业院校化工、制药及工业分析与检验类专业的教学用书，也可作为高等专科院校、中等职业学校相关专业的教学用书或参考书。对专业从业人员也将起到一定的参考作用。

图书在版编目（CIP）数据

无机化学与实验技术/伊赞荃，池利民主编．—北京：化学工业出版社，2013.7（2023.8重印）
国家级骨干高职院校建设规划教材
ISBN 978-7-122-17818-3

Ⅰ.①无…　Ⅱ.①伊…②池…　Ⅲ.①无机化学-化学实验-高等职业教育-教材　Ⅳ.①O61-33

中国版本图书馆CIP数据核字（2013）第146066号

责任编辑：旷英姿　窦　臻　　文字编辑：颜克俭
责任校对：王素芹　　装帧设计：尹琳琳

出版发行：化学工业出版社（北京市东城区青年湖南街13号　邮政编码100011）
印　　装：北京七彩京通数码快印有限公司
787mm×1092mm　1/16　印张11½　彩插1　字数273千字　2023年8月北京第1版第6次印刷

购书咨询：010-64518888　售后服务：010-64518899
网　　址：http://www.cip.com.cn
凡购买本书，如有缺损质量问题，本社销售中心负责调换。

定　　价：27.00元

序

PREFACE

配合国家骨干高职院校建设，推进教育教学改革，重构教学内容，改进教学方法，在多年课程改革的基础上，河北化工医药职业技术学院组织教师和行业技术人员共同编写了与之配套的校本教材，经过3年的试用与修改，在化学工业出版社的支持下，终于正式编印出版发行，在此，对参与本套教材的编审人员、化学工业出版社及提供帮助的企业表示衷心感谢。

教材是学生学习的一扇窗口，也是教师教学的工具之一。好的教材能够提纲挈领，举一反三，授人以渔，而差的教材则洋洋洒洒，照搬照抄，不知所云。囿于现阶段教材仍然是教师教学和学生学习不可或缺的载体，教材的优劣对教与学的质量都具有重要影响。

基于上述认识，本套教材尝试打破学科体系，在内容取舍上摒弃求全、求系统的传统，在结构序化上，从分析典型工作任务入手，由易到难创设学习情境，寓知识、能力、情感培养于学生的学习过程中，并注重学生职业能力的生成而非知识的堆砌，力求为教学组织与实施提供一种可以借鉴的模式。

本套教材涉及生化制药技术、精细化学品生产技术、化工设备与机械和工业分析与检验4个专业群共24门课程。其中22门专业核心课程配套教材基于工作过程系统化或CDIO教学模式编写，2门专业基础课程亦从编排模式上做了较大改进，以实验现象或问题引入，力图抓住学生学习兴趣。

教材编写对编者是一种考验。限于专业的类型、课程的性质、教学条件以及编者的经验与能力，本套教材不妥之处在所难免，欢迎各位专家、同仁提出宝贵意见。

河北化工医药职业技术学院　院长　柴锡庆

2013年4月

前言

FOREWORD

无机化学课程是高等职业技术学院化工类专业学生必修的一门职业通用能力课程，也是后续课程的重要支撑。近年来，社会对高职人才的综合能力有了更高的要求，高职院校为了顺应这一趋势，不断地调整课程设置，对一些原有的基础课程进行了大幅度的压缩。许多高职院校化工类专业的无机化学课程教学时数已经减少到50～60学时。在如此有限的学时内要完成无机化学基础理论和实验技能的教学，不仅需要任课教师对教学内容和课程体系进行精心的调整和改革，而且需要任课教师为学生选择一本便于学习的教材。现行的无机化学教材大多系统完整、内容丰富，同时篇幅也很大，用于少学时无机化学课程无疑会给教学带来很大不便。为此，我们遵照全国高职化工类教材的要求，根据工业分析与检验专业和环境检测与治理专业的人才培养方案，并结合当前生产和生活实际，将无机化学理论和实验技术内容在突出重点、加强基础、“必需、够用”的原则下进行了精心选择和大胆删减，编写成本教材。本教材具有以下特点。

1. 在内容的选择上着眼于理论知识与生产、生活的密切结合，力求反映近代无机化学在材料、能源、环保、生命、化工和冶金等方面的应用，此外，也注意到部分内容与高中知识的衔接。

2. 将与有机化学、物理化学、分析化学等课程相重叠的内容进行了删减，使教材既满足本门课程的需要，又为相关平行课程和后续课程的衔接建立了一个很好的起点。

3. 充分考虑高职教育的特点，精简复杂公式和烦琐的计算推导，删除了过深的理论分析和阐述，力求做到言简意赅、通俗易懂，并配以相应的应用例题，以利于学生自学、理解、掌握、应用。

4. 书中带*内容为拓展内容，可根据学情和教学需要选择讲解。

本书由伊赞荃、池利民主编，袁金磊主审。河北华民药业有限责任公司质检处处长、高级工程师侯洪杰和编者一起制定了编写提纲，并对书稿进行了审阅，提出了许多宝贵意见，同时在编写过程中得到了河北化工医药职业技术学院领导和化学教研室全体教师的支持和帮助，在此谨向他们表示感谢。

限于编者水平，书中不当之处难免，请各院校师生和读者批评指正，在此我们致以最诚挚的谢意。

编者

2013年5月

目录

CONTENTS

第二章　重要元素及其化合物　/27

第三章　化学反应速率和化学平衡　/50

第六章　氧化还原平衡　/87

第七章　配位平衡　/101

第八章　无机化学实验基础知识　/111

第一章 物质结构基础

【学习目标】

1. 理解原子核外电子运动状态的描述和核外电子的排布规律；掌握 s、p 电子云的形状。

2. 掌握元素周期律和元素周期表的结构；理解周期表中元素性质的递变规律。

3. 理解离子键和共价键的本质、形成过程及其基本特点。理解价键理论、共价键的类型。

4. 理解杂化轨道理论，并能用其解释分子结构。

5. 能正确判断简单分子的空间构型。了解分子间作用力及氢键的有关概念及它们对物质性质的影响。

自然界物质种类繁多、性质各异，其根本原因都与物质的组成和结构有关。原子结构和分子结构的知识是了解和掌握物质及其性质变化规律的基础。

原子是物质进行化学反应的基本微粒。原子是由带正电荷的原子核和带负电荷的电子组成的，一般在化学反应中，原子核不发生变化，变化的只是核外电子。通常所说的原子结构是指核外电子的数目、排布、能量以及运动状态。世界是由物质构成的，物质的分子又是由原子构成的，因此，要了解物质的性质及其变化，首先必须了解原子和分子的内部结构。本章主要讨论原子核外电子的运动状态、核外电子排布、元素的基本性质与结构的关系、化学键、分子的形成、分子的空间构型以及分子间力。

第一节 原子核外电子的运动特征

一、电子云

通常把质量和体积都极其微小、运动速率等于或接近光速的粒子，如电子、光子、中子和质子等称为微观粒子。微观粒子及其运动规律与宏观物体有很大的差别，不能用经典力学来描述。微观粒子的运动具有波粒二象性。

电子的质量很小，是带负电荷的微粒。它在原子核外直径为 10^{-10} m 的空间作高速运动，这样小而且速度极高的微粒，其运动规律与常见的宏观物体不同。电子在核外的运动没有确定的轨道，人们不能同时准确地测量和计算出它在某一瞬间的位置和运动速度。在描述核外电子运动时，只能采用统计的方法，即对一个电子多次的行为或许多电子的一次行为进行总的研究，可以统计出电子在核外空间某区域内出现机会的多少，这种机会在数学上称为概率（又称几率）。电子在核外空间各区域内出现的概率不同，但却是有规律的。以氢原子为例，氢原子核外只有一个电子，对于这一个电子的运动，其瞬间的空间位置是毫无规律的，但如用统计的方法（假设用特殊的照相机，给氢原子照相），把该电子在核外空间的成千上万的瞬间位置叠加起来，即得到图 1-1 所示的图像。

图 1-1 表明，电子经常在核外空间一个球形区域内出现，如同一团带负电荷的云雾，笼罩在原子核的周围，人们形象地称为电子云。这团“电子云雾”呈球形对称，离核越近，密度越大；离核越远，密度越小。即离核越近，单位体积空间内电子出现的概率越大；离核越远，单位体积空间内电子出现的概率越小。空间某处单位体积内电子出现的概率称为概率密度。因此，电子云是电子在核外空间出现的概率密度，是用来描述核外电子运动状态的。

电子云的表示方法通常有两种，一种是电子云示意图，如图 1-1 所示。原子核位于中心，小黑点的疏密表示核外电子概率密度的相对大小，即电子在核外空间各处出现机会的多少。电子云的另一种表示方法是电子云界面图，如图 1-2 所示，图中显示的是氢原子电子云界面的剖面图。它的界面是等密度面，即该面上每个点的电子云密度相等，界面以内电子出现概率很大（90%以上），界面以外电子出现的概率很小（10%以下）。

根据量子力学计算可知，基态氢原子在半径 r=53pm 的球体内，电子出现的概率较大；而在离核 200～300pm 以外的区域，电子出现概率极小，可以忽略不计。

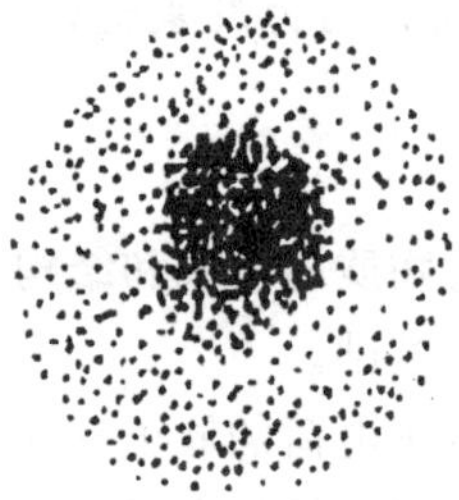

图 1-1　氢原子电子云示意图

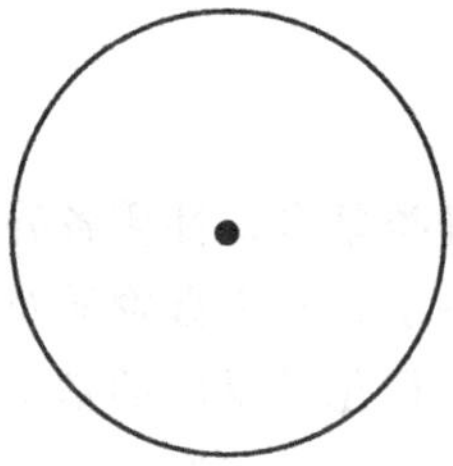

图 1-2　氢原子电子云界面的剖面图

二、核外电子的运动特征

根据实验结果和理论推算，核外电子的运动特征需从以下 4 个方面来描述。

1. 电子层

在多电子原子中，电子之间的能量是不相同的。能量低的电子通常在离核较近的区域内运动；能量高的电子在离核较远的区域内运动。电子能量由低到高，运动的区域离核由近及远，为此，人们将这些离核距离不等的电子运动区域称为电子层，用 n 表示。电子层是确定核外电子运动能量的主要因素。n 的取值只能是正整数 1、2、3、…，表示电子距原子核的远近，n 值越大，表示电子所在的电子层离核越远，能量越高。有时也用 K、L、M、N、O、P、Q 等字母分别表示 n=1、2、3、4、5、6、7 等电子层。

2. 电子亚层和电子云的形状

科学研究发现，即使在同一电子层中，电子的能量还有微小的差别，且电子云的形状也不相同，所以，根据能量差别及电子云的形状不同，同一电子层又分为几个电子亚层，这些亚层分别用 s、p、d、f 表示。s 亚层的电子云是以原子核为中心的球体，如图1-3所示。p 电子云为无柄哑铃形，如图 1-4 所示。d 电子云和 f 电子云的形状较为复杂，本书不做介绍。

K（n=1）层只有 1 个亚层，即 s 亚层；L（n=2）层包括 2 个亚层，即 s 亚层和 p 亚层；M（n=3）层包括 3 个亚层，即 s 亚层、p 亚层和 d 亚层；N（n=4）层包括 4 个亚层，即 s 亚层、p 亚层、d 亚层和 f 亚层。在 1～4 电子层中，电子亚层的数目等于电子层的序数。

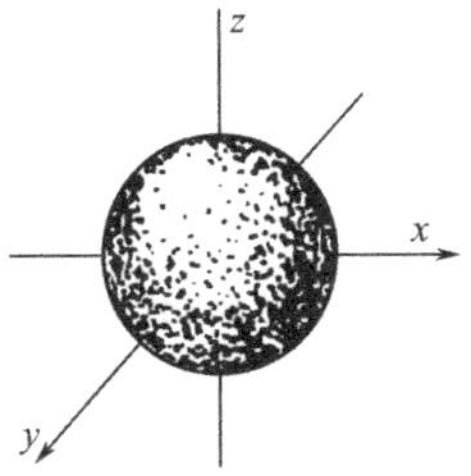

图 1-3　s 电子云示意图

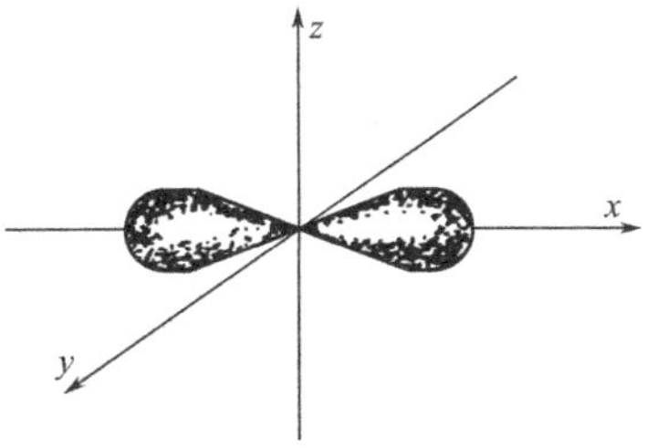

图 1-4　p 电子云示意图

为了表明电子在核外所处的电子层、电子亚层及其能量的高低和电子云的形状，通常将电子层的序数 n 标注在亚层符号的前面。例如，处在 K 层中 s 亚层的电子记为 1s 电子；处在 L 层中 s 亚层和 p 亚层的电子分别记为 2s 电子和 2p 电子；处在 M 层中 d 亚层的电子记为 3d 电子；处在 N 层中 f 亚层的电子记为 4f 电子等。

3. 电子云的伸展方向

电子云不仅有确定的形状，而且在空间有一定的伸展方向。s 电子云呈球形对称，在空间各个方向出现的概率都是一样的，所以没有方向性。p 电子云在空间可沿坐标的 x，y，z 轴 3 个方向伸展，如图 1-5 所示。d 电子云有 5 个伸展方向，f 电子云有 7 个伸展方向。同一亚层不同伸展方向的电子云其能量相同。习惯上，把在一定的电子层中，具有一定形状和伸展方向的电子云所占有的原子空间称为原子轨道，简称“轨道”。原子轨道是描述核外电子运动状态的特殊函数，它由电子层、电子亚层和电子云的伸展方向 3 个方面加以描述，必须同时指明这 3 个方面方能描述一个确定的轨道。因而，各个电子亚层可能有的最多轨道数，由该亚层电子云伸展方向的个数决定，即 s、p、d、f 亚层分别有 1、3、5、7 个轨道。

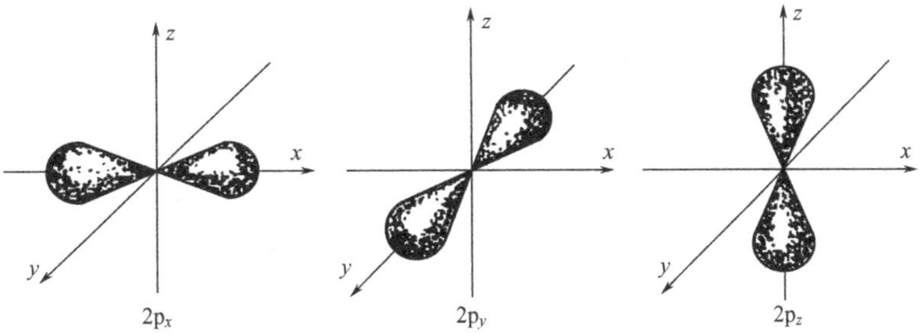

图 1-5　p 电子云的三种伸展方向

如果用方框□或圆圈○表示一个轨道，则各亚层上的轨道可用轨道式来表示。例如 2p 亚层有 3 个轨道，它们可表示为：

2p　　　　　　2p

□□□　　或　　○○○

现将各电子层可能有的轨道数归纳如下：

电子层（n）	电子亚层	轨道数
K（$n=1$）	1s	$1=1^2$
L（$n=2$）	2s 2p	$1+3=4=2^2$

M ($n=3$)	3s 3p 3d	$1+3+5=9=3^2$
N ($n=4$)	4s 4p 4d 4f	$1+3+5+7=16=4^2$
n		n^2

由此可见，每个电子层内所含有的轨道数，等于该电子层数的平方，即 n^2 ($n=4$)。

4. 电子的自旋

原子中的电子在围绕原子核运动的同时，还存在本身的自旋运动。电子自旋状态只有 2 种，即顺时针方向和逆时针方向，通常用“↑”和“↓”表示 2 种不同的自旋方向。

用轨道表示式表示核外电子运动状态时，应表明其自旋方向。例如，氦原子的 1s 轨道上有 2 个电子，其自旋方向相反，可表示为⇅。

综上所述，描述原子核外电子的运动状态时，必须同时指明电子所处的电子层、电子亚层、电子云的伸展方向和电子的自旋方向。

第二节 原子核外电子的排布

一、多电子原子轨道和近似能级图

对氢原子来说，其核外的一个电子通常是位于基态的 1s 轨道上。而对多电子原子来说，其核外电子是按能级顺序分层排布的。根据光谱实验结果，并结合原子核外电子运动状态，得出原子中电子所处轨道的能量 (E) 的高低，主要由电子层 n 决定。n 越大，能量越高。不同电子层的同类型亚层的能量，按电子层序数递增。如 $E_{1s}<E_{2s}<E_{3s}<E_{4s}\cdots$；$E_{2p}<E_{3p}<E_{4p}\cdots$。

在多电子原子中，轨道的能量也与电子亚层有关。在同一电子层中，各亚层能量按 s、p、d、f 的顺序递增。即 $E_{ns}<E_{np}<E_{nd}<E_{nf}$，这好像阶梯一样，一级一级的，称为原子的能级。一个亚层也称为一个能级，如 1s、2s、2p、3d、4f 等都是原子的一个能级。

在多电子原子中，由于各电子间存在着较强的相互作用，造成某些电子层序数较大的亚层能级反而低于某些电子层序数较小的亚层能级的现象。例如 $E_{4s}<E_{3d}$；$E_{5s}<E_{4d}$；$E_{6s}<E_{4f}<E_{5d}$等。这种现象称为能级交错。

根据上述经验，将这些能量不同的轨道按能量高低的顺序排列起来，如图 1-6 所示。图中每一个方框表示一个轨道，方框的位置越低，表示能量越低。方框的位置越高，表示能量越高。从第三电子层开始出现能级交错现象。

图中按能量高低，将邻近的能级用虚线方框分为 7 个能级组。每个能级组内各亚层轨道间的能量差别较小，而相邻能级组间的能量差别则较大。这些能级组是元素长式周期表划分的基础。

根据多电子原子的近似能级图来排布核外电子，是呈现一定规律的。需要指出的是，无论是实验结果还是理论推导都证明：原子在失去电子时的顺序与填充时的顺序并不对应，例如，Fe 的最高能级组电子填充的顺序为先填 4s 轨道上的 2 个电子，再填 3d 轨道上的 6 个电子，而在失去电子时，先失去 2 个 4s 电子（成为 Fe^{2+}），再失去 1 个 3d 电子（成为 Fe^{3+}）。

二、原子核外电子的排布规则

根据光谱实验结果，人们总结出核外电子排布遵守以下原则。

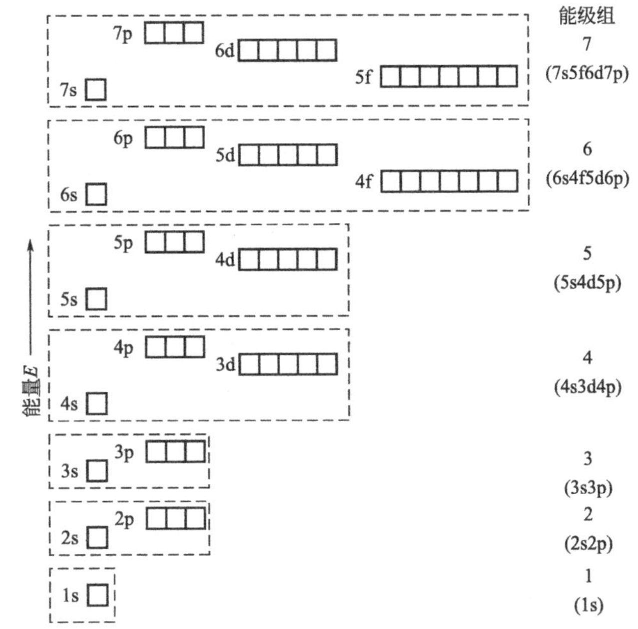

图 1-6　多电子原子的近似能级图

1. 能量最低原理

物体能量越低，越稳定。实验证明：核外电子总是尽先排布在能量最低的原子轨道中，然后再依次排布在能量较高的原子轨道，这个规律称为能量最低原理。

根据多电子原子的近似能级图和能量最低原理，可得核外电子填入各亚层轨道的顺序，如图 1-7 所示。

2. 泡利不相容原理

科学实验证明：在同一个原子中，不可能有运动状态完全相同的电子存在，这就是泡利不相容原理。换言之，如果两个电子处于同一轨道，那么，这两个电子的自旋状态必定不同。因此，每一个原子轨道中最多只能容纳 2 个自旋方向相反的电子，而每个电子层中最多有 n^2 个轨道，所以，各电子层最多可能容纳 $2n^2$（$n \leqslant 4$）个电子。表 1-1 列出了 1～4 电子层最多可能容纳的电子数。

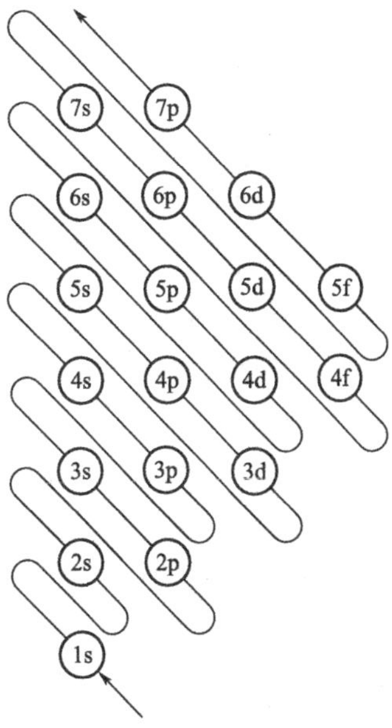

图 1-7　电子填入轨道顺序助记图

3. 洪德规则

原子中在同一亚层的等价轨道（即能量相同的轨道）排布电子时，应尽可能分占不同的轨道，且自旋状态相同，以使整个原子的能量最低，这个原则称为洪德规则。

例如原子序数为 6 的碳元素，核外有 6 个电子，碳原子 2p 轨道上的 2 个电子的排布应为：C（$2p_x^1$，$2p_y^1$）

同理，原子序数为 7 的氮元素核外电子排布如下：

N　$1s^2 2s^2 2p^3$（$2p_x^1$，$2p_y^1$，$2p_z^1$）。

此外，由量子力学的计算表明，作为洪德规则的特例，在等价轨道上，当电子处于全充满（如 p^6、d^{10}、f^{14}）、半充满（如 p^3、d^5、f^7）或全空（如 p^0、d^0、f^0）状态时，能量较低、因而是较稳定的状态。

表 1-1　1～4 电子层最多可能容纳的电子数

电子层 n	K $n=1$	L $n=2$		M $n=3$			N $n=4$			
电子亚层	1s	2s	2p	3s	3p	3d	4s	4p	4d	4f
亚层中的轨道数	1	1	3	1	3	5	1	3	5	7
亚层中的电子数	2	2	6	2	6	10	2	6	10	14
表示符号	$1s^2$	$2s^2$	$2p^6$	$3s^2$	$3p^6$	$3d^{10}$	$4s^2$	$4p^6$	$4d^{10}$	$4f^{14}$
电子层最多可能容纳的电子数	2	8		18			32			

应当指出，核外电子排布的三条原则是根据大量实验事实及光谱实验结果得出的一般结论。绝大多数原子的核外电子排布符合这些原则，但也有少数元素例外。个别元素原子的电子排布的特殊性，还有待于进一步地探讨。

三、原子的电子层结构与元素周期律

1. 元素原子的电子层结构

根据电子排布三原则和电子填充顺序，就可以确定大多数元素的基态原子中电子的排布情况，即得原子的电子层结构。原子的电子层结构可用如下方法表示。

（1）电子排布式　按电子在原子核外各亚层中分布的情况，在亚层符号的右上角注明排列的电子数，称此表示方法为电子排布式。例如 11 号元素钠的电子排布式为 $1s^2 2s^2 2p^6 3s^1$。

由于参加化学反应的只是原子的外层电子，内层电子构型一般不变，因此可用“原子实”来表示原子的内层电子构型。当内层电子构型与稀有气体的电子构型相同时，就用该稀有气体的元素符号加方括号来表示原子的内层电子构型，并称为“原子实”。如 11 号元素钠的电子排布式也可用“原子实”表示式简写为 Na：[Ne] $3s^1$。又如 24 号元素铬可表示为 Cr：[Ar] $3d^5 4s^1$。

（2）轨道表示式　为更好地表示电子在等价轨道中的运动状态，常在表示轨道的方框或圆圈内，用向上或向下的箭头表示电子的自旋状态，称此表示方法为轨道表示式。如 6 号元素碳的轨道表示式为。

（3）价电子排布（价层电子构型）　在电子排布式中，价层电子所在的亚层的电子排布称为价电子排布或价层电子构型（价层电子是指发生化学反应时，参与成键的电子，也称价电子）。例如：

$$_{24}Cr：3d^5 4s^1；\ _{29}Cu：3d^{10} 4s^1；\ _{19}K：4s^1；\ _{17}Cl：3s^2 3p^5$$

化学反应的实质是元素价电子的运动状态发生了变化，因此在讨论化学键的形成时，价层电子构型尤为重要。

根据能量最低原理、泡利不相容原理和洪德规则，按照多电子原子的近似能级图，可将核电荷数为 1～36 的元素的原子核外电子排布情况列于表 1-2 中。

2. 原子的电子层结构与元素周期律

元素的单质及其化合物的性质，随着原子序数的递增而呈现周期性的变化。这一规律叫做元素周期律。它是 1869 年由俄国的化学家门捷列夫发现的。

周期律产生的基础是随着核电荷的递增，原子最外层电子排布呈周期性变化，即最外层

电子构型重复着从 ns^1 开始到 ns^2np^6 结束这一周期性变化。周期表是周期律的表现形式。现从几个方面讨论周期表与原子电子层结构的关系。

表 1-2　核电荷数为 1～36 的元素原子的核外电子排布

核电荷数	元素符号	电子层 K	L		M			N			
		1s	2s	2p	3s	3p	3d	4s	4p	4d	4f
1	H	1									
2	He	2									
3	Li	2	1								
4	Be	2	2								
5	B	2	2	1							
6	C	2	2	2							
7	N	2	2	3							
8	O	2	2	4							
9	F	2	2	5							
10	Ne	2	2	6							
11	Na	2	2	6	1						
12	Mg	2	2	6	2						
13	Al	2	2	6	2	1					
14	Si	2	2	6	2	2					
15	P	2	2	6	2	3					
16	S	2	2	6	2	4					
17	Cl	2	2	6	2	5					
18	Ar	2	2	6	2	6					
19	K	2	2	6	2	6		1			
20	Ca	2	2	6	2	6		2			
21	Sc	2	2	6	2	6	1	2			
22	Ti	2	2	6	2	6	2	2			
23	V	2	2	6	2	6	3	2			
24	Cr	2	2	6	2	6	5	1			
25	Mn	2	2	6	2	6	5	2			
26	Fe	2	2	6	2	6	6	2			
27	Co	2	2	6	2	6	7	2			
28	Ni	2	2	6	2	6	8	2			
29	Cu	2	2	6	2	6	10	1			
30	Zn	2	2	6	2	6	10	2			
31	Ga	2	2	6	2	6	10	2	1		
32	Ge	2	2	6	2	6	10	2	2		
33	As	2	2	6	2	6	10	2	3		
34	Se	2	2	6	2	6	10	2	4		
35	Br	2	2	6	2	6	10	2	5		
36	Kr	2	2	6	2	6	10	2	6		

（1）原子电子层结构与周期的关系　具有相同电子层，且随原子序数递增顺序排列的一系列元素，叫做一个周期。周期表共有 7 个横行，分别对应 7 个周期：一个特短周期（2 种元素），两个短周期（8 种元素），两个长周期（18 种元素），一个特长周期（32 种元素）以及一个未完全周期。每一周期中元素的数目等于相应能级组中原子轨道所能容纳的电子总数。由于能级交错的存在，所以产生以上各长短周期的分布。各周期元素的数目与原子结构的关系见表 1-3。

表 1-3　各周期元素的数目与原子结构的关系

周期	元素数目	相应的轨道				容纳电子总数
1	2	1s				2
2	8	2s			2p	8
3	8	3s			3p	8
4	18	4s		3d	4p	18
5	18	5s		4d	5p	18
6	32	6s	4f	5d	6p	32
7	未满	7s	5f	6d		未满

元素在周期表中所处的位置与原子结构的关系为：

周期序数＝电子层层数

因此，每增加一个电子层，就开始一个新的周期。

（2）原子电子层结构与族的关系　元素周期表的纵行，称为族。周期表有 18 个纵行，共 16 个族。其中ⅠA～ⅧA 为主族，ⅠB～ⅧB 为副族，除ⅧB 族包括三个纵行外，其他每一纵行为一族，每一族元素的外层电子构型大致相同，因此，它们的性质相似。

元素的族序数与其原子的外层电子构型关系密切。

① 主族元素　主族元素的族序数＝元素的最外层电子数＝其价电子数。例如 Mg 的最外层电子构型为 $3s^2$，最外层有 2 个电子，所以属于ⅡA 族。

② 副族元素ⅠB 和ⅡB 族元素的族序数＝元素的最外层电子数；ⅢB～ⅦB 族元素的族序数＝最外层电子数＋次外层 d 电子数；ⅧB 族包括左数第 8、9、10 三个纵行，其最外层电子数与次外层 d 电子数之和分别为 8、9、10。

（3）原子的电子层结构与元素的分区　根据元素原子的价电子构型，可以把周期表中的元素分成 5 个区。

① s 区　它包括ⅠA、ⅡA 族元素，价电子构型为 $ns^{1\sim2}$，价电子容易失去，为活泼金属元素。

② p 区　它包括ⅢA～ⅧA 族元素。价电子构型为 $ns^2np^{1\sim6}$。p 区元素有金属，也有非金属，还有稀有气体，它们在化学反应中只有最外层的 s 电子和 p 电子参与反应，不涉及内层电子。

③ d 区　它包括ⅢB～ⅧB 族元素。价电子构型为 $(n-1)d^{1\sim9}ns^{1\sim2}$。

④ ds 区　它包括ⅠB 和ⅡB 族元素。价电子构型为 $(n-1)d^{10}ns^{1\sim2}$。

d 区和 ds 区元素称为过渡元素。d 区和 ds 区最外层只有 1～2 个 s 电子，故 d 区和 ds 区元素都是金属元素。它们在化学反应中，不仅最外层的 s 电子参与反应，而且次外层的 d 电子也可以部分或全部参与反应。

⑤ f 区　包括镧系和锕系元素，又称为内过渡元素。价电子构型为 $(n-2)f^{1\sim14}(n-1)d^{0\sim2}ns^2$。

第三节 元素性质的周期性变化

由于元素原子的电子结构呈周期性变化，导致了元素基本性质——包括原子半径、金属性和非金属性、酸碱性、氧化数等性质随着核电荷数的递增呈周期性变化。

一、原子半径

根据量子力学的观点，电子在核外空间是按概率分布的，这种分布没有一个明确的界面，所以原子的大小无法直接测定。

1. 原子半径的类型

通常所说的原子半径，是根据原子不同的存在形式来定义的，常用的有以下 3 种。

(1) 金属半径　在金属晶体中，相邻两金属原子核间距的一半称为金属半径。

(2) 共价半径　同种元素的两个原子以共价键结合时，两原子核间距离的一半，称为共价半径。周期表中各元素原子的共价半径见表 1-4。

表 1-4　元素原子的共价半径/pm

H 32																	He 93
Li 123	Be 89											B 82	C 77	N 70	O 66	F 64	Ne 112
Na 154	Mg 136											Al 118	Si 117	P 110	S 104	Cl 99	Ar 154
K 203	Ca 174	Sc 144	Ti 132	V 122	Cr 118	Mn 117	Fe 117	Co 116	Ni 115	Cu 117	Zn 125	Ga 126	Ge 112	As 121	Se 117	Br 114	Kr 169
Rb 216	Sr 191	Y 162	Zr 145	Nb 134	Mo 130	Tc 127	Ru 125	Rh 125	Pd 128	Ag 134	Cd 148	In 144	Sn 140	Sb 141	Te 137	I 133	Xe 190
Cs 235	Ba 198	La 169	Hf 144	Ta 134	W 130	Re 128	Os 126	Ir 127	Pt 130	Au 134	Hg 144	Tl 148	Pb 147	Bi 146	Po 146	At 145	Rn 220

(3) 范德华半径　稀有气体在低温下形成单原子分子晶体时，分子之间是以范德华力结合，这时相邻两原子核间距离的一半，称为范德华半径。

值得注意的是：同种原子用不同形式的半径表示时，半径值不同。一般金属半径比共价半径大；范德华半径比共价半径大得多。

2. 原子半径的递变情况

同一周期从左至右（稀有气体除外），主族元素的原子半径逐渐减小。因为同周期的主族元素，从左至右随着原子序数的增加，核电荷数增大，原子核对电子的吸引力增强，致使原子半径缩小；卤素以后，稀有气体半径又加大，此时已不是共价半径，而是范德华半径了。对过渡元素和镧系、锕系元素而言，同周期从左至右，元素的原子半径减小的幅度没有主族元素大。因为这些元素的新增电子处于次外层上或是倒数第三层上，因此，随着核电荷的增大，原子半径减小得不明显。

同一主族自上而下，元素的原子半径逐渐增大。因为同一主族的元素，自上而下随着原子序数的增加，电子层增多，核对外层电子吸引力减弱，原子半径增大；尽管随着原子序数的增加，核电荷数也增大，会使原子半径缩小，但这两种作用相比，电子层数的增加而使半径增大的作用较强，所以总的效果是原子半径自上而下逐渐增大。

*二、解离能

元素的原子失去电子的难易程度，通常可用解离能来衡量。

解离能是从基态的气态原子失去电子成为气态阳离子所需要的能量。符号为 I，单位为 kJ/mol。

对于多电子原子，从处于基态的气态原子中去掉一个电子成为+1 价的气态阳离子所需消耗的能量，叫做第一解离能（I_1）；从+1 价气态阳离子再去掉一个电子，成为+2 价气态阳离子需要消耗的能量，叫做第二解离能（I_2）。依次类推。通常 $I_1 < I_2 < I_3 \cdots$。例如：

$$M(g) \longrightarrow M^{+}(g) + e^{-} \qquad I_1$$

$$M^{+}(g) \longrightarrow M^{2+}(g) + e^{-} \qquad I_2$$

解离能的大小反映原子失电子的难易。解离能越大。原子失电子越难；反之，解离能越小，原子失电子越容易。通常用第一解离能来衡量原子失电子的能力。表 1-5 列出元素的第一解离能。

表 1-5　元素原子的第一解离能 I_1/(kJ/mol)

H 1312																
Li 520	Be 889											B 801	C 1086	N 1402	O 1314	F 1681
Na 496	Mg 738											Al 578	Si 789	P 1012	S 999	Cl 1251
K 419	Ca 590	Sc 631	Ti 658	V 650	Cr 653	Mn 717	Fe 759	Co 758	Ni 737	Cu 746	Zn 906	Ga 579	Ge 762	As 944	Se 941	Br 1140
Rb 403	Sr 549	Y 616	Zr 660	Nb 664	Mo 685	Tc 702	Ru 711	Rh 720	Pd 805	Ag 731	Cd 868	In 558	Sn 709	Sb 832	Te 869	I 1008
Cs 376	Ba 503	La 538	Hf 654	Ta 761	W 770	Re 760	Os 840	Ir 880	Pt 870	Au 890	Hg 1007	Tl 589	Pb 716	Bi 703	Po 812	At 917
Fr 386	Ra 509	Ac 490														

可以看出，元素的解离能呈现规律性的变化：同一周期从左至右，元素的解离能逐渐增大，原子失电子的能力逐渐减弱。同一主族自上而下，元素的解离能逐渐减小，即元素原子失电子能力逐渐增强。

三、电负性

元素的电负性是指分子中元素的原子吸引成键电子的能力。电负性概念是 1932 年由鲍林（L. Pauling）首先提出来的，他指定最活泼的非金属元素氟的电负性为 4.0，然后通过计算得出其他元素电负性的相对值，如表 1-6 所示。

从表 1-6 可以看出，同一周期从左至右，主族元素的电负性依次递增，这也是由于原子的核电荷数逐渐增大，半径依次减小的缘故，使原子在分子中吸引成键电子的能力增加。同一主族自上而下，元素的电负性趋于减小，说明原子在分子中吸引成键电子的能力趋于减弱。过渡元素电负性的变化没有明显的规律。

表 1-6　元素原子的电负性

H 2.1																	
Li 1.0	Be 1.5											B 2.0	C 2.5	N 3.0	O 3.5	F 4.0	
Na 0.9	Mg 1.2											Al 1.5	Si 1.8	P 2.1	S 2.5	Cl 3.0	
K 0.8	Ca 1.0	Sc 1.3	Ti 1.5	V 1.6	Cr 1.6	Mn 1.5	Fe 1.8	Co 1.9	Ni 1.9	Cu 1.9	Zn 1.6	Ga 1.6	Ge 1.8	As 2.0	Se 2.4	Br 2.8	
Rb 0.8	Sr 1.0	Y 1.2	Zr 1.4	Nb 1.6	Mo 1.8	Tc 1.9	Ru 2.2	Rh 2.2	Pd 2.2	Ag 1.9	Cd 1.7	In 1.7	Sn 1.8	Sb 1.9	Te 2.1	I 2.5	
Cs 0.7	Ba 0.9	La～Lu 1.0～1.2	Hf 1.3	Ta 1.5	W 1.7	Re 1.9	Os 2.2	Ir 2.2	Pt 2.2	Au 2.4	Hg 1.9	Tl 1.8	Pb 1.8	Bi 1.9	Po 2.0	At 2.2	
Fr 0.7	Ra 0.9	Ac 1.1	Th 1.3	Pa 1.4	U 1.4	Np～No 1.4～1.3											

四、元素的金属性与非金属性

元素的金属性是指元素的原子失去电子的能力，非金属性是指元素的原子得到电子的能力。元素的电负性综合反映了原子得失电子的能力，故可作为元素金属性与非金属性统一衡量的依据。一般来说，金属的电负性小于 2.0，非金属的电负性大于 2.0。电负性越大，表明该元素原子在分子中吸引电子的能力越强，元素的非金属性越强，金属性越弱。反之，电负性越小，表明该元素的非金属性越弱，金属性越强。

同一周期从左至右，主族元素的原子半径逐渐减小，解离能、电负性逐渐增强，金属性逐渐减弱，非金属性逐渐增强。同主族元素自上而下，原子半径逐渐增大，电负性逐渐减小，原子失电子能力逐渐增强，得电子能力逐渐减弱，元素的金属性逐渐增强，非金属性逐渐减弱。

五、氧化数

元素的氧化数是指在单质和化合物中元素的一个原子的形式电荷数。氧化数是反映元素的氧化状态的定量表征，它与原子的电子层结构密切相关，特别是与价电子层电子数有关。

1. 主族元素的氧化数

主族元素的价电子构型是 $ns^{1\sim2}$ 和 $ns^2np^{1\sim6}$，当其价电子全部参与反应时，元素呈现的最高氧化数等于它们的 ns 电子和 np 电子数之和，也等于它所在族的序数，所以ⅠA～ⅦA 各主族元素的最高氧化数从 +1 逐渐升高到 +7。从ⅣA 族开始出现负氧化数，各主族非金属元素的最高氧化数和它的负氧化数绝对值之和为 8，从ⅣA～ⅦA 各主族非金属元素的负氧化数分别为 −4、−3、−2、−1。

2. 副族元素的氧化数

副族元素的价电子结构比较复杂，但它们都是金属元素，没有负氧化数，多呈现可变的正氧化数，其最高正氧化数等于它所在的族数（除ⅠB 外）。

第四节　化　学　键

通过原子结构理论的学习可知，除稀有气体外，其他元素的原子都未达到稳定结构，因此都不能以原子的形式孤立存在，而必须结合形成化合物分子，使各自达到稳定构型。分子是保持物质化学性质的最小微粒，是参与化学反应的基本单元。物质的性质主要决定于分子的性质，而分子的性质又是由分子的内部结构所决定的。因此，研究分子的内部结构，对于了解物质的性质和化学反应规律有极其重要的作用。

物质的分子是由原子结合而成的，说明原子之间存在着强烈的相互作用力。分子（或晶体）中相邻原子（或离子）之间主要的、强烈的相互作用称为化学键。根据化学键的特点，一般把化学键分为离子键、共价键、金属键 3 种基本类型。本节仅讨论离子键、共价键及用杂化轨道理论解释分子的空间构型。

一、离子键

1. 离子键的形成

离子键的概念是德国化学家柯塞尔（W. Kossel）1916 年提出的。他认为原子间相互化合时，原子失去或得到电子以达到稀有气体的稳定结构。这种靠原子得失电子形成阴、阳离子，由阴、阳离子间靠静电作用形成的化学键叫离子键。如金属钠与氯气反应生成氯化钠。

$$Na：1s^2 2s^2 2p^6 3s^1 \xrightarrow{-e} 1s^2 2s^2 2p^6 \quad Na^+$$

$$Cl：1s^2 2s^2 2p^6 3s^2 3p^5 \xrightarrow{+e} 1s^2 2s^2 2p^6 3s^2 3p^6 \quad Cl^-$$

钠原子属于活泼的金属原子，最外电子层有 1 个电子，容易失去；氯原子属于活泼的非金属原子，最外电子层有 7 个电子，容易得到 1 个电子，从而使最外层都达到 8 个电子，形成稳定结构。当钠原子与氯原子接触时，钠原子最外层的 1 个电子就转移到氯原子的最外电子层上，形成带正电的钠离子（Na^+）和带负电的氯离子（Cl^-），阴阳离子间存在的异性电荷间的静电吸引力，使两种离子相互靠近，达到一定距离时，静电引力和电子与电子、原子核与原子核之间同性电荷间的排斥力达到平衡，于是钠离子与氯离子间就形成了稳定的化学键——离子键。

活泼的金属原子（主要指ⅠA 族和ⅡA 族）和活泼的非金属原子（主要指ⅦA 族和ⅥA 族的 O、S 等原子）化合时，都能形成离子键。

2. 离子键的特征

离子键的本质是阴阳离子的静电作用力，在离子键模型中，可以近似地将离子的电荷分布看作球形对称，所以离子键具有以下特征。

（1）离子键没有方向性　因为离子所带的电荷分布呈球形对称，在空间各个方向上的静电作用相同，可从任何一个方向同等程度地吸引带相反电荷的离子，所以说离子键没有方向性。

（2）离子键没有饱和性　一个阳离子在空间允许范围内，可以尽可能多地吸引阴离子；同样，一个阴离子也可以尽可能多地吸引阳离子。例如，在 NaCl 晶体中，每个钠离子（或氯离子）的周围排列着 6 个相反电荷的氯离子（或钠离子）。但除了这些近距离相接触的吸引外，每个离子还会受到所有其他异性离子的作用，只不过距离较远、相互作用较弱而已。

（3）离子键的离子性与元素的电负性有关　离子键形成的重要条件是相互作用的原子其电负性差值较大。一般认为，若两原子电负性差值大于 1.7 时，可判断它们之间形成离子键。但近代化学实验和量子化学的计算指出，即使典型的离子化合物中，离子间的作用力并不完全是静电引力，仍有原子轨道的重叠成分，即离子键中也有部分共价性。

3. 离子键的强度

离子键的强度影响离子化合物的性质，而阴、阳离子的性质又影响离子键的强度。对同构型离子来说，一般离子半径越小，电荷越高，离子间引力越强，离子键强度就越大，离子化合物就越稳定。离子键的强度或离子晶体的强度通常用晶格能来衡量。晶格能是指在标准状态下，由气态离子生成 1mol 晶体放出的能量，用 U 表示，单位 kJ/mol。晶格能越大，离子键越强，离子晶体越稳定。

二、共价键

1. 共价键理论

1916 年美国化学家路易斯（Lewis）首先提出共价键的概念，他认为原子结合成分子时，原子间可以共用一对或几对电子，以形成类似稀有气体的稳定结构。例如 Cl_2、N_2、O_2 等分子的形成，像这样原子与原子间通过共用电子对所形成的化学键，叫做共价键。除同种非金属原子形成共价键分子外，性质比较相近的不同非金属元素的原子也能相互结合而生成共价键化合物分子，如 HCl、H_2O。化学上，常用“—”表示 1 对共用电子对，用“═”表示 2 对共用电子对，用“≡”表示 3 对共用电子对等。因此 Cl_2、HCl、H_2O、N_2、CO_2 可以分别表示为：

Cl—Cl　　H—Cl　　H—O—H　　N≡N　　O═C═O

这种表示方式又称为结构式。

路易斯（Lewis）的经典共价键理论成功的解释了同种元素的原子以及性质相近的元素的原子的成键情况，初步揭示了共价键的本质，对分子结构的认识前进了一步。但这一理论遇到了许多不能解释的问题，如 2 个电子都带负电荷，为何不相互排斥，反而相互配对成键；2 个氢原子可以形成电子对，3 个氢原子能否共用电子形成 H_3。为了解决这些问题，一些化学家在经典共价理论基础上，从量子力学的角度发展了这一成果，建立了现代价键理论，又称电子配对法。其要点如下。

（1）电子配对原理　一个原子有几个未成对的电子，便可和几个自旋相反的电子配对形成几个共用电子对。

（2）能量最低原理　成键过程中，自旋相反的成单电子的原子，相互靠近时，电子云重叠，核间电子云密度较大，体系能量将会降至最低，可以形成稳定的共价键。

（3）原子轨道最大重叠原理　原子间形成共价键时，原子轨道一定要发生重叠，重叠程度愈多，核间电子云密度愈大，形成的共价键就越牢固，因此共价键尽可能地沿着原子轨道最大重叠的方向形成。

下面以 H_2 分子的形成来说明共价键的本质。每个氢原子都有一个未成对的 1s 电子，当两个氢原子相互靠近时，自旋的电子接触有两种可能性：如果两个氢原子的电子自旋相反，原子轨道发生重叠，在两原子核间电子云密度变大，构成一个负电荷的“桥”，把两个带正电的核吸引在一起，形成了稳定的 H_2 分子，这种状态称为 H_2 分子的基态，如图 1-8（a）所示。如果两个氢原子的电子自旋相同，电子之间互相排斥，使两原子核间电子云密度减小，不可能形成稳定的 H_2 分子，这种状态称为 H_2 分子的排斥态，如图 1-8（b）所示。必须指出，形成共价键分子的两个原子间除了由负电“桥”产生的吸引力外，还存在着两核间的排斥力，两个氢原子愈靠近，这种排斥力愈大。当两个原子靠近到一定距离时，吸引力与排斥力达到平衡，此时便形成了稳定的共价键，两核间的距离叫平衡距离。

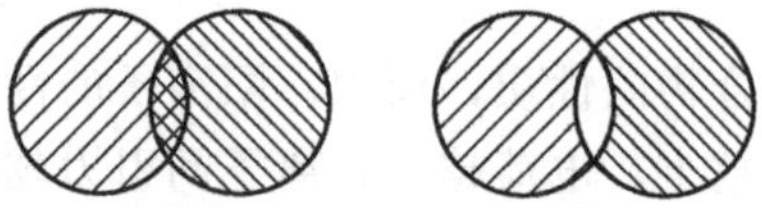

图 1-8　氢分子的形成

总之，共价键的形成，实际上是原子轨道重叠的结果，在分子中相邻原子轨道重叠越多，共价键也就愈稳定。

2. 共价键的特征

共价键的形成以共用电子对为基础，因此与离子键有本质的区别，其特点如下。

① 共价键结合力的本质是电性的，但不能认为纯粹是静电作用力。因为共价键的形成是原子核对共用电子对的吸引力，区别于阴阳离子间的库仑引力。共价键的强度取决于原子轨道成键时重叠的多少、共用电子对的数目和原子轨道重叠的方式等因素。

② 共价键的形成是由于原子轨道的重叠，两核间电子云概率密度增大。但这并不意味着电子对仅存在于两核之间，电子对应该在两核周围的空间运动，只是在两核间空间出现的概率最大。

③ 共价键的饱和性。根据共价键形成的条件，一个原子的未成对电子跟另一个原子的自旋相反的电子配对成键后，就不能再与第三个原子的电子配对成键，因此，一个原子中有几个未成对电子，就只能和几个自旋相反的电子配对成键，这就是共价键的饱和性，是共价键与离子键的重要区别之一。

④ 共价键的方向性。根据原子轨道最大重叠原理，原子间总是尽可能地沿着原子轨道最大重叠的方向成键。s 轨道是球形对称的，因此，无论在哪个方向上都可能发生最大重叠。而 p、d 轨道在空间都有不同的伸展方向，为了形成稳定的共价键，原子轨道尽可能沿着某个方向进行最大程度的重叠，这就是共价键的方向性，是与离子键的另一个重要区别。

下面以氯化氢分子的形成为例，说明共价键的方向性。氯原子核外仅有一个未成对的 3p（若为 $3p_x$ 电子），当它与氢原子的 1s 电子云在两原子核间距离相同的情况下，电子云按图 1-9 所示的三种情况配对重叠。

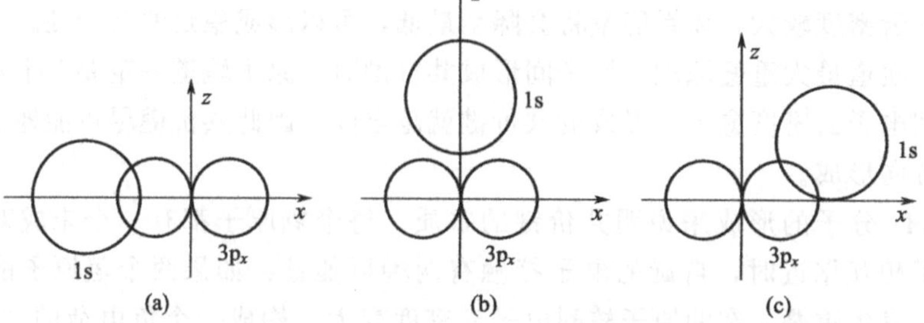

图 1-9　氢的 s 电子云和氯的 p 电子云的三种重叠情况

(a) 氢原子沿 x 轴同氯原子接近，轨道重叠程度最大，形成稳定的共价键；(b) 氢原子沿 z 轴向氯原子接近，轨道不能重叠，无法成键；(c) 氢原子沿 y 轴倾斜方向同氯原子接近，轨道重叠程度较小，结合不牢固

概括起来，对于有成单的 s 电子和 p 电子的原子来说，能形成稳定共价键的原子轨道是：s—s、p_x—s、p_x—p_x、p_y—p_y、p_z—p_z。如图 1-10 所示。

3. 共价键的类型

(1) σ 键和 π 键　根据原子轨道重叠方式的不同，共价键可分为 σ 键和 π 键。一种是沿键轴方向，以“头碰头”的方式重叠，形成的共价键叫 σ 键，如图 1-10 (a) 所示。如 H_2 分子中两个 H 原子的 s 轨道，发生“头碰头”重叠形成的 H—H 键、HCl 分子中 H 的 s 轨道与 Cl 原子的 p_x 轨道重叠形成的 H—Cl 键、Cl_2 分子中两个 Cl 原子的 p_x 轨道重叠形成的 Cl—Cl 键都是 σ 键。另一种是在键轴的两侧，以“肩并肩”的方式重叠，形成的共价键叫 π 键。如图 1-10 (b) 所示的两个 p_y、两个 p_z 轨道两两从侧面“肩并肩”重叠所形成的键。

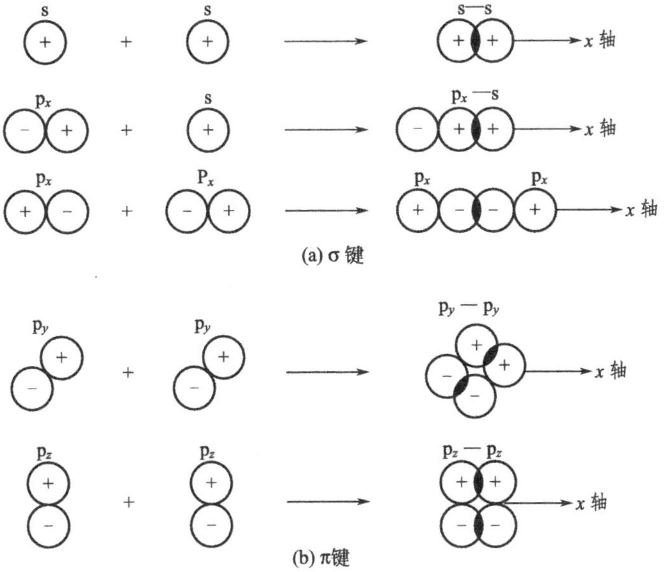

图 1-10　σ 键和 π 键

从原子轨道重叠程度来看，π 键重叠程度比 σ 键小，而且 π 键电子能量较高，键较易断开，易活动，表现为化学活泼性较强。因此，形成分子时 π 键不能单独存在，只能与 σ 键共存。例如，N_2 分子就是由 2 个 N 原子以 1 个 σ 键和 2 个 π 键结合在一起的。每个氮原子有 3 个未成对电子 ($2p_x^1$、$2p_y^1$、$2p_z^1$)，分别密集于 3 个互相垂直的对称轴上。当 2 个氮原子的 $2p_x^1$ 轨道沿键轴以“头碰头”的方式重叠形成 σ 键的同时，p_y—p_y 和 p_z—p_z 只能采取“肩并肩”的方式重叠成 2 个互相垂直的 π 键，如图 1-11 所示。因此，N_2 分子中 2 个 N 原子间有 3 个共价键，其结构可表示为 N≡N。

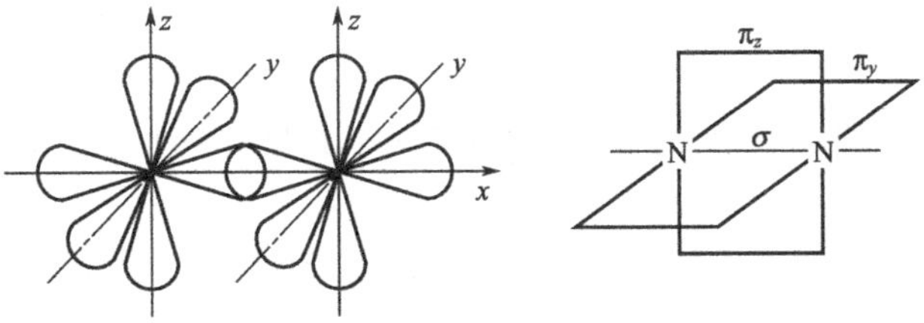

图 1-11　氮气分子形成的示意图

σ 键是构成分子的骨架，能单独存在于两个原子间，如果两个原子间只能形成一个共价键时，一定是 σ 键。共价化合物中的单键都是 σ 键，如 CH_4 的 4 个碳氢键都是 σ 键；双键中有一个共价键是 σ 键，另一个共价键则是 π 键，如 CO_2、C_2H_4 分子；三键中有一个共价

键是 σ 键，另外两个都是 π 键，如 N_2、C_2H_2（H—C≡C—H）分子等。

（2）极性共价键和非极性共价键　根据成键电子对在两原子核间有无偏移，可把共价键分为极性共价键和非极性共价键。

两个电负性相同的原子吸引电子的能力相同，由它们形成的共价键，电子云密集的区域位于两个原子核中间。这种成键电子对没有偏向任一原子的共价键叫做非极性共价键，简称非极性键。由同种原子形成的共价键，如单质 H_2、Cl_2、N_2 等分子中的共价键就是非极性共价键。

由两种不同元素的原子形成的共价键，由于电负性不同，对电子对的吸引力不同，电子云密集的区域将偏向电负性较大的原子一方，两原子间电荷分布不均匀。电负性较小的原子一端带部分正电荷，为正极；电负性较大的原子一端带部分负电荷，为负极。这种共用电子对有偏向的共价键叫极性共价键，简称极性键。如 HCl、H_2O、NH_3 等分子中的 H—Cl、H—O、N—H 键就是极性键。

通常以成键原子电负性的差值，来判断共价键极性的强弱。如成键两原子的电负性差值为零，则形成非极性键；电负性差值大于零，则形成极性键。电负性差值越大，键的极性越强。当成键两原子电负性差值大到一定程度时，电子对完全转移到电负性大的原子上，就形成了离子键。离子键是极性共价键的一个极端。电负性差值越小，键的极性越弱。非极性共价键则是极性共价键的另一个极端。显然，极性共价键是非极性共价键与离子键的过渡键型。

（3）普通共价键和配位共价键　按共用电子对由成键原子提供的来源不同，也可将共价键分为普通共价键和配位共价键。如果共价键的共用电子对是由成键的两个原子各提供 1 个电子所组成，称为普通共价键，如 H_2、O_2、Cl_2、HCl 等。如果共价键的共用电子对是由成键两原子中的一个原子提供，而另一原子只是提供空轨道，则称为配位共价键，简称配位键。例如：NH_3 分子与 H^+ 之所以能生成 NH_4^+，是因为 NH_3 中 N 原子有一对未参与成键的电子（称孤电子对），而 H^+ 有 1s 空轨道，N 原子的孤电子对进入 H^+ 的空轨道，这一对电子为氮、氢两原子所共用，于是形成了配位键。通常用“→”表示配位键，箭头指向电子对接受体，箭尾指向电子对供给体，以区别于普通共价键。但应该注意，普通共价键和配位键的差别，仅仅表现在键的形成过程中，虽然共用电子对的电子来源不同，但在键形成之后，两者并无任何差别。如在铵离子中，虽然有一个 N—H 键跟其他 3 个 N—H 键的形成过程不同，但是形成后 4 个键表现出来的性质完全相同。

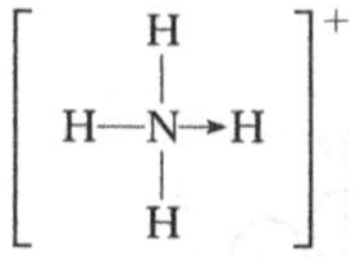

配位键具有共价键的一般特性。但共用电子对毕竟是由一个原子单方提供，所以配位键是极性共价键。

形成配位键必须具备两个条件：一个原子其价电子层有未共用的孤电子对；另一个原子其价电子层有空轨道。

***4. 键参数**

共价键的性质及分子的空间构型可由某些物理量来描述，例如，键能、键长说明键的强弱，用键角描述分子的空间构型。这些物理量称为键参数。

（1）键能　键能是从能量因素来衡量化学键强弱的物理量。键能是指在 0.1013MPa、

298.15K 的条件下，将 1mol 气态双原子分子 AB 中的化学键断开，使其断裂成两个气态中性原子 A 和 B 所需的能量，单位是 kJ/mol。例如，H_2 分子键能是 436.0kJ/mol，这个能量就是 H—H 的键能。键能越大，表示化学键越牢固，含有该键的分子越稳定。

（2）键长　分子中成键的两个原子核间的平均距离叫键长，以皮米（pm）为单位。一般键长越短键越牢固。表 1-7 列出一些共价键的键能和键长。

表 1-7　一些共价键的键能和键长

共价键	键长/pm	键能/(kJ/mol)	共价键	键长/pm	键能/(kJ/mol)
H—H	74.6	436	C—H	109	413.4
C—C	154	347.7	C—N	147	291.6
N—N	141	160.7	N—H	101	390.8
O—O	148	138.9	O—H	96	462.8
Cl—Cl	198.8	242.7	S—H	135	339.3
Br—Br	228	192.9	C═C	133	615
I—I	226	151.8	C≡C	121	828.4
S—S	204	213	N≡N	109.4	941.8

（3）键角　分子中两相邻共价键之间的夹角叫键角。键角是确定分子空间结构的重要参数之一。例如，水分子中 2 个 O—H 键间的夹角是 104.5°，水分子是钝角型结构。二氧化碳分子中，2 个 C═O 键成直线，夹角是 180°，分子是直线型分子；甲烷分子中 4 个 C—H 键之间的夹角为 109.5°，分子构型是正四面体。

三、杂化轨道理论

价键理论成功地揭示了共价键的本质，阐明了共价键的饱和性和方向性。但对某些共价化合物分子的形成和空间构型却无法解释。例如，C 原子的价电子为 $2s^2 2p_x^1$，$2p_y^1$，按照电子配对法它只能形成两个近乎互相垂直的共价键。但实验证明，CH_4 分子中有 4 个能量相同的 C—H 键，键角为 109.5°，分子的空间构型为正四面体。这用价键理论是解释不通的。1931 年鲍林（L. Pauling）提出了杂化轨道理论，解释了许多用价键法不能说明的实验事实，从而发展了价键理论。

1. 杂化和杂化轨道

碳原子最外电子层只有 2 个未成对的 p 电子，如何形成 4 个稳定的 C—H 键呢？杂化理论认为：碳原子在成键时，它的一个 2s 电子吸收外界能量激发到 2p 轨道上，形成了 4 个未成对的电子；又由于 2s、2p 轨道能量相近，它们可以混合起来，重新组合成 4 个能量相等的新轨道，这一过程可表示为：

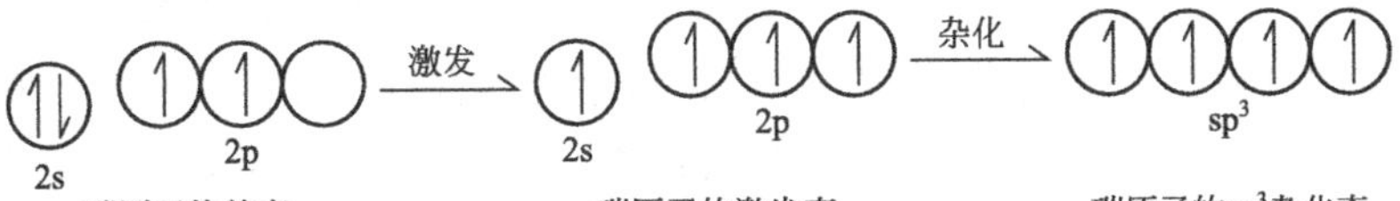

碳原子的基态　　碳原子的激发态　　碳原子的 sp^3 杂化态

在原子形成分子时，同一原子中能量相近的原子轨道混合起来，重新组合成一系列能量和数目完全相等的利于成键的新轨道，而改变了原有轨道的状态，这一过程称为“杂化”，所形成的新轨道叫做“杂化轨道”。杂化后的轨道能量和空间伸展性都发生了变化，形成的杂化轨道形状一头大、一头小，大的一头与另一原子成键时，轨道能达到更大程度的重叠，成键能力增强，成键后使整个分子体系能量降低，分子更加稳定。因此杂化轨道理论认为只有在形成分子时，才会发生原子轨道的杂化。

2. 杂化轨道类型

根据参与杂化的原子轨道的种类及数目的不同，杂化轨道分为不同的类型。本章只对 ns 轨道和 np 轨道进行杂化的 3 种方式作简单介绍。

（1）sp^3 杂化　同一原子内由 1 个 ns 轨道和 3 个 np 轨道混合，重新组成 4 个能量相等的 sp^3 杂化轨道的过程，叫做 sp^3 杂化。每个 sp^3 杂化轨道含有 1/4 的 s 成分和 3/4 的 p 成分。它的形状和单纯的 s 轨道、p 轨道不同，而是呈葫芦形，一头特别大，如图 1-12（a）所示。成键时，原子轨道重叠的多，形成的共价键更稳定，如图 1-12（b）。4 个 sp^3 杂化轨道，分别指向正四面体的 4 个顶角，4 个轨道对称轴间的夹角互为 109.5°，空间构型为正四面体，如图 1-12（c）。常见的分子有 CH_4、CCl_4、$SiCl_4$。

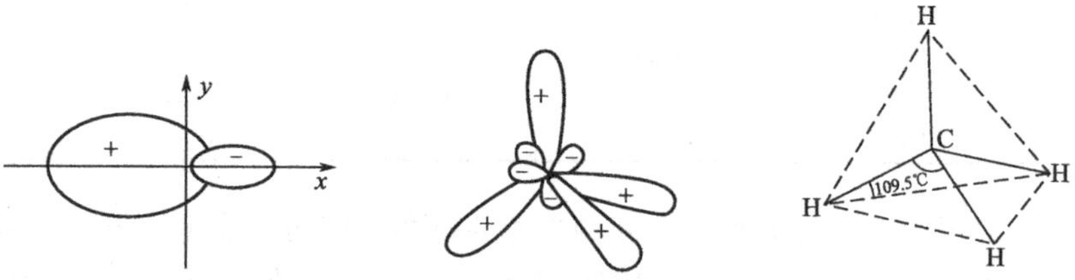

(a) 葫芦形轨道　　(b) sp^3杂化轨道　　(c) CH_4分子结构

图 1-12　CH_4 分子结构和 sp^3 杂化轨道

（2）sp^2 杂化　同一原子内由一个 ns 轨道和两个 np 轨道混合，重新组成 3 个能量相等的 sp^2 杂化轨道的过程，叫做 sp^2 杂化。每个 sp^2 杂化轨道含有 1/3 的 s 成分，2/3 的 p 成分。sp^2 杂化轨道也呈葫芦形，空间构型为平面三角形。这 3 条杂化轨道各指向平面三角形的 3 个顶点，夹角为 120°，如图 1-13 所示。BF_3、BCl_3、BBr_3 及 CO_3^{2-}、NO_3^- 的中心原子均采取 sp^2 杂化轨道成键，它们都具有平面三角形的结构。如 BF_3 的 4 个原子在同一平面上，3 个 B—F 之间键角为 120°，硼原子位于平面三角形的中心，3 个氟原子分别位于平面三角形的 3 个顶点。

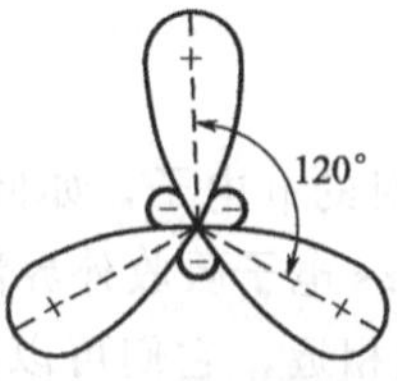

图 1-13　sp^2 杂化轨道示意图

（3）sp 杂化　同一原子内由 1 个 ns 轨道和 1 个 np 轨道混合，重新组成 2 个能量相等的 sp 杂化轨道的过程，叫做 sp 杂化。每个 sp 杂化轨道含有 1/2 的 s 和 1/2 的 p 成分。sp 杂化轨道，也是葫芦形的，比较大的一端参与成键。2 个 sp 杂化轨道在一条直线上，夹角为 180°，空间构型为直线型。$HgCl_2$、$BeCl_2$、C_2H_2、$ZnCl_2$ 等分子的中心原子均采用 sp 杂化轨道成键，故都是直线型分子。例如，$BeCl_2$ 分子的形成和 sp 杂化轨道，如图 1-14 所示。

3. 等性杂化和不等性杂化

前面几种杂化都是能量和成分完全等同的杂化，称为等性杂化。如果参加杂化的原子轨道中有不参加成键的孤对电子存在，杂化后所形成的杂化轨道的形状和能量不完全等同，这类杂化称为不等性杂化。例如 NH_3 分子中，N 原子中的 1 个 s 轨道和 3 个 p 轨道混合，形

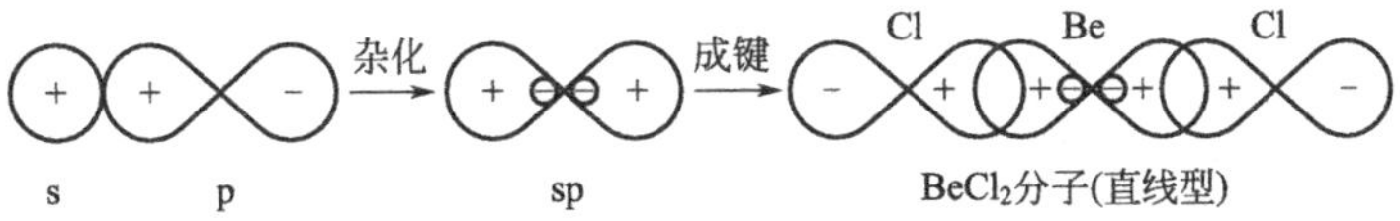

图 1-14　$BeCl_2$ 分子的形成和 sp 杂化轨道

成 4 个 sp^3 杂化轨道。其中 1 个杂化轨道已有 1 个孤对电子，该孤对电子不参与成键。显然，杂化后各轨道所含成分不相同，电子云分布不一样，因而是不等性杂化。由于孤电子对对成键电子对的排斥作用，使 H—N—H 键角被压缩为 107°18′。所以 NH_3 分子的空间构型为三角锥型。H_2O 分子同样有 2 个 sp^3 杂化轨道被孤对电子占据，对成键的 2 个杂化轨道的排斥作用更大，致使 2 个 O—H 键间的夹角压缩成 104°45′，H_2O 分子的空间结构为钝角型，如图 1-15 所示。

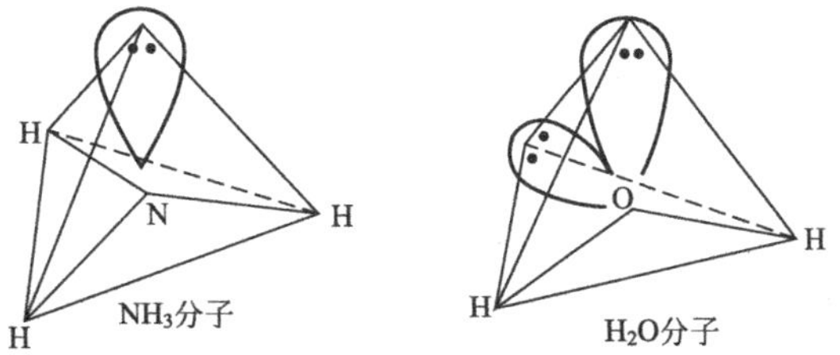

图 1-15　NH_3 分子和 H_2O 分子的结构

第五节　分子的极性

一、键的极性与分子的极性

由离子键构成的分子如气态 NaCl 分子，显然是有极性的。由共价键构成的分子是否有极性则取决于分子中正、负电荷的分布情况。

1. 电荷中心

在任何中性分子中，都有带正电荷的原子核和带负电荷的电子。可设想分子内部，两种电荷（正电荷或负电荷）分别集中于某一点上，就像任何物体的重量可以认为集中在其重心上一样。我们把电荷的这种集中点叫做“电荷重心”或“电荷中心”，其中正电荷的集中点叫“正电荷中心”，负电荷的集中点叫“负电荷中心”。分子中正、负电荷中心可称为分子的正、负两个极，用“＋”表示正电荷中心，即正极；用“－”表示负电荷中心，即负极。

2. 极性分子和非极性分子

根据分子中正、负电荷中心是否重合，可把分子划分为极性分子和非极性分子。正、负电荷中心重合的分子是非极性分子，正、负电荷中心不重合的分子是极性分子。由相同原子组成的单质分子，如 H_2、Cl_2、N_2、P_4 等均为非极性分子；由不同原子组成的双原子分子，如 HF、HCl、HBr、HI 等均为极性分子，且键的极性越大，分子的极性也越大。可见，对双原子分子来说，分子是否有极性，决定于所形成的键是否有极性。对于由不同原子组成的多原子分子来说，键有极性，而分子是否有极性则决定于分子的空间构型是否对称。当分子的空间构型对称时，键的极性相互抵消，使整个分子的正、负电荷中心重合，因此这类分子是非极性分子，如 CO_2、CH_4、BF_3、$BeCl_2$、C_2H_2 等。当分子的空间构型不对称时，键的极性不能相互抵消，分子的正、负电荷中心不重合，因此这类分子是极性分子，如 H_2O、NH_3、SO_2、CH_3Cl 等分子。

由上述讨论可知，分子的极性与键的极性是两个概念，但两者又有联系。极性分子中必含有极性键，但含有极性键的分子不一定是极性分子。共价键是否有极性，决定于相邻两原子间共用电子对是否有偏移；而分子是否有极性，决定于整个分子的正、负电荷中心是否重合。

*二、分子的极性与偶极矩

按照分子的极性大小，分子可分为以下 3 种类型：离子型分子、极性分子、非极性分子，如图 1-16 所示。分子极性的大小通常可用偶极矩（μ）来表示，如图 1-17 所示。

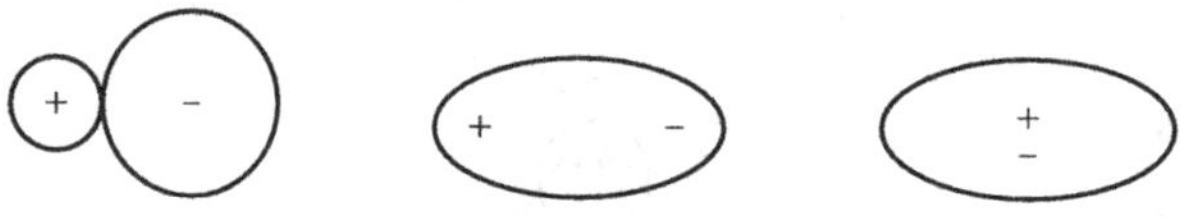

(a) 离子型分子　(b) 极性分子　(c) 非极性分子

图 1-16　分子的类型

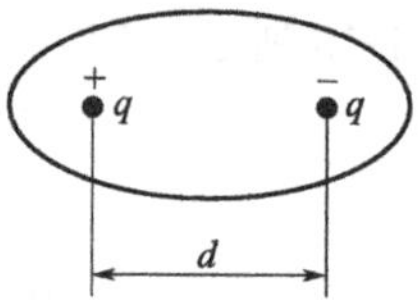

图 1-17　分子的偶极矩

偶极矩（μ）定义为：分子中电荷中心（正电荷中心或负电荷中心）上的电荷量（q）与正、负电荷中心间距离（d）的乘积。

$$\mu = qd$$

d 又称为偶极长度。分子偶极矩的数值可以通过实验测出，它的单位是库仑·米（C·m），数量级为 10^{-30}（C·m）。偶极矩是矢量，其方向规定为由正到负。

偶极矩等于零的分子为非极性分子，偶极矩不等于零的分子为极性分子。偶极矩越大，分子的极性越强。因而，可以根据偶极矩数值的大小比较分子极性的相对强弱。此外，还常根据偶极矩数值验证和推断分子的空间构型。例如，通过实验测知 H_2O 分子的偶极矩不为零，可以确定 H_2O 分子中正、负电荷中心是不重合的，由此可以认为 H_2O 分子不可能是直线型分子，H_2O 分子为钝角型分子的说法就此得到证实。又例如通过实验测知 CS_2 分子的偶极矩为零，说明 CS_2 分子的正、负电荷中心是重合的，由此可以推断 CS_2 分子应为直线型分子。

第六节　分子间的作用力

一、分子的极化

极性分子和非极性分子的结构通常是指在没有外界影响下分子本身的属性。如果分子受到外电场的作用，分子的内部结构将会发生变化，其性质也受到影响。例如，非极性分子在未受电场作用时，正、负电荷中心是重合的，当受到外电场作用后，带正电的核被吸引向负极，电子云则被吸引向正极。电子云与核产生了相对位移，分子发生了变形，分子内正、负电荷中心发生了分离，产生了偶极，这一过程叫做分子的极化，如图 1-18 所示。

这种因外电场的诱导作用所形成的偶极叫做诱导偶极。电场越强，分子变形越厉害，诱导偶极愈大。当外电场取消后，诱导偶极也随之消失，正、负电荷中心又重合起来，这时分子恢复为原来的非极性分子。

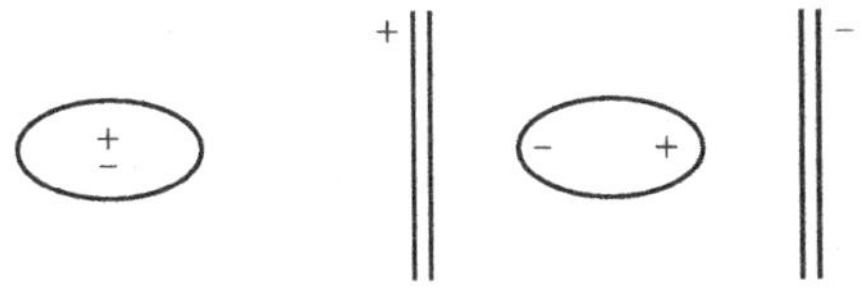

图 1-18 非极性分子与电场的关系

极性分子在外电场作用下，也能发生极化，但与非极性分子稍有不同。极性分子本身就已具有偶极，这种偶极称为固有偶极。如将极性分子置于外电场中，本来运动着的杂乱无序的分子，受到外电场作用，分子的正极引向负极，负极引向正极，这种作用称为取向作用，如图 1-19 所示。同时在电场影响下，分子也会发生变形，产生诱导偶极，诱导偶极加上固有偶极，分子的极性就更强了。因而，极性分子的极化是分子的取向和变形的总结果。

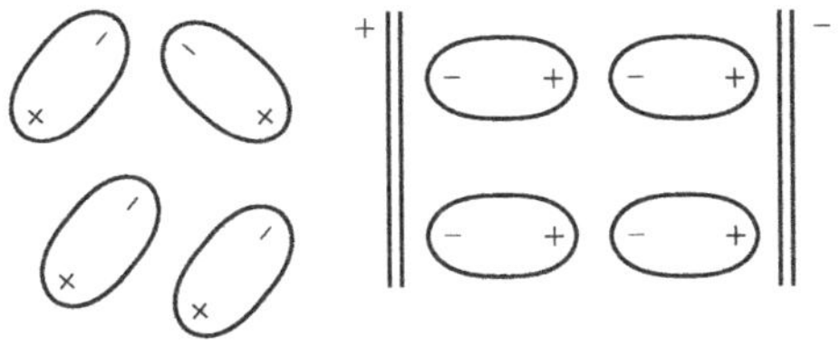

图 1-19 极性分子在电场中的极化

分子的极化不仅能发生在外电场的作用下，也可以在相邻分子间发生。这是因为极性分子固有偶极就相当于无数个微型电场，所以当极性分子与极性分子、极性分子与非极性分子相邻时同样也会发生极化作用。这样的极化作用就是分子间力。

二、分子间力

原子间通过化学键结合成分子，而分子聚集成物质靠的是分子间力和氢键。稀有气体、氢气、氧气、氯气、氨和水能液化或凝固，说明分子间力的存在。荷兰物理学家范德华(J. D. Vander Weals，1837—1923 年）对这种力进行了卓有成效的研究，因此又把分子间力叫做范德华力。分子间力包括以下 3 种。

*1. 色散力

当非极性分子相互靠近时，由于分子中的电子永不停止的运动和原子核的不断振动，经常发生电子和原子核之间的相对位移，因而产生了瞬时偶极。不同分子间，瞬时偶极总处于异极相邻的状态，如图 1-20（a）所示。虽然瞬时偶极存在的时间短暂，但这种异极相邻的状态总是在不断地重复，使分子间始终存在着引力。瞬时偶极间的作用力叫色散力，它是分子间普遍存在的作用力。一般来讲，分子的变形性越大，色散力越大。对于同类分子间，如卤素分子间、稀有气体分子间、直链烷烃分子间等，相对分子质量越大，色散力越大。

*2. 诱导力

当极性分子与非极性分子相互靠近时，因每种分子都有变形性，都会产生瞬时偶极，所以，这两种分子间同样具有色散力。此外，由于极性分子的固有偶极产生的电场使非极性分子发生变形，使原来正负电荷中心重合的非极性分子产生诱导偶极，使分子间产生引力。这种固有偶极与诱导偶极之间的作用力叫诱导力。同样诱导偶极又作用于极性分子，使极性分子偶极矩增加，进一步加强了它们之间的吸引，如图 1-20（b）所示。

诱导力的本质是静电力。极性分子的极性越大，非极性分子的变形性就越大，诱导力也越大。

*3. 取向力

当极性分子彼此靠近时，由于分子的固有偶极之间同极相斥、异极相吸，使得分子在空间按异极相邻状态取向，因此而产生的分子间力叫取向力。分子的极性越大，分子间的取向力越大。另外，由于取向力的存在使极性分子更加靠近，在相邻分子的固有偶极作用下，使每个分子的正负电荷中心更加分开，产生了诱导偶极，因此，极性分子间也还存在着诱导力，如图 1-20（c）所示。

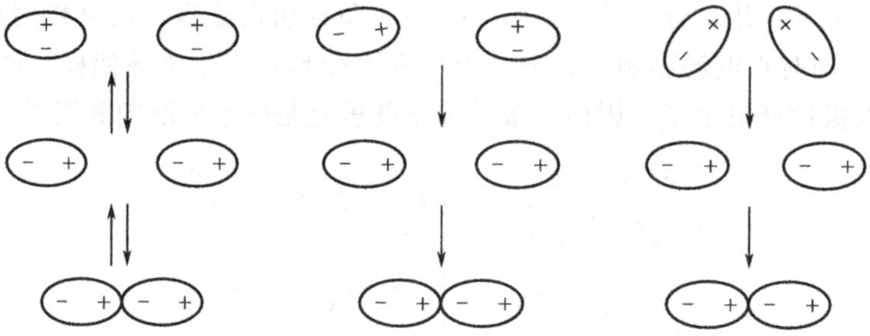

(a) 非极性分子间的作用 (b) 极性分子与非极性分子间的作用 (c) 极性分子间的作用

图 1-20 分子间的作用情况

综上分子间力有以下特点。

① 在非极性分子之间只存在色散力；在极性分子与非极性分子之间存在色散力和诱导力；在极性分子之间则 3 种力都存在。色散力存在于一切分子之间，而且一般是最主要的一种力，只有当分子的极性很强时（如 H_2O 分子之间）才以取向力为主，而诱导力一般都很小。

② 分子间力较弱，一般比化学键的键能小 1～2 个数量级。

③ 分子间力是静电引力，没有方向性和饱和性，其作用范围随分子间距离增大而迅速减小。

4. 分子间力对物质性质的影响

（1）对熔点、沸点的影响　对于化学性质相似的同类型物质，如稀有气体、卤素、直链烷烃、烯烃等，分子间力的大小主要决定于色散力。故随相对分子质量的增大，分子间色散力增强，分子间吸引作用增强，熔点、沸点升高。

对于相对分子质量相近而极性不同的分子，极性分子的熔点、沸点往往比非极性分子的高。这是因为极性分子间除了色散力之外，还存在取向力和诱导力。如 CO 与 N_2 相对分子质量相近，但 CO 熔点、沸点高。

（2）对相互溶解的影响　人们用大量实验事实总结出了“结构相似相溶”规律，即溶质、溶剂的结构愈相似，溶解前后分子间的作用力变化愈小，这样的溶解过程就愈容易发生。

强极性分子间存在着强的取向力，如 NH_3 和 H_2O 它们可以互溶。CCl_4 是非极性分子，几乎不溶于水。而 I_2 分子与 CCl_4 分子都是非极性分子，故 I_2 分子易溶于 CCl_4，而难溶于水。

（3）对物质硬度的影响　分子间力对分子型物质的硬度也有一定的影响，极性小的聚乙烯、聚异丁烯等物质，分子间力较小，因而硬度不大；含有极性基团的有机玻璃等物质，分子间力较大，就具有一定的硬度。

三、氢键

按前面对分子间力的讨论，结构相似的同系列物质的熔点、沸点一般随相对分子质量的增加而升高，但在氢化物中唯有 NH_3、H_2O、HF 的熔点、沸点高于同族其他元素。卤族元素氢化物的沸点见表 1-8。

表 1-8　卤族元素氢化物的沸点　　单位：K

氢化物	HF	HCl	HBr	HI
沸点	293.15	189.15	206.15	238.15

氟化氢沸点的反常现象，说明氟化氢分子之间有更大的作用力，致使这些简单分子缔合为复杂分子。所谓缔合，就是由简单分子结合成比较复杂的分子，而不引起物质化学性质改变的现象。

$$n\mathrm{HF} \rightleftharpoons (\mathrm{HF})_n$$

HF 分子缔合的重要原因是由于分子间形成了氢键。氟原子的电负性很大，HF 中的共用电子对极度偏向氟原子一方，而使氢原子变成一个几乎没有电子且半径极小的“裸核”。因此，这个带正电的氢原子能和另一个 HF 分子中含孤对电子的氟原子相互吸引，形成氢键。

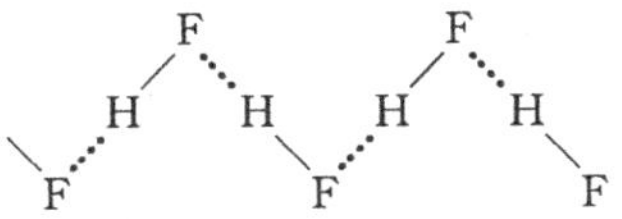

和电负性大的原子形成强极性共价键的氢原子，还能和另一个电负性大的原子相互吸引，形成一种特殊的结合作用，称为氢键。

若以 X—H 表示氢原子的一个强极性共价键，以 Y 表示另一个电负性很大的原子，以 H…Y 表示氢键，则氢键的通式可表示为：X—H…Y。X、Y 可以是同种原子，也可以是不同种原子。

1. 氢键形成的条件

由上例可总结出氢键形成的条件。

① X—H 为强极性共价键，即 X 元素电负性很大，且半径要小。

② Y 元素要有吸引氢核的能力。即 Y 元素电负性也要大，原子半径要小，而且有孤电子对。

总之，X、Y 元素电负性越大，原子半径越小，形成的氢键越牢固。一般氟、氧、氮原子都能形成氢键。例如，H_2O、NH_3、邻硝基苯酚等分子均可以形成氢键。氯原子的电负性虽大，但原子半径也较大，形成的氢键 Cl—H…Cl 非常弱；而碳原子的电负性小，不能形成氢键。氢键可以在同种分子间形成，也可以在不同种分子间形成。如 NH_3 的水溶液中，存在着 NH_3 分子之间的氢键，N…H—N；也存在着氨与水分子间的氢键，N…H—O 或 N—H…O。

2. 氢键的特点

氢键具有饱和性和方向性。当化合物中氢原子与一个 Y 原子形成氢键后，就不能和第二个 Y 原子形成氢键了，这就是氢键的饱和性；X—H…Y 形成氢键时，只有 X—H…Y 三个原子在一条直线上，作用力最强，这就是氢键的方向性。

氢键的键能一般在 40kJ/mol 以下，与分子间力是同一数量级。分子间氢键的形成，增强了分子间的作用力，欲使这些物质气化，除了克服分子间力以外，还要破坏氢键，这就需要消耗更多的能量，所以 NH_3、H_2O、HF 的沸点高于同族其他元素的氢化物。总的来说，形成氢键的物质熔点、沸点常有反常的现象。氢键的形成对化合物的物理性质、化学性质有各种不同的影响。如氨极易溶于水，就是由于氨分子与水分子间形成了氢键；水分子之间形成了具有方向性的氢键，使其结构疏松，所以冰的密度比水小。

【阅读材料 1】 氢原子光谱和四个量子数

近代原子结构理论的研究是从氢原子光谱实验开始的。将太阳或白炽灯发出的光通过三棱镜后，可以得到红、橙、黄、绿、青、蓝、紫等波长连续变化的连续光谱。但将氢气放入放电管，并通过高压电流，氢原子受到激发，发出的光经过分光棱镜在可见、紫外、红外光区可得到一系列波长不连续变化的线状光谱，这种光谱称为线状光谱或不连续光谱。线状光谱是原子受激发后从原子辐射出来的，因此又称为原子光谱。每一种元素都有自己的特征光谱。

1913 年，波尔（N. Bohr）在氢原子光谱和普朗克（M. Planck）量子论的基础上提出了如下假设。

① 在原子中，电子只能沿着一定能量的轨道运动，这些轨道称为稳定轨道。电子运动时所处的能量状态称为能级。轨道不同，能级也不同。

② 电子只有从一个轨道跃迁到另一个轨道时，才有能量的吸收或放出。

波尔理论成功地揭示了氢原子光谱，阐明了谱线的波长与电子在不同轨道间跃迁时能极差的关系，因而在原子结构理论的发展过程中做出了很大贡献。但是该理论不能揭示多电子原子光谱、氢原子光谱的精细结构（在精密的分光镜下，发现氢原子光谱的每一条谱线是由几条波长相差甚微的谱线所组成）等新的实验事实。其原因是该理论没有完全摆脱经典力学的束缚，因此随着科学的发展，波尔的原子结构理论便被原子的量子力学理论所代替。

量子力学对核外电子运动状态的描述引入了 4 个量子数，即电子的运动状态可以用 4 个量子数来规定。它们是：主量子数（n），角量子数（l），磁量子数（m）和自旋量子数（m_s）。

(1) 主量子数 n　它描述了核外电子离核的远近和电子能量的高低，由近及远，能量由低至高。N 的取值为 1、2、3、4、…，n 值越大，表示电子离核越远，能量越高。反之，n 越小，则电子离核越近，能量越低。由于 n 只能取正整数，所以电子的能量是不连续的，或者说能量是量子化的。这也相当于把核外电子分为不同的电子层，凡 n 相同的电子属于同一层，习惯上用 K、L、M、N、O、P、Q 分别代表 $n=1$、2、3、4、5、6、7 的电子层。

(2) 角量子数 l　根据光谱实验及理论推导，即使在同一电子层，电子的能量也有所差别，运动状态也有所不同，即一个电子层还可以分为若干个能量稍有差别、原子轨道形状不同的亚层。角量子数（又称副量子数）l 就是用来描述不同亚层的量子数。它规定电子在原子核外出现的概率密度随空间角度的变化，即决定原子轨道或电子云的形状。l 的取值为小于 n 的正整数，即 0、1、2、3、…、$n-1$，如 $n=4$，l 可以是 0、1、2、3，相应的符号是 s，p，d，f，…。例如 $l=0$ 就用 s 表示，$l=1$ 用 p 表示等。对于多电子原子，当 n 相同时，l 越大，电子能量越高。

因此，常把 n 相同、l 不同的状态称为电子亚层。

(3) 磁量子数 m　它描述了电子运动状态在空间伸展的取向。m 的数值可取 0、±1、±2、…、$\pm l$。对某个运动状态可有 $2l+1$ 个伸展方向。s 轨道的 $l=0$，所以只有一种取向，它是球形对称的。p 轨道 $l=1$，$m=-1$，$m=0$，$m=1$，所以有 3 种取向，用 p_x、p_y 和 p_z 表示。

(4) 自旋量子数 m_s　电子除绕核运动外，它本身还做自旋运动。电子自旋运动有顺时针和逆时针 2 个方向，分别用 $m_s=+1/2$ 和 $m_s=-1/2$ 表示，也常用↑和↓符号表示自旋方向相反的电子。

【阅读材料 2】　纳米技术与纳米材料

人们对固体物质的认识，首先是从物质的熔点、硬度、强度、导电、导磁、传热、溶解度以及反应活性等宏观性质开始的，进而深入到原子、分子的层次，从原子、分子的结构理论描述性质与结构的关系。

什么是“纳米”？纳米（nm）又称毫微米，如同厘米、分米和米一样，是长度的度量单位，它是英文“nanometer”的中译“纳诺米特”的简称。具体地说，一纳米等于十亿分之一米的长度，亦即：蚕丝的 12000 分之一，相当于 4 倍原子大小，万分之一头发粗细；形象地讲，一纳米的物体放到乒乓球上，就像一个乒乓球放在地球上一般。这就是纳米长度的概念。

近二十多年来，由于高分辨电子显微镜的应用和制备纳米级材料技术的发展，科学家们发现在宏观物体和微观粒子之间还存在着一些介观的层次：

其中纳米、团簇颗粒的大小、质量、运动速度介于微观粒子与宏观物体之间，具有与宏观材料决然不同的奇特的光、电、磁、热、力和化学性质。例如：普通金块的熔点为 1063℃，而纳米金的熔点仅为 330℃；纳米铁的抗断裂应力比普通铁高 12 倍。

纳米技术就是在纳米尺寸范围内对物质进行研究和应用，对原子、分子进行加工，将它们组装成具有特定功能的纳米材料。例如：纳米刻蚀技术应用到微电子介质上，制造所得的存储器其记录密度为磁盘的 3 万倍，一张邮票大小的衬底上可记录 400 万页资料。又如纳米材料的纺织品具有绿色环保、无毒、不会引起皮肤过敏、加工性好、效能持久、不改变原材料手感、保持原材料的透气性、抑制细菌滋长、不需特别维护等特点。

随着科学技术的发展，纳米科技广泛应用在信息产业，生物技术，传统产业的升级如电子封装材料、塑料、橡胶、涂料、陶瓷、化妆品、服装等行业，纳米技术将把潜在物质内部丰富多彩的结构性能开发出来。

习　题

1. 填空题

(1) 原子核外电子的运动状态应可从________个方面来描述，即________，________，________和________。

(2) 核外电子排布应遵循的3条规律是________，________，________。

(3) 当$n=4$时，该电子层中有________电子亚层，共有________轨道，最多能容纳________个电子。

(4) 原子得失电子，形成________，靠________所形成的化学键叫离子键。

(5) 原子间通过________所形成的化学键叫共价键。共价键的特征是具有________和________。

(6) 共价双键中，含有一个________，一个________；共价三键中，含有________个σ键，________个π键。

(7) 形成配位共价键必须具备两个条件：________________________；________________________。

(8) BF_3是平面三角形，虽然B—F是________共价键，但键角为120°，结构________，键的________抵消，所以它是________分子。

2. 写出钠、氯、硫三元素的电子排布式和轨道表示式。

3. 指出下列各元素原子的电子排布的错误之处，说明理由，并改正。

(1) $_{3}Li$　$1s^3$

(2) $_{7}N$　$1s^2 2s^2 2p_x^2 2p_y^1$

(3) $_{24}Cr$　$1s^2 2s^2 2p^6 3s^2 3p^6 4s^2 3d^4$

(4) $_{20}Ca$　$1s^2 2s^2 2p^6 3s^2 3p^6 3d^2$

4. 试写出适合下列条件的各元素名称。

(1) d轨道没有填充电子的最重的稀有气体；

(2) p亚层半满的最轻的原子；

(3) 3d亚层全满而4s轨道半满的原子；

(4) 3d及4s亚层均为半满的原子；

(5) 其+3价阳离子电子层中有5个成单的电子，质量数约为Si原子的2倍的原子；

(6) 3p亚层有两个未配对电子的两种元素的原子。

5. 根据电负性的数据判断下列分子中键极性强弱。

HF　HCl　HBr　HI

6. BF_3分子具有平面三角形的构型，而NF_3分子的构型却是三角锥，试用杂化轨道理论解释之。

7. CH_4分子中的C和H_2O分子中的O发生的都是sp^3杂化，其空间构型是否相同？为什么？

8. 下列分子中哪些是非极性分子？哪些是极性分子？

NO　H_2S　N_2　HBr　H_2O　CO_2

9. 下列分子中哪些含有极性键？

Br_2　CO_2　H_2O　H_2S

10. 判断下列分子间存在哪些分子间作用力？

(1) Cl_2和CCl_4　(2) H_2O和CO_2　(3) H_2S和H_2O　(4) NH_3和H_2O

11. 形成氢键的条件是什么？下列分子中哪些可形成分子间氢键？

(1) HF和HF　(2) HCl和HF　(3) CH_4和HF

(4) H_2O和HF　(5) NH_3和NH_3　(6) NH_3和H_2O

(7) H_2O和H_2O

第二章 重要元素及其化合物

【学习目标】

1. 了解非金属元素的通性，掌握卤族、氧族、氮族单质及其重要化合物的性质。
2. 了解磷、碳、硅、硼及其化合物的性质。
3. 了解过渡元素的通性。掌握重要的过渡元素及其化合物的性质。
4. 了解有关离子的鉴定方法。

迄今为止，人们已经发现的化学元素有 112 种，它们组成了目前已知的大约 500 万种不同的物质。宇宙万物都是由这些元素的原子组成的。本章将在结构理论和平衡理论的基础上，依次讨论 s、p、d 区元素中一些典型的、重要的元素及其化合物的性质及应用。

第一节 概　述

一、元素在自然界中的分布

地壳、大气圈、水圈和生物圈组成了地球的外围地圈。地壳占外围地圈总质量的 93.06%，水圈占 6.91%，大气圈占 0.03%，生物圈的质量与其他圈层相比要小得多，约占外围地圈总质量的 0.0001%。现代大气圈的化学组成见表 2-1。

表 2-1　大气圈的化学组成　　单位：%

气体	体积分数	气体	体积分数	气体	体积分数
N_2	78.08	Kr	1.14×10^{-4}	NH_3	$0\sim1\times10^{-6}$
O_2	20.95	Xe	8.7×10^{-6}	NO_2	$0\sim1\times10^{-7}$
Ar	0.93	CH_4	$0\sim1.5\times10^{-4}$	SO_2	$0\sim2\times10^{-3}$
CO_2	0.03	H_2	$0\sim5\times10^{-5}$	H_2S	$0\sim2\times10^{-8}$
Ne	1.82×10^{-3}	N_2O	$0\sim3\times10^{-5}$	O_3	1×10^{-6}
He	5.24×10^{-4}	CO	$0\sim1.2\times10^{-5}$	H_2O	5×10^{-5}

海水里除组成水的氢、氧外，还有氯、硫、溴、碳及微量的铜、锌、锰、银、金、铀、镭等 50 余种元素。海洋中的元素大多数以离子形式存在于海水中；也有些沉积在海底。由于海水总体积比大陆总体积大得多，可以想象许多元素资源在海洋里的储量比大陆多，例如海洋里锰的储量多达 4000 亿吨，为大陆储量的 4000 倍，可见海洋是元素资源的巨大宝库。由表 3-1 可以看出，大气中的主要成分是氮气、氧气和稀有气体，其中氮气多达 3.8648×10^6 亿吨，所以大气层也是元素资源的一个巨大宝库。

二、元素的分类

元素按其性质可分为金属元素和非金属元素，其中金属元素90多种，非金属元素22种，金属元素占元素总数的4/5。它们在周期表中的位置可以通过硼-硅-砷-碲-砹和铝-锗-锑-钋之间的折线来划分。位于这条折线左下方的单质都是金属；右上方的都是非金属。这条折线相邻的锗、砷、锑、碲的单质介于金属和非金属之间，它们大多数可作半导体。

化学上将元素分为普通元素和稀有元素。所谓稀有元素一般指在自然界中含量少，或分布稀散，被人们发现较晚，难从矿物中提取的或工业制备和应用较晚的元素，例如钛元素，由于冶炼技术较高，难以制备，长期以来，人们对它的性质了解得很少，被列为稀有元素，但它在地壳中的含量排第十位；而有些元素储量并不多但矿物比较集中，如硼、金等早已被人们所熟悉，被列为普通元素。因此，稀有元素和普通元素的划分不是绝对的。

三、元素在自然界中的存在形态

元素在自然界中的存在形态主要有游离态（单质）和化合态（化合物）。

1. 游离态

在自然界中，以游离态存在的元素较少，大致可分为3种情况。①气态非金属单质，如N_2、O_2、H_2、稀有气体。②固态非金属单质，如S、C等。③金属单质，如Cu、Fe、Ag、及铂系元素等单质。

2. 化合态

大多数元素以化合态(氧化物、硫化物、氯化物、碳酸盐、磷酸盐、硫酸盐、硅酸盐等)存在。它们广泛存在于海水及矿物中。例如：钠盐(NaCl)、钾盐(KCl)、光卤石($KCl \cdot MgCl_2 \cdot 6H_2O$)、白云石($CaCO_3 \cdot MgCO_3$)、石膏($CaSO_4$)、重晶石($BaSO_4$)、芒硝($NaSO_4 \cdot 10H_2O$)、辉铜矿($Cu_2S$)、软锰矿($MnO_2$)、磁铁矿($Fe_3O_4$)、赤铁矿($Fe_2O_3$)等。

从存在的物理形态来说，在常温常压下元素的单质以气态存在的有11种，即N_2、O_2、H_2、F_2、Cl_2和He、Ne、Ar、Kr、Xe、Rn；以液态存在的有2种，即Hg、Br_2；还有2种单质，熔点很低，易形成过冷状态，即Cs（熔点为28.5℃）、Ga（熔点为30℃）；其余元素的单质呈固态。

第二节 非金属元素及其化合物

在已发现的非金属元素中，除氢外，都位于周期表中的p区。非金属元素（氢和氦除外）的原子结构特征是最后一个电子填充在np（$ns^2np^{1\sim6}$）轨道上。在各族元素中第二周期元素由于半径最小，电负性大，表现出与同族其他元素化学性质差别较大，如F、O、N与同族元素相比，具有一些特殊性。

生物体中已发现70多种元素，其中60余种含量极微。在含量较多的10余种元素中，多数为非金属元素，如H、C、N、O、P、S、Cl等，可见非金属元素与生物科学有密切的关系。

ⅢA	ⅣA	ⅤA	ⅥA	ⅦA
5 B 硼	6 C 碳	7 N 氮	8 O 氧	9 F 氟
13 Al 铝	14 Si 硅	15 P 磷	16 S 硫	17 Cl 氯
31 Ga 镓	32 Ge 锗	33 As 砷	34 Se 硒	35 Br 溴
49 In 铟	50 Sn 锡	51 Sb 锑	52 Te 碲	53 I 碘
81 Tl 铊	82 Pb 铅	83 Bi 铋	84 Po 钋	85 At 砹
ns^2np^1	ns^2np^2	ns^2np^3	ns^2np^4	ns^2np^5

一、卤素及其化合物

1. 卤素概述

卤素是周期系中ⅦA族元素，常用X表示，包括F、Cl、Br、I、At五种元素。其中At是放射性元素，不作讨论。卤素的希腊文原意为成盐元素，是因为它们是典型的非金属，易与典型的金属元素（如碱金属）化合成盐，因此而得名。卤素单质的性质见表2-2。

表2-2　卤素单质的性质

性　　质	氟	氯	溴	碘
常温聚集状态	气体	气体	液体	固体
颜色	淡黄色	黄绿色	红棕色	紫黑色
熔点/K	53.38	172	265.8	386.5
沸点/K	84.86	238.4	331.8	457.4
共价半径/pm	64	99	114	133
解离能/(kJ/mol)	156.9	243	193.8	152.6
X的水合能/(kJ/mol)	−507	−368	−335	−293

表2-2表明卤素的物理性质随原子序数的增加呈现规律性变化，熔点、沸点逐渐升高，这是因为分子间色散力逐渐增大的缘故。单质的颜色逐渐加深，这是由于不同的卤素单质对光的选择吸收所致。碘的蒸气压很高，加热时碘可直接由固态转化成气态，这一过程称为升华，利用碘的升华的性质可纯化和分离碘。卤素单质在水中溶解度较小。其中氟与水发生剧烈的氧化还原反应。溴、碘易溶于乙醇、四氯化碳、二硫化碳等有机溶剂中。溴水的颜色随溴浓度增大由黄色到棕红色逐渐加深。碘溶于四氯化碳或二硫化碳等非极性有机溶剂时，溶液呈紫色。碘易溶于碘化钾或其他可溶性碘化物溶液中，这是由于I_2与I^-可生成易溶于水的I_3^-的缘故：$I_2+I^- \rightleftharpoons I_3^-$。

卤素单质均有刺激性气味，能刺激眼、鼻、气管的黏膜，吸入较多的蒸气会中毒，甚至引起死亡，毒性从F_2至I_2逐渐减轻，使用时要特别小心。

卤素单质皆为双原子分子。由于卤素原子极易获得一个电子形成阴离子，故卤素单质都

具有氧化性：$X_2 + 2e \rightleftharpoons 2X^-$

根据标准电极电势数值的大小，可知卤素单质氧化能力和卤离子还原能力大小的顺序如下。

X_2 氧化能力：$F_2 > Cl_2 > Br_2 > I_2$；X^- 还原能力：$F^- < Cl^- < Br^- < I^-$

卤素的氧化性也可以从它们和水反应的特性比较出来。F_2 能与 H_2O 剧烈反应，放出 O_2：$2F_2 + 2H_2O \longrightarrow 4HF + O_2\uparrow$

而 Cl_2 和 Br_2 都可与水发生歧化反应：

$Cl_2 + H_2O \rightleftharpoons HCl + HClO$ $\qquad$ $Br_2 + H_2O \rightleftharpoons HBr + HBrO$

I_2 与 H_2O 反应较难。

2. 卤化氢和氢卤酸

卤素都能与氢气反应生成卤化氢。氟化氢和氯化氢通常在实验室用浓 H_2SO_4 与相应的盐作用制得：

$$CaF_2(s) + H_2SO_4(浓) \longrightarrow CaSO_4 + 2HF\uparrow$$

$$NaCl(s) + H_2SO_4(浓) \longrightarrow NaHSO_4 + HCl\uparrow$$

由于浓 H_2SO_4 可将溴化氢和碘化氢进一步氧化成 Br_2 和 I_2，故溴化氢和碘化氢不能用此法制取。

卤化氢都是具有刺激性的无色气体，是共价型分子，易液化，易溶于水。由于卤化氢易与空气中的水蒸气形成细小雾滴，所以它在空气中呈现白雾。卤化氢的物理性质见表 2-3。由表 2-3 可见，卤化氢的性质呈规律性变化。但 HF 的熔点、沸点特别高，其原因是在 HF 分子间形成氢键。实验证明 HF 在气态、液态和固态时都有不同程度的缔合作用。

表 2-3　卤化氢的物理性质

性　质	HF	HCl	HBr	HI
熔点/K	190.00	158.20	184.50	222.20
沸点/K	292.50	188.10	206.00	237.60
气体分子偶极矩/$\times 10^{-30}$C·m	6.37	3.57	2.67	1.40
键能/(kJ/mol)	568.60	431.8	365.70	298.70
溶解度(101.3kPa,293K)/%	35.30	42.00	49.00	57.00
水合热/(kJ/mol)	−48.14	−17.58	−20.93	23.02
分子核间距/pm	92.00	126.00	142.00	162.00

卤化氢的水溶液称氢卤酸。除氢氟酸为弱酸外，其他氢卤酸都是强酸。其酸性按 HF-HCl-HBr-HI 的顺序递增。

氢卤酸蒸馏时都有恒沸现象。如蒸馏浓盐酸时，首先蒸发出含有少量水的 HCl 气体，在 0.1013MPa 下，当溶液浓度降到 20.24%时，蒸馏出来的水分和 HCl 气体保持这个浓度比例，而使溶液浓度不变，这时溶液沸点为 383K。只要压力不变，盐酸溶液的浓度和沸点都不会改变，这种盐酸称为恒沸盐酸。

氢卤酸中以氢氯酸（即盐酸）最重要，它是最常用的无机酸之一。市售浓盐酸约含 36.5%的氯化氢，密度为 1.19g/mL，浓度约为 12mol/L。它有如下特点：①酸性强；②可以完全挥发；③与碱反应，生成易溶的氯化物（AgCl、$PbCl_2$ 除外）；④阴离子 Cl^- 没有氧化性；⑤Cl^- 可作配位体与中心离子形成配离子，故盐酸具有特殊的溶解能力。例如，由 1 体积浓硝酸和 3 体积浓盐酸组成的混合溶液叫做王水，它能溶解 Au 和 Pt：

$$Au+HNO_3+4HCl \longrightarrow H[AuCl_4]+NO\uparrow+2H_2O$$

$$3Pt+4HNO_3+18HCl \longrightarrow 3H_2[PtCl_6]+4NO\uparrow+8H_2O$$

氢氟酸能和玻璃、陶瓷中的主要成分二氧化硅和硅酸盐反应：

$$SiO_2+4HF \longrightarrow SiF_4\uparrow+2H_2O$$

$$CaSiO_3+6HF \longrightarrow CaF_2+SiF_4\uparrow+3H_2O$$

因此氢氟酸一般装在聚乙烯塑料瓶中。

在酸碱滴定中，最常用盐酸溶液作酸标准滴定溶液。

3. 卤素的含氧酸及其盐

氯、溴、碘均可形成氧化值为＋1、＋3、＋5 和＋7 的次卤酸（HXO）、亚卤酸（HXO_2）、卤酸（HXO_3）和高卤酸（HXO_4）及其盐。卤素含氧酸多数仅能在水溶液中存在。在卤素的含氧酸及其盐中以氯的含氧酸及其盐实际应用较多，下面主要介绍氯的含氧酸及其盐。

(1) 次氯酸及其盐　次氯酸是弱酸，291K 时，$K_a=2.95\times10^{-5}$。次氯酸很不稳定，极易分解，仅存在于稀溶液中，当光照时分解更快，并放出氧气。

$$2HClO \xrightarrow{光照} 2HCl+O_2\uparrow$$

次氯酸具有杀菌和漂白能力，就是基于这个反应。次氯酸不稳定，因此，常用它的盐。

氯气在常温下和碱作用可制取次氯酸盐。

次氯酸钠（NaClO）是强氧化剂，有漂白、杀菌作用，常用于印染，制药工业。最常见的次氯酸盐是次氯酸钙，可将 Cl_2 通入消石灰而制得，是漂白粉的有效成分：

$$2Cl_2+3Ca(OH)_2 \longrightarrow Ca(ClO)_2+CaCl_2\cdot Ca(OH)_2\cdot H_2O+H_2O$$

漂白粉遇酸放出氯气：$Ca(ClO)_2+4HCl \longrightarrow CaCl_2+2Cl_2\uparrow+2H_2O$

(2) 氯酸及其盐　氯酸 $HClO_3$ 是强酸、强氧化剂。其稀溶液在室温时较稳定，40%以上的浓溶液受热分解。

氯酸盐中最常见的是 $KClO_3$。将 Cl_2 通入热的苛性钾溶液中，生成氯酸钾和氯化钾。

$$3Cl_2+6KOH \xrightarrow{>70℃} KClO_3+5KCl+3H_2O$$

氯酸钾是白色晶体，易溶于热水，在酸性溶液中由于转化为氯酸而显氧化性。反应式为：

$$KClO_3+6HCl \longrightarrow KCl+3Cl_2+3H_2O$$

$KClO_3$ 与易燃物（如 C、S、P 及有机物）混合，受撞击时会猛烈爆炸。因此常用它制造焰火、火柴及炸药等。

(3) 高氯酸及其盐　高氯酸 $HClO_4$ 是已知无机酸中最强的酸。它在冰醋酸、硫酸或硝酸溶液中仍能给出质子。

常温下，纯 $HClO_4$ 是无色黏稠液体，不稳定，储存时会发生分解爆炸。浓度低于 60% 的 $HClO_4$ 溶液是稳定的。高氯酸的氧化性比氯酸弱，但浓热的高氯酸是强氧化剂。

高氯酸盐比氯酸盐稳定性强。常用的是高氯酸钾，其氧化性比氯酸钾弱，利用高氯酸钾的氧化性可制作安全炸药。

二、氧、硫及其化合物

1. 氧、硫的单质

氧、硫是周期表中ⅥA 族元素，是典型的非金属元素。其原子的价电子层构型为

ns^2np^4。其原子结合时可形成离子化合物或共价化合物。在自然界，氧除以单质 O_2 和 O_3 出现外，还大量存在于含氧化合物中。O_3 是浅蓝色的气体，它在 161K 时凝结为深蓝色液体，80K 时凝固为暗紫色的固体。由于它有一种鱼腥臭味而得名。

臭氧在地面附近的大气层中含量极少，而在距地面约为 25km 的高空处，则有一层由于太阳紫外线强辐射形成的臭氧层，反应方程式为：

$$3O_2 \xrightarrow{\text{紫外光}} 2O_3 + 284\text{kJ}$$

它吸收了太阳的一部分辐射能，保护了地球上的生物。但随着大气中汽车及高空飞机排出的废气中含有 NO、NO_2 及人类使用氟里昂制冷剂和矿物燃料，这些污染物质引起臭氧的分解，导致臭氧层被破坏，这是非常严重的生态问题。

O_3 的氧化能力比 O_2 强。如 O_3 可氧化 I^-：

$$O_3 + 2KI + H_2O \longrightarrow I_2 + 2KOH + O_2$$

该反应可在常温下进行，测定所产生 I_2 的浓度，即可确定气体 O_3 的含量。

氧在生物界起着十分重要的作用，从生命的呼吸到有机物的氧化分解都需要氧的参与。植物的叶绿素在日光的作用下又可使有机物分离产生的 CO_2 和 H_2O 变为自己所需的养料，并不断地向空间输送 O_2，使自然界中的 CO_2 和 O_2 产生、消耗处于动态平衡，永无完竭的状态。

硫以游离态和化合物存在于自然界中。硫有几种同素异形体，如斜方硫（或菱形硫）和单斜硫等，它们都是由 S_8 环状分子组成的。

硫的化学性质很活泼，能与许多元素直接反应生成硫化物。如：

$$S + Hg \longrightarrow HgS$$

硫溶于热碱溶液：$3S + 6NaOH \xrightarrow{\triangle} 2Na_2S + Na_2SO_3 + 3H_2O$

硫是构成动植物蛋白质不可缺少的重要元素。蛋白质中硫的含量为 0.3%～2.5%，动物体中的硫大部分存在于毛发、软骨等组织中。

2. 过氧化氢

纯 H_2O_2 为无色液体，分子中有一个过氧键（—O—O—）。过氧化氢是极性分子，它可以和水以任意比例混合，其水溶液俗称双氧水。市售的双氧水溶液含过氧化氢为 27%～30%。医药上，常用稀双氧水溶液作为伤口消毒杀菌之用。含 27% H_2O_2 的溶液与皮肤接触，有灼热痛感，且使皮肤发白，故使用时须小心。高浓度的 H_2O_2 可作火箭燃料。

H_2O_2 的化学性质主要是：不稳定性、弱酸性和氧化还原性。

（1）不稳定性　H_2O_2 不稳定，常温下即能分解放出氧气：

$$2H_2O_2 \longrightarrow 2H_2O + O_2\uparrow$$

重金属离子（如 Fe^{3+}、Cr^{3+}、Mn^{2+}）、碱性介质、加热或曝光都能加快 H_2O_2 的分解，因此，过氧化氢宜储存于低温暗处。

（2）弱酸性　H_2O_2的水溶液是一种弱酸。

$$H_2O_2 \rightleftharpoons H^+ + HO_2^- \qquad K_a = 2.4 \times 10^{-12}$$

H_2O_2 与碱作用生成过氧化物。例如：

$$H_2O_2 + Ba(OH)_2 \longrightarrow BaO_2 + 2H_2O$$

（3）氧化还原性　由于 H_2O_2 中氧的氧化数为－1，它可以得一个电子，也可以失去一个电子，因此 H_2O_2 既显氧化性，又显还原性。H_2O_2 在酸性溶液中表现为强氧化性。如

H_2O_2 可将 KI 氧化成 I_2：

$$H_2O_2+2KI+2HCl \longrightarrow I_2+2KCl+2H_2O$$

H_2O_2 作氧化剂，其优点是它被还原的产物为 H_2O，不会给反应体系引入其他杂质。常用 H_2O_2 修复旧画，使黑色 PbS 变为白色 $PbSO_4$：

$$PbS+4H_2O_2 \longrightarrow PbSO_4+4H_2O$$

当 H_2O_2 遇到更强的氧化剂时，又表现出还原性。如 $KMnO_4$ 在酸性条件下与 H_2O_2 的反应：

$$2KMnO_4+5H_2O_2+3H_2SO_4 \longrightarrow 2MnSO_4+5O_2\uparrow+K_2SO_4+8H_2O$$

在滴定分析中，应用上述反应原理，用 $KMnO_4$ 作标准滴定溶液，测定双氧水中过氧化氢的含量。

3. 硫化氢和金属硫化物

硫化氢 H_2S 是无色有腐蛋臭味的气体，有相当大的毒性，是大气污染物之一。H_2S 能溶于水，室温下饱和 H_2S 水溶液的浓度约为 0.1mol/L。H_2S 的水溶液称为氢硫酸，是二元弱酸。它在溶液中能与很多金属离子作用，生成具有特征颜色的难溶硫化物，如表 2-4 所示。

表 2-4 一些硫化物的颜色和 K_{sp}（291～298K）

化合物	K_{sp}	颜色	化合物	K_{sp}	颜色
Ag_2S	6.3×10^{-50}	黑	MnS	2.5×10^{-13}	肉色
CdS	8.0×10^{-27}	黄	PbS	1.0×10^{-28}	黑
CuS	6.3×10^{-36}	黑	SnS	1.0×10^{-25}	灰黑
FeS	6.3×10^{-18}	黑	Sb_2S_3	1.5×10^{-59}	橘红
HgS	4.0×10^{-53}	黑	ZnS	1.6×10^{-24}	白

硫化氢和金属硫化物都有还原性，氧化数为－2 的硫可被氧化成单质或更高的氧化态。碘可将 H_2S 氧化成 S；更强的氧化剂如 Cl_2，可将 H_2S 氧化成 H_2SO_4。

H_2S 水溶液在空气中放置，被氧化成硫而逐渐变浑浊：

$$2H_2S+O_2 \longrightarrow 2S\downarrow+2H_2O$$

难溶性金属硫化物在水中的溶解性差别较大，并且它们在盐酸、硝酸等试剂中的溶解性也不相同。

4. 硫的氧化物、含氧酸及其盐

硫比氧的电负性小，因此在硫的氧化物和含氧酸中，硫的氧化数为正值，硫原子外层存在着可利用的 d 轨道，可形成氧化数为＋4 和＋6 的多种化合物。

SO_2 分子是“V”形构型，O—S—O 键角为 120°。SO_2 是无色有刺激气味的有毒气体，易液化，熔点 197.6K，沸点 263K。液态 SO_2 气化热为 24.9kJ/mol，故可作制冷剂。SO_2 易溶于水，室温时 1 体积水能溶解 40 体积 SO_2。SO_2 的水溶液称为亚硫酸，是一种二元中强酸，不稳定，在亚硫酸水溶液中，大量存在 SO_2 的水合物 $SO_2\cdot H_2O$，游离的 H_2SO_3 尚未被离析出来。

亚硫酸的盐有正盐和酸式盐两种。亚硫酸及其盐中硫的氧化数为＋4，因此它们既可作氧化剂，又可作还原剂。如在碱性溶液中 I_2 可将 SO_3^{2-} 氧化：

$$I_2+SO_3^{2-}+2OH^- \longrightarrow 2I^-+SO_4^{2-}+H_2O$$

利用此反应可测定亚硫酸及其盐的含量。H_2SO_3（或 SO_2）只有与强还原剂作用才表现氧化性，如 $SO_2+2H_2S \longrightarrow 3S\downarrow+2H_2O$。

SO_2 和 H_2SO_3 能和许多有机物，特别是染料和有色化合物发生加成反应，生成无色化合物，因此工业上用作漂白剂。Na_2SO_3 在食品业用作防腐剂。

室温下纯 SO_3 是无色易挥发的液体。气态 SO_3 分子是平面三角型构型。SO_3 是一种强氧化剂，又有强烈的吸水性，它与水作用生成 H_2SO_4。

纯 H_2SO_4 是无色油状液体，浓硫酸具有强烈的腐蚀性和危害性，且有很强的吸水性和脱水性，能使糖、纤维等有机物脱去水分子而发生碳化。稀硫酸不显氧化性，浓硫酸具有强氧化性，加热时氧化性更显著，它可以氧化许多金属和非金属，本身被还原为 SO_2、S 或 H_2S。例如：

$$C+2H_2SO_4(浓) \longrightarrow CO_2\uparrow+2SO_2\uparrow+2H_2O$$

$$Cu+2H_2SO_4（浓） \longrightarrow CuSO_4+SO_2\uparrow+2H_2O$$

$$3Zn+4H_2SO_4（浓） \longrightarrow 3ZnSO_4+S\downarrow+4H_2O$$

H_2SO_4 为二元强酸，它可形成正盐和酸式盐。酸式盐大都溶于水，仅钠、钾形成稳定固态盐。正盐（Pb^{2+}、Ag^+、Ca^{2+}、Ba^{2+} 盐除外）都易溶于水。含结晶水的可溶性硫酸盐俗称为矾。如绿矾 $FeSO_4 \cdot 7H_2O$、胆矾 $CuSO_4 \cdot 5H_2O$ 等。硫酸盐用途很广，用于制备化肥、农药、医药等。

五水硫代硫酸钠（$Na_2S_2O_3 \cdot 5H_2O$）俗称大苏打，又名“海波”。

$Na_2S_2O_3$ 可由 Na_2SO_3 与硫黄粉共煮制得：

$$Na_2SO_3+S \longrightarrow Na_2S_2O_3$$

$Na_2S_2O_3$ 是中强还原剂，它与 I_2 反应生成 $Na_2S_4O_6$（连四硫酸钠）：

$$2Na_2S_2O_3+I_2 \longrightarrow 2NaI+Na_2S_4O_6$$

该反应是滴定分析中碘量法的基础。

$Na_2S_2O_3$ 与 Cl_2、Br_2 等强氧化剂作用生成硫酸盐，如：

$$Na_2S_2O_3+4Cl_2+5H_2O \longrightarrow Na_2SO_4+H_2SO_4+8HCl$$

$Na_2S_2O_3$ 与酸作用生成 $H_2S_2O_3$，它极不稳定：

$$Na_2S_2O_3+2HCl \longrightarrow 2NaCl+S\downarrow+SO_2\uparrow+H_2O$$

$S_2O_3^{2-}$ 具有很强的配位能力，例如：

$$AgBr+2S_2O_3^{2-} \longrightarrow Ag(S_2O_3)_2^{3-}+Br^-$$

$Na_2S_2O_3$ 可作除氯剂，医药上用作洗涤剂、消毒剂，照相业用作定影剂，它还可用于电镀、鞣制皮革以及由矿石中提取银等。

三、氮、磷及其化合物

氮、磷是ⅤA 族元素，价电子构型为 ns^2np^3。生物体内都含有大量的氮、磷，它们对生命具有重要的意义。氮在大气中以单质 N_2 存在，占总体积的 78%；土壤中少量的氮以铵盐和硝酸盐的形式存在。磷在自然界以磷酸盐形式存在，如磷矿石 $Ca_3(PO_4)_2$、磷灰石 $Ca_5F(PO_4)_3$。在生物体的细胞、蛋白质、骨骼中也含有磷。磷的单质同素异形体常见为白磷和红磷。白磷化学性质比红磷活泼，且有毒。通常单质磷以 P_4 形式存在。

1. 氮的重要化合物

(1) 氨与铵盐 常温下，氨是无色有特殊刺激性的气体，由于氨分子间易产生氢键，因此在常温下极易液化。液氨气化时吸收大量的热，故液氨可作制冷剂。氨极易溶于水，293K时，1体积水可溶解700体积的氨，其水溶液称为氨水。氨水在水溶液中有如下平衡：

$$NH_3 + H_2O \rightleftharpoons NH_3 \cdot H_2O \rightleftharpoons NH_4^+ + OH^-$$

氨在水中主要以 $NH_3 \cdot H_2O$ 形态存在。

氨分子中的N原子有孤对电子，能与许多金属离子形成配离子，如$[Ag(NH_3)_2]^+$、$[Cu(NH_3)_4]^{2+}$等。因此某些难溶化合物如AgCl、$Cu(OH)_2$等可溶于$NH_3 \cdot H_2O$。

铵盐不稳定，遇热均易分解，如：

$$NH_4Cl \xrightarrow{\triangle} NH_3\uparrow + HCl\uparrow$$

$$NH_4HCO_3 \xrightarrow{\triangle} NH_3\uparrow + CO_2\uparrow + H_2O$$

铵盐的水溶液可水解，特别是弱酸铵盐水解较显著，因此使用NH_4HCO_3化肥时要注意防潮。

NH_3和CO_2作用生成尿素是目前含氮量最高的化肥，其反应为：

$$2NH_3 + CO_2 \xrightarrow{\triangle} CO(NH_2)_2 + H_2O$$

检验NH_4^+常用Nessles试剂[KOH液$+K_2[HgI_4]$液]与铵盐作用生成红棕色碘化氨基氧汞沉淀：

$NH_4^+ + 2HgI_4^{2-} + 4OH^- \longrightarrow$ 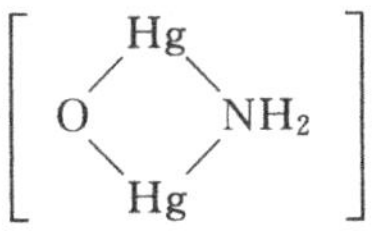 $I\downarrow + 7I^- + 3H_2O$

若铵盐量少，则得到黄色溶液。

(2) 氮的氧化物、含氧酸及其盐 氮的氧化物中较为重要的是NO和NO_2。NO为无色气体，难溶于水，极易与氧化合，常温下，无色的NO接触到空气后，立即转变为红棕色的NO_2：

$$2NO + O_2 \longrightarrow NO_2$$

NO_2是有特殊臭味的红棕色气体，有毒，腐蚀性强，是强氧化剂。NO_2溶于水生成HNO_3和NO，这是工业上生产硝酸的反应：

$$3NO_2 + H_2O \longrightarrow 2HNO_3 + NO$$

纯HNO_3为无色液体，易挥发，与水以任何比例互溶。HNO_3受热或见光分解：

$$4HNO_3 \xrightarrow{\text{加热或光照}} 4NO_2\uparrow + 2H_2O + O_2\uparrow$$

浓HNO_3具有强氧化性，除Au和Pt外，其他金属都能被浓HNO_3氧化成硝酸盐。冷浓HNO_3与冷浓H_2SO_4一样能使Fe、Cr、Al等金属钝化。浓HNO_3作氧化剂时，还原产物是NO_2；稀HNO_3作氧化剂时，还原产物是NO；较活泼金属（如Mg、Zn等）与稀硝酸反应时，可生成N_2O；很稀HNO_3可被较活泼的金属还原为NH_3，NH_3又和过量的酸反应生成硝酸铵。

$$Cu + 4HNO_3(\text{浓}) \longrightarrow Cu(NO_3)_2 + 2NO_2\uparrow + 2H_2O$$

$$Fe + 4HNO_3(\text{稀}) \longrightarrow Fe(NO_3)_3 + NO\uparrow + 2H_2O$$

$$4Zn+10HNO_3(稀)\longrightarrow 4Zn(NO_3)_2+N_2O\uparrow+5H_2O$$
$$4Zn+10HNO_3(很稀)\longrightarrow 4Zn(NO_3)_2+NH_4NO_3+3H_2O$$

1体积浓硝酸与3体积浓盐酸组成的“王水”，具有比浓硝酸或浓盐酸更为强烈的腐蚀作用，因此能溶解金和铂。

硝酸能把许多非金属单质如碳、硫、磷等氧化成相应的含氧酸，本身被还原为NO或NO_2：

$$C+4HNO_3(浓)\longrightarrow CO_2\uparrow+4NO_2\uparrow+2H_2O$$
$$3P+5HNO_3(浓)+2H_2O\longrightarrow 3H_3PO_4+5NO\uparrow$$

硝酸盐都是离子化合物，大都溶于水，其水溶液无氧化性。硝酸盐在常温下稳定，但在高温下固体硝酸盐会分解放出O_2，同时会因金属离子的不同而使分解产物有所差别：

$$2KNO_3\xrightarrow{\triangle}2KNO_2+O_2\uparrow$$
$$2Pb(NO_3)_2\xrightarrow{\triangle}2PbO+4NO_2\uparrow+O_2\uparrow$$
$$2AgNO_3\xrightarrow{\triangle}2Ag+2NO_2\uparrow+O_2\uparrow$$

根据上述性质，硝酸盐应用于焰火和黑火药的制造。

亚硝酸极不稳定，只能存在于稀溶液中，且加热时会分解。亚硝酸盐大多数是无色、易溶于水的固体。亚硝酸盐有毒，是致癌物质。在酸性溶液中，亚硝酸及其盐具有较强的氧化性，例如，它可氧化I^-：

$$2NO_2^-+2I^-+4H^+\longrightarrow 2NO+I_2+2H_2O$$

生成的I_2使淀粉溶液变蓝，可用此法检验NO_2^-。

2. 磷的重要化合物

磷在空气中燃烧生成P_2O_5，如果O_2不充足，只生成P_2O_3。P_2O_5是白色粉末状固体，吸水性很强，在空气中易潮解，常作为干燥剂。P_2O_5溶于冷水生成偏磷酸（HPO_3）；溶于沸水生成正磷酸（H_3PO_4），简称磷酸。磷酸是无色透明的晶体，极易溶于水，能与水以任何比例混合。是一种无氧化性的三元中强酸。市售H_3PO_4约含85%的H_3PO_4是黏稠状液体。H_3PO_4能形成3种盐，难溶的磷酸一氢盐和正盐与强酸作用，生成可溶性的磷酸二氢盐，如：

$$Ca_3(PO_4)_2+2H_2SO_4+2H_2O\longrightarrow Ca(H_2PO_4)_2+2CaSO_4\cdot 2H_2O$$

磷酸盐是各种磷肥的主要组成部分。

化学分析中为了掩蔽Fe^{3+}的干扰，常用H_3PO_4作掩蔽剂，生成无色可溶性配合物，如$H_3[Fe(PO_4)_2]$、$H[Fe(HPO_4)_2]$等；也常用钼酸铵试剂或镁混合试剂鉴定PO_4^{3-}：

$$PO_4^{3-}+3NH_4^++12MoO_4^{2-}+24H^+\longrightarrow (NH_4)_3PO_4\cdot 12MoO_3\cdot 12H_2O\downarrow(黄色)$$
$$Mg^{2+}+NH_4^++PO_4^{3-}\longrightarrow MgNH_4PO_4\downarrow(白色结晶)$$

磷化合物在生物体内的作用极为重要，它存在于核糖核酸（RNA）和脱氧核糖核酸（DNA）中。这些分子具有储存和传递遗传信息的生理功能，以保证物种的延续和发展。磷还存在于三磷酸腺苷（ATP）等物质中，以储藏生物的能量。

四、碳、硅、硼及其化合物

碳、硅是ⅣA族元素，价电子层构型为ns^2np^2，它们不易得到或失去电子，主要形成共价化合物。碳元素存在于含碳酸盐的各种矿石中，金刚石、石墨、煤、石油、天然气及大

气中的 CO_2 等，它也是组成有机物和动植物体的主要元素之一，碳链是一切有机物的骨架。硅是组成岩石矿物的主要元素，如石英、砂及各种硅酸盐。硼是ⅢA族元素，硼原子的价电子构型为 $2s^2 2p^1$。硼在自然界分布很少，它在地壳中的含量为 0.001%，除它以百万分之几的数量在海水中存在外，在大多数的土壤中以痕量元素存在。自然界没有游离硼，它存在于硼镁矿（$Mg_2B_2O_5 \cdot H_2O$）和硼砂（$Na_2B_4O_7 \cdot 10H_2O$）等矿物中。

1. 碳及其重要化合物

单质碳有石墨、金刚石和碳原子簇（已知的是 C_{60}）等 3 种同素异形体。1985 年 H. W. Kroo 和 R. E. Smalley 等发现碳的第三种晶体形态，称为球碳。它是由碳元素结合形成的稳定分子，其分子式为 C_{60}。C_{60} 是由 20 个正六边形和 12 个正五边形镶嵌而成 32 个面和 60 个连接点的球形分子。

碳在充足的空气中燃烧生成 CO_2，放出大量的热，但当空气不足时，生成 CO 气体。CO 毒性很大，它与血液中的血红素结合成一种很稳定的配合物，从而破坏血液的输氧能力。空气中 CO 的含量达 0.002%（体积）时，就会引起 CO 中毒。

CO 具有还原性，它能在空气中燃烧，生成 CO_2，并放出大量的热，因此 CO 是重要的气体燃料。CO 还可以使许多金属氧化物还原为金属，所以 CO 是冶炼金属的重要还原剂，例如：

$$Fe_2O_3 + 3CO \longrightarrow 2Fe + 3CO_2$$

$$PdCl_2 + CO + H_2O \longrightarrow Pd\downarrow + CO_2 + 2HCl$$

该反应十分灵敏，常用来检测微量的 CO 存在。

CO 是很强的配位体，能与某些金属原子形成羰基配合物如 $Fe(CO)_5$、$Ni(CO)_4$ 等。

CO_2 是无色无味的气体，不助燃。CO_2 虽无毒，但空气中含量过高（≥10%）即可使人窒息。大气中 CO_2 含量几乎保持在约 0.03%（体积），它能吸收太阳光的红外线，为生命提供了合适的生存环境。但是随着世界工业生产的高度发展，大气中 CO_2 含量逐渐增加，它所产生的温室效应使全球变暖，破坏了生态平衡。因此如何保护大气中 CO_2 平衡这一世界性问题，已受到科学界的广泛关注。

CO_2 同金属氧化物的水溶液反应生成碳酸盐：

$$Ca(OH)_2 + CO_2 \longrightarrow CaCO_3 + H_2O$$

该反应用来检验 CO_2，通入过量的 CO_2 则产生可溶性的酸式碳酸盐。

$$CaCO_3 + CO_2 + H_2O \longrightarrow Ca(HCO_3)_2$$

CO_2 临界温度为 304.25K，加压容易液化。以 CO_2 为主要介质的临界状态化学是近几年发展起来的新兴学科。

CO_2 溶于水形成碳酸 H_2CO_3。293K 时，1L 水能溶解 0.9L 的 CO_2 气体，生成的碳酸的浓度约为 0.04mol/L。H_2CO_3 是二元弱酸（$K_{a1} = 4.3 \times 10^{-7}$，$K_{a2} = 5.61 \times 10^{-11}$）。碳酸可形成碳酸盐和碳酸氢盐。碳酸氢盐都能溶于水，碳酸盐中只有碱金属碳酸盐和碳酸铵易溶于水。碳酸盐和碳酸氢盐均不稳定，遇强酸或加热发生分解，放出 CO_2。

2. 硅的重要化合物

二氧化硅有晶形和无定形两类。晶形称为石英，无色透明的棱柱状纯石英称为水晶。砂粒是混有杂质的石英细粒。硅藻土是无定形二氧化硅。

SiO_2 为原子晶体，这一点与 CO_2 不同，固态 CO_2（俗称“干冰”）为分子晶体。SiO_2 不溶于水，除氢氟酸外，在其他酸中也不溶。SiO_2 具有很高的熔点、沸点和较大的硬度，稳定性高。SiO_2 为酸性氧化物，能与热的浓碱溶液或熔融的 Na_2CO_3 作用：

$$SiO_2 + 2NaOH \xrightarrow{\triangle} Na_2SiO_3 + H_2O$$

$$SiO_2 + Na_2CO_3 \xrightarrow{熔融} Na_2SiO_3 + CO_2\uparrow$$

玻璃内含有 SiO_2，能被碱腐蚀。Na_2SiO_3 俗称水玻璃，在硅酸盐水溶液中加入酸即会析出硅酸。H_4SiO_4 为正硅酸，H_2SiO_3 为偏硅酸，习惯上常用化学式 H_2SiO_3 代表硅酸。硅酸在水中的溶解度很小，且不稳定，很快凝聚成胶状沉淀为硅酸凝胶（$mSiO_2 \cdot nH_2O$）。将此凝胶脱水干燥后，即得多孔性固体硅胶。硅胶是很好的干燥剂和吸附剂。实验室精密仪器中常用的干燥剂为含水合 $CoCl_2$ 的变色硅胶。干燥的为蓝色，吸水后为粉红色（$CoCl_2 \cdot 6H_2O$）。

3. 硼酸及其盐

硼酸为白色片状晶体，微溶于冷水，在热水中溶解度增大。在硼酸晶体的结构单元 $B(OH)_3$ 中，B 原子以 sp^2 杂化与 3 个 OH^- 中氧原子形成 s 键，空间构型为平面三角形。分子间通过氢键连成一片，形成层状结构，层与层之间借助分子间力联系在一起组成大晶体。晶体内各片层之间可以滑动，所以硼酸可作润滑剂。硼酸是一元弱酸（$K_a = 5.8 \times 10^{-10}$），其水溶液呈弱酸性不是由于它本身解离出 H^+，而是与水分子的 OH^- 结合形成了 $[B(OH)_4]^-$，同时游离出一个 H^+：

$$B(OH)_3 + H_2O \rightleftharpoons [B(OH)_4]^- + H^+$$

这种酸的解离方式表现了硼化合物“缺电子”的独特性质。OH^- 的孤对电子填入 B 原子的 2p 空轨道形成 $[B(OH)_4]^-$。

硼酸盐中，最重要的是含结晶水的四硼酸钠，化学式为 $Na_2B_4O_7 \cdot 10H_2O$，俗称硼砂。硼砂在水中能水解，其水溶液呈强碱性：$B_4O_7^{2-} + 7H_2O \rightleftharpoons 4H_3BO_3 + 2OH^-$

硼砂可以配制缓冲溶液或作基准试剂。它也是搪瓷、陶瓷、玻璃工业的重要原料。

第三节 S 区元素

一、S 区元素概述

S 区元素包括周期表中的ⅠA 族碱金属和ⅡA 族碱土金属。S 区元素价电子构型、氧化还原性及其变化规律如表 2-5 所示。

表 2-5 S 区元素价电子构型、氧化还原性及其变化规律

ⅠA		ⅡA			
锂	Li	铍	Be	金属离子半径↓	解离能电负性↓
钠	Na	镁	Mg		
钾	K	钙	Ca		
铷	Rb	锶	Sr		
铯	Cs	钡	Ba		
钫	Fr	镭	Ra		
ns^1		ns^2			

ⅠA 和ⅡA 区元素的特征氧化态为+1 和+2，由于它们都是活泼的金属元素，只能以

化合状态存在于自然界。如钠和钾的主要来源分别为熔盐 NaCl、海水；天然氯化钾、光卤石 $KCl \cdot MgCl_2 \cdot 6H_2O$ 等。钙和镁主要存在于白云石、$CaCO_3 \cdot MgCO_3$ 方解石 $CaCO_3$、菱镁矿 $MgCO_3$、石膏 $CaSO_4 \cdot 2H_2O$ 等矿物中，锶和钡的矿物有天青石 $SrSO_4$ 和重晶石 $BaSO_4$ 等。碱金属与碱土金属的基本性质如表 2-6 所示。

表 2-6 碱金属与碱土金属的基本性质

元素性质	Li	Na	K	Rb	Cs	Be	Mg	Ca	Sr	Ba
密度/(g/cm^3)	0.534	0.968	0.856	1.532	1.90	1.848	1.738	1.55	2.63	3.62
熔点/K	453.5	370.8	336.7	311.9	301.7	1557	922	1112	1042	993
沸点/K	1620	1165	1030	961	978	3243	1363	1757	1657	1913
硬度(金刚石=10)	0.6	0.4	0.5	0.3	0.2	4	2.0	1.5	1.8	—
升华热/(kJ/mol)	161	109	90.0	85.8	78.8	320	150	192	164	175
M^{n+}(g)的水合热/(kJ/mol)	−522	−406	−322	−297	−266	−2494	−1921	−1602	−1443	−1305

二、氧化物、过氧化物、超氧化物

ⅠA、ⅡA 族金属能形成各种类型的氧化物：正常氧化物、过氧化物、超氧化物、臭氧化物，它们均为离子型化合物。

1. 氧化物

Li 和ⅡA 族金属在氧气中燃烧生成氧化物。钠、钾在空气中燃烧得到过氧化物。因此它们的氧化物需用其他方法制备。如 Na 还原 Na_2O_2、K 等还原 KNO_3 等得相应的化合物。

碱土金属的氧化物可以通过其碳酸盐或硝酸盐等的热分解来制备。

除 BeO 为两性外，其他碱金属碱土金属氧化物均显碱性。经过煅烧的 BeO 和 MgO 极难与水反应，它们的熔点很高，都是很好的耐火材料。氧化镁晶须（极细的纤维状单结晶）有良好的耐热性、绝缘性、热传导性、耐碱性、稳定性和补强特性。用作各种复合材料的补强材料。超细氧化镁的活性高，烧结效率高，常用作烧结精细陶瓷，各种陶瓷的烧结助剂、稳定剂和各种电子材料用的辅助材料，也可作为橡胶、塑料等材料的特殊添加剂。

2. 过氧化物

ⅠA、ⅡA 族金属（除 Be 外）都能生成离子型过氧化物，但其制备方法各异。

Na_2O_2 的工业制法是将除去 CO_2 的干燥空气通入熔融钠中，控制空气流量和温度即可得到 Na_2O_2（纯的 Na_2O_2 为白色，因其中常含有 Na_2O 而呈淡黄色）：

$$2Na(\text{熔融}) + O_2 \longrightarrow Na_2O_2$$

Na_2O_2 与水或稀酸反应产生 H_2O_2，H_2O_2 随即分解放出 O_2：

$$Na_2O_2 + 2H_2O \longrightarrow 2NaOH + H_2O_2$$

$$Na_2O_2 + H_2SO_4\ (\text{稀}) \longrightarrow Na_2SO_4 + H_2O_2$$

$$2H_2O_2 \longrightarrow 2H_2O + O_2$$

Na_2O_2 与 CO_2 反应会有氧气放出：

$$2Na_2O_2 + 2CO_2 \longrightarrow 2Na_2CO_3 + O_2$$

由于它的这种特殊反应性能，使其用于防毒面具、高空飞行和潜水作业等。

过氧化钠本身相当稳定，加热至熔融也不分解，但若遇棉花、木炭或铝粉等还原性物质时，就会引起燃烧或爆炸，工业上列为强氧化剂。

过氧化钠的主要用途是作氧化剂和氧气发生剂，此外，还用作消毒剂以及纺织、纸浆的漂白剂等。

3. 超氧化物

除了锂、铍、镁外，碱金属和碱土金属都能形成相应的超氧化物 $M^{I}O_2$、$M^{II}(O_2)_2$。其中钠、钾、铷、铯在过量的氧气中燃烧可直接生成超氧化物，可通过下列反应得到：

$$K + O_2 \longrightarrow KO_2$$

超氧化物与水反应生成 H_2O_2 同时放出 O_2，例如：

$$2KO_2 + 2H_2O \longrightarrow 2KOH + H_2O_2 + O_2\uparrow$$

$$Ba(O_2)_2 + 2H_2O \longrightarrow Ba(OH)_2 + H_2O_2 + O_2\uparrow$$

与 CO_2 作用也会有 O_2 放出，例如：

$$4KO_2 + 2CO_2 \longrightarrow 2K_2CO_3 + 3O_2\uparrow$$

$$2Ba(O_2)_2 + 2CO_2 \longrightarrow 2BaCO_3 + 3O_2\uparrow$$

因此超氧化物被用作供氧剂，还可作氧化剂。

三、氢氧化物

ⅠA 和ⅡA 族中除 $Be(OH)_2$ 为两性，LiOH、$Mg(OH)_2$ 为中强碱外，其余 MOH、$M(OH)_2$ 均为强碱性。

一般说来，$M(OH)_2$ 的溶解度较低。MOH、$M(OH)_2$ 的溶解度变化是从 Li→Cs、Be→Ba 顺序依次递增，$Be(OH)_2$ 和 $Mg(OH)_2$ 是难溶氢氧化物。

电解碱金属氯化物水溶液可得到氢氧化物，工业上电解 NaCl 溶液得 NaOH。根据电解槽的形式及电极材料不同，有隔膜法、汞阴极法和离子膜法。

作为强碱的碱金属和碱土金属的氢氧化物，有一系列的碱性反应，现以 NaOH 为例扼要予以说明。

(1) 同两性金属反应

$$2Al + 2NaOH + 6H_2O \longrightarrow 2Na[Al(OH)_4] + 3H_2\uparrow$$

$$Zn + 2NaOH + 2H_2O \longrightarrow Na_2[Zn(OH)_4] + H_2\uparrow$$

(2) 同非金属硼、硅等反应

$$2B + 2NaOH + 6H_2O \longrightarrow 2Na[B(OH)_4] + 3H_2\uparrow$$

$$Si + 2NaOH + H_2O \longrightarrow Na_2SiO_3 + 2H_2\uparrow$$

氢氧化钠能与酸进行中和反应生成盐和水。

四、盐类化合物

常见的碱金属和碱土金属盐类有卤化物、硫酸盐、碳酸盐、磷酸盐等。由于碱土金属与碱金属相比离子电荷增加、半径变小。故其离子势增大，极化能力增强，因此碱土金属的盐类具有某些特殊性，Be^{2+}、Mg^{2+} 更为突出。

(1) 溶解性　绝大多数碱金属的盐类易溶于水。少数难溶于水的有离子半径小的锂盐，碱土金属的盐比相应的碱金属盐溶解度小，而且不少是难溶的。常常利用化合物溶解度的差别进行分离提纯。碱土金属的硫酸盐、铬酸盐的溶解度差别较大。例如 $BeSO_4$、$BeCrO_4$ 是易溶的，而 $BaSO_4$、$BaCrO_4$ 都是难溶的。相当数量的碱金属能以水合盐形成存在，依 Li^+、Na^+、K^+、Rb^+、Cs^+ 离子半径的逐渐增大，形成水合盐的倾向递减。这是由于 Li^+ 半径小、水合作用特别强的缘故。

(2) 晶体类型 绝大多数碱金属的盐类为离子晶体，只有半径特别小的 Li^+ 的某些盐（如卤化物）具有不同程度的共价性。碱土金属在化合时，多以形成离子键化合物为主要特征。铍由于离子半径小，与ⅠA 相比电荷增大，且为 2 电子构型，极化能力增强，化学键中共价成分显著增加。铍常表现出与同族元素不同化学性质。$BeCl_2$ 是共价型化合物，在气态为双聚分子；固体 $BeCl_2$ 具有无限长链结构。$BeCl_2$ 可溶于有机溶剂中。说明它们的氯化物具有一定程度的共价性。

(3) 易形成复盐

光卤石类：$MCl \cdot MgSO_4 \cdot 6H_2O$ （M 为 K^+、Rb^+、Cs^+）

矾类：$M_2SO_4 \cdot MgSO_4 \cdot 6H_2O$ （M 为 K^+、Rb^+、Cs^+）

$MM(Ⅲ)(SO_4)_2 \cdot 12H_2O$ （M 为 NH_4^+、Na^+、K^+、Rb^+、Cs^+）[M(Ⅲ)为 Al^{3+}、Fe^{3+}、Cr^{3+}、Ga^{3+} 等]

由于 Li^+ 半径特别小，难以形成复盐。

(4) 颜色 所有碱金属盐，除了与有色阴离子形成有色盐外（如 $KMnO_4$），其余都为无色盐。M^{2+} 在晶体和水溶液中均是无色的。它们的有色盐是由带色的阴离子所引起的。如 K_2CrO_4 中的 CrO_4^{2-} 为橙色。

(5) 热稳定性 碱金属盐一般具有较高的热稳定性。由于 M^{2+} 的极化力较强，ⅡA 族盐的热稳定性较ⅠA 族的低，如碳酸盐的热稳定性较碱金属碳酸盐要低。热分解温度 $BeCO_3 < 373K$，而 $Li_2CO_3 > 1273K$ 才发生分解。

第四节 过渡元素

一、过渡元素的通性

过渡元素包括从ⅠB 到ⅧB 族元素。它们在周期表中位于 s 区元素与 p 区元素之间。过渡元素的单质均是金属，故又称过渡金属。过渡元素分为 3 个系列：第四周期的 Sc～Zn 称为第一过渡系；第五周期的 Y～Cd 称为第二过渡系；第六周期的 La～Hg 称为第三过渡系。

过渡元素原子的共同特点是随着核电荷的增加，电子依次分布在次外层的 d 轨道上，最外层只有 1～2 个电子（Pd 例外），其价层电子构型为 $(n-1)d^{1\sim10}ns^{1\sim2}$。

除 Pd、ⅠB 及ⅡB 族外，过渡元素原子的最外层和次外层电子多数都没有充满，这正是与主族元素原子结构的不同之处，因而导致过渡元素具有以下特征。

(1) 过渡元素都是金属元素 过渡元素的最外层电子数均不超过两个，所以它们都是金属元素。由于同一周期过渡元素的最外层电子数几乎相同，原子半径变化不大，所以它们的化学活泼性也十分相似。其中大部分金属的硬度较大，熔点较高，导电、导热性良好。

(2) 可变的氧化数 过渡元素在形成化合物时，不仅最外层 s 电子可以失去，而且次外层 d 电子也可以部分或全部失去，因此，过渡元素都表现出可变的氧化数，且大多数连续变化。例如 Mn 的氧化数可以从 +2 连续变化到 +7。一般高氧化数的金属元素多以酸根阴离子形式存在，如 MnO_4^-，$Cr_2O_7^{2-}$。

(3) 水合离子多带有颜色 大多数过渡金属元素的水合离子，在 $(n-1)$ d 轨道上都具有成单的电子，这些电子在可见光范围内容易发生 d-d 跃迁，在形成水合离子时呈现出不同的颜色。第一过渡系低氧化态水合离子的颜色见表 2-7。

表 2-7　过渡元素水合离子的颜色

未成对的 d 电子	水合离子的颜色	未成对的 d 电子	水合离子的颜色
0	Ag^+，Zn^{2+}，Cd^{2+}，Sc^{3+}（均无色）	3	Cr^{3+}（蓝紫色），Co^{2+}（粉红色）
1	Cu^{2+}（天蓝色），Ti^{3+}（紫色）	4	Fe^{2+}（浅绿色）
2	Ni^{2+}（绿色），V^{3+}（绿色）	5	Mn^{2+}（极浅粉红色）

（4）容易形成配合物　过渡元素的原子或离子具有同一能级组空的价电子轨道，即 $(n-1)$d、ns、np 轨道，它们的能量相近，可以杂化接受配位体的孤对电子成键。如易形成氟配合物、氨配合物、羟基配合物等。

过渡元素在性质上有别于其他类型元素，是由于它们有未充满的 d 轨道。

二、铜、银、锌和汞

1. 铜、银及其重要化合物

铜和银是周期表中ⅠB族元素。铜为紫红色金属，富有延展性，是导热导电性能良好的金属。铜在干燥空气中很稳定，有 CO_2 及潮湿的空气时，则在铜表面生成绿色碱式碳酸铜（俗称“铜绿”）：

$$2Cu+O_2+H_2O+CO_2 \longrightarrow Cu_2(OH)_2CO_3$$

铜不溶于非氧化性稀酸，能与 HNO_3 及热的浓 H_2SO_4 作用：

$$Cu+4HNO_3(浓) \longrightarrow Cu(NO_3)_2+2NO_2\uparrow+2H_2O$$

$$3Cu+8HNO_3(稀) \longrightarrow 3Cu(NO_3)_2+2NO\uparrow+4H_2O$$

$$Cu+2H_2SO_4(浓) \longrightarrow CuSO_4+SO_2\uparrow+2H_2O$$

铜主要用于制造合金，例如黄铜、白铜、青铜等，还用于作导电材料。铜是生物体必需的微量元素之一，称为“生命元素”。

银在空气中稳定，它的表面具有极强反光能力。但是银与含有硫化氢的空气接触时，表面因蒙上一层 Ag_2S 而发暗，这是银币和银首饰变暗的原因。

$$4Ag+2H_2S+O_2 \longrightarrow 2Ag_2S+2H_2O$$

与铜相似，银可溶解于硝酸和热的浓 H_2SO_4 中。

铜和银的氢氧化物都不稳定：

$$Cu(OH)_2 \xrightarrow{\triangle} CuO+H_2O$$

AgOH 一旦生成立即脱水变成暗褐色的 Ag_2O：

$$2Ag^++2OH^- \longrightarrow 2AgOH \longrightarrow Ag_2O+H_2O$$

$Cu(OH)_2$ 溶于浓的强碱溶液时，生成深蓝色 $Cu(OH)_4^{2-}$ 配位离子：

$$Cu(OH)_2+2OH^- \longrightarrow Cu(OH)_4^{2-}$$

$Cu(OH)_2$ 也溶于 $NH_3 \cdot H_2O$，生成深蓝色 $Cu(NH_3)_4^{2+}$ 配位离子：

$$Cu(OH)_2+4NH_3 \longrightarrow Cu(NH_3)_4^{2+}+2OH^-$$

无水 $CuSO_4$ 为白色粉末，易溶于水，吸水性强，吸水后显示特征的蓝色，通常利用这一性质检验乙醇或乙醚中是否含水，并可借此除去微量的水。

硫酸铜是制备其他铜化合物的重要原料，在电解和电镀中作电镀液和电解液，纺织工业用作媒染剂。由于 $CuSO_4$ 具有杀菌能力，用于蓄水池、游泳池中防止藻类生长。$CuSO_4$ 和石灰乳混合配制的混合液，在农业及园林中用作杀虫剂。

在银的化合物中，$AgNO_3$ 是常用的可溶性银盐，为无色晶体，在日光照射下逐步分解出金属银：

$$2AgNO_3 \xrightarrow{光} 2Ag + 2NO_2\uparrow + O_2\uparrow$$

故 $AgNO_3$ 应保存在棕色瓶中。$AgNO_3$ 具有氧化性，遇微量的有机物即被还原为黑色单质银。一旦皮肤沾上 $AgNO_3$ 溶液，就会出现黑色斑点。

$AgNO_3$ 是一种重要的分析试剂，用来测定 Cl^-、Br^-、I^-、CN^-、SCN^- 等。$AgNO_3$ 在医学上常用作消毒剂和腐蚀剂，照相业用于制造照相底片上的卤化银。

2. 锌、汞及其重要化合物

锌、汞是周期表中ⅡB族元素。锌呈浅蓝白色。汞是银白色的液态金属，有“水银”之称。锌在潮湿空气中，表面生成一层致密碱式碳酸盐 $Zn(OH)_2 \cdot ZnCO_3$，起保护作用，使锌有防腐蚀的性能，故铜、铁等制品表面常镀锌防腐。

汞受热均匀膨胀，不润湿玻璃，用于制造温度计。汞在空气中比较稳定，只有加热至沸腾时才慢慢生成氧化汞（HgO）。汞只溶于硝酸和热的浓硫酸：

$$Hg + 2H_2SO_4(浓) \xrightarrow{\triangle} HgSO_4 + SO_2\uparrow + 2H_2O$$

$$3Hg + 8HNO_3 \longrightarrow 3Hg(NO_3)_2 + 2NO\uparrow + 4H_2O$$

汞能溶解许多金属形成汞齐，汞齐是汞的合金。钠汞齐与水反应放出氢，在有机合成中常用作还原剂。在冶金工业中用汞齐法回收贵重金属。

锌是两性元素，既能溶于稀酸又能溶于强碱。

$Zn(OH)_2$ 同 Zn 一样，具有两性。$Zn(OH)_2$ 可溶于酸和过量的强碱，也能溶于 $NH_3 \cdot H_2O$ 中，形成 $Zn(NH_3)_4^{2+}$ 配位离子：

$$Zn(OH)_2 + 4NH_3 \longrightarrow Zn(NH_3)_4^{2+} + 2OH^-$$

无水 $ZnCl_2$ 为白色固体，它的吸水性很强，极易溶于水。在 $ZnCl_2$ 浓溶液中，由于形成配位酸 $H[ZnCl_2(OH)]$而使溶液呈酸性，故能溶解金属氧化物。

$$ZnCl_2 + H_2O \longrightarrow H[ZnCl_2(OH)]$$

$$FeO + 2H[ZnCl_2(OH)] \longrightarrow Fe[ZnCl_2(OH)]_2 + H_2O$$

在焊接金属前，常用浓 $ZnCl_2$ 溶液（焊药）清除金属表面的氧化物，就是根据这一性质。$ZnCl_2$ 还可用于有机合成的脱水剂、缩合剂及催化剂，染料工业的媒染剂，农药及木材防腐剂。

$HgCl_2$ 熔点低，易升华，故俗称升汞，为无色晶体，可溶于水，有剧毒。由于 $HgCl_2$ 杀菌力很强，其稀溶液常用作消毒剂。$HgCl_2$ 不与酸反应，但与碱反应生成黄色的 HgO：

$$HgCl_2 + 2NaOH \longrightarrow HgO\downarrow + 2NaCl + H_2O$$

在 $HgCl_2$ 稀溶液中加入稀氨水，可生成白色氨基氯化汞沉淀：

$$HgCl_2 + 2NH_3 \longrightarrow HgNH_2Cl\downarrow + NH_4Cl$$

在酸性溶液中 $HgCl_2$ 是较强的氧化剂，它能氧化 $SnCl_2$。

$$2HgCl_2 + SnCl_2 \longrightarrow SnCl_4 + Hg_2Cl_2\downarrow(白色)$$

$$Hg_2Cl_2 + SnCl_2 \longrightarrow SnCl_4 + 2Hg\downarrow(黑色)$$

Hg_2Cl_2 俗称甘汞，为白色粉末，微溶于水，少量服用对人、畜无害，医药上常作轻泻剂和利尿剂。甘汞是制甘汞电极的主要材料。Hg_2Cl_2 在光的照射下，易分解出 Hg：

$$Hg_2Cl_2 \xrightarrow{光或热} Hg + HgCl_2$$

Hg_2Cl_2 与 $NH_3 \cdot H_2O$ 反应生成氨基氯化汞和汞，使沉淀显灰黑色：

$$Hg_2Cl_2 + 2NH_3 \longrightarrow \underset{(白色)}{HgNH_2Cl\downarrow} + \underset{(黑色)}{2Hg\downarrow} + NH_4Cl$$

在 $Hg(NO_3)_2$ 溶液中加入 KI 可产生橘红色 HgI_2 沉淀，HgI_2 溶于过量 KI 中，形成无色的 $[HgI_4]^{2-}$ 配离子：

$$Hg^{2+} + 2I^- \longrightarrow HgI_2$$

$$HgI_2 + 2I^- \longrightarrow [HgI_4]^{2-}$$

$[HgI_4]^{2-}$ 的碱性溶液称为 Nessles 试剂。在实验室中用于检测 NH_4^+。

三、铬、锰和铁

1. 铬及其重要化合物

金属铬具有银白色光泽，熔点高。在所有的金属中，铬的硬度最大。由于铬有高硬度、耐磨、耐腐蚀等优良性能，用于制造合金和不锈钢。铬是人体必需的微量元素之一，但铬的化合物都有毒，且 Cr（Ⅵ）具有致癌作用。在处理含铬的废液时不得任意排放，以免污染环境。

铬的价层电子构型为 $3d^5 4s^1$，有多种氧化数的型态，其中以氧化数为+3、+6 的化合物最重要。

Cr_2O_3 具有两性，溶于酸生成铬盐，溶于强碱形成亚铬酸盐：

$$Cr_2O_3 + 3H_2SO_4 \longrightarrow Cr_2(SO_4)_3 + 3H_2O$$

$$Cr_2O_3 + 2NaOH \longrightarrow 2NaCrO_2 + H_2O$$

Cr_2O_3 广泛用于陶瓷、玻璃制品的着色。钾、钠的铬酸盐和重铬酸盐是铬最重要的盐类。K_2CrO_4 为黄色晶体，$K_2Cr_2O_7$ 为橙红色晶体，均易溶于水，在水溶液中存在下列平衡：

$$\underset{(黄色)}{2CrO_4^{2-}} + 2H^+ \rightleftharpoons 2HCrO_4^- \rightleftharpoons \underset{(橙红色)}{Cr_2O_7^{2-}} + H_2O$$

加入酸时，平衡向右移动，溶液中以 $Cr_2O_7^{2-}$ 为主；加碱时，平衡向左移动，溶液中以 CrO_4^{2-} 为主。

重铬酸盐在酸性溶液中有强氧化性，能氧化 H_2S、H_2SO_3、KI、$FeSO_4$ 等许多物质，本身被还原为 Cr^{3+}，如：

$$Cr_2O_7^{2-} + 6Fe^{2+} + 14H^+ \longrightarrow 2Cr^{3+} + 6Fe^{3+} + 7H_2O$$

化学分析中常利用这一反应测定铁的含量。

2. 锰的重要化合物

锰的价电子构型为 $3d^5 4s^2$，有多种氧化数，以氧化数为+2、+4 和+7 的化合物较重要。常见锰（Ⅱ）的化合物有：$MnSO_4$、$MnCl_2$、$Mn(NO_3)_2$。

唯一重要的锰（Ⅳ）化合物是二氧化锰 MnO_2，它是一种很稳定的灰黑色粉状物质，不溶于水，是软锰矿的主要成分。MnO_2 在酸性介质中是强氧化剂，与浓 HCl 作用可生成 Cl_2；与浓硫酸作用可生成 O_2：

$$MnO_2 + 4HCl \longrightarrow Cl_2\uparrow + MnCl_2 + 2H_2O$$

$$2MnO_2 + 2H_2SO_4 \longrightarrow 2MnSO_4 + O_2\uparrow + 2H_2O$$

MnO_2 在强碱性介质中可显示出还原性：

$$3MnO_2+6KOH+KClO_3 \xrightarrow{熔融} 3K_2MnO_4+KCl+3H_2O$$

$KMnO_4$ 是深紫红色晶体，易溶于水而呈现 MnO_4^- 的特征颜色紫红色。$KMnO_4$ 在酸性溶液及光的作用下会分解析出 MnO_2：

$$4MnO_4^-+4H^+ \longrightarrow 4MnO_2+3O_2\uparrow+2H_2O$$

光对此分解有催化作用，故 $KMnO_4$ 溶液通常保存在棕色瓶中。

$KMnO_4$ 是重要的氧化剂，其氧化能力及还原产物随介质的酸度不同而不同，例如 $KMnO_4$ 与 Na_2SO_3 反应，有以下几种情况。

在酸性介质中，其还原产物是 Mn^{2+}：

$$\underset{(紫红色)}{2MnO_4^-}+5SO_3^{2-}+6H^+ \longrightarrow \underset{(粉红色或无色)}{2Mn^{2+}}+5SO_4^{2-}+3H_2O$$

在中性、微酸性或微碱性介质中，其还原产物是 MnO_2：

$$\underset{(紫红色)}{2MnO_4^-}+3SO_3^{2-}+H_2O \longrightarrow \underset{(黑褐色)}{2MnO_2\downarrow}+3SO_4^{2-}+2OH^-$$

在强碱性介质中，其还原产物是 MnO_4^{2-}：

$$\underset{(紫红色)}{2MnO_4^-}+SO_3^{2-}+2OH^- \longrightarrow \underset{(绿色)}{2MnO_4^{2-}}+SO_4^{2-}+H_2O$$

$KMnO_4$ 在化学工业中用于生产维生素 C、糖精等，在轻化工业用作纤维、油脂的漂白和脱色，其稀溶液在医疗上用作杀菌消毒剂，在日常生活中可用于洗涤饮食用具、器皿、蔬菜、水果及创伤口等。锰对植物的呼吸和光合作用有意义，能促进种子发芽和幼菌早期生长。锰肥是一种微量元素肥料。

3. 铁的化合物

铁的价电子构型是 $3d^64s^2$，铁在化合物中的氧化数主要为 +2 和 +3，其中以氧化数为 +3 的化合物最稳定，此时铁（Ⅲ）的外电子层为 $3d^5$ 半满稳定结构。

铁的盐溶液与碱反应，能形成相应的氢氧化物。$Fe(OH)_2$ 易被空气中的氧气氧化成红棕色的 $Fe(OH)_3$：

$$4Fe(OH)_2+O_2+2H_2O \longrightarrow 4Fe(OH)_3$$

常用的铁盐为：$FeSO_4 \cdot 7H_2O$、$(NH_4)_2SO_4 \cdot FeSO_4 \cdot 6H_2O$ 和 $FeCl_3$ 等。

$FeSO_4 \cdot 7H_2O$ 俗称绿矾，在空气中失去一部分水逐渐风化，且表面易氧化成碱式硫酸铁：

$$4FeSO_4+2H_2O+O_2 \longrightarrow 4Fe(OH)SO_4(黄褐色)$$

可见，亚铁盐在空气中不稳定。$FeSO_4 \cdot 7H_2O$ 在农业上用作杀菌剂，可防治小麦病害；医药上作内服药剂治疗缺铁性贫血；工业上用于制造蓝墨水和防腐剂、媒染剂。

$(NH_4)_2SO_4 \cdot FeSO_4 \cdot 6H_2O$ 比相应的亚铁盐稳定，不易被氧化，是化学分析中常用的还原剂，用于标定 $Cr_2O_7^{2-}$ 或 MnO_4^- 及 Ce^{4+} 溶液的浓度。

Fe^{3+} 具有氧化性，能被 $SnCl_2$、H_2S、KI、SO_2、Fe 等还原，如：

$$2Fe^{3+}+H_2S \longrightarrow 2Fe^{2+}+S+2H^+$$

工业上常用 $FeCl_3$ 溶液在铜制品上刻蚀字样，在铜制品上制造印刷电路：

$$2Fe^{3+}+Cu \longrightarrow 2Fe^{2+}+Cu^{2+}$$

$K_4[Fe(CN)_6] \cdot 3H_2O$ 是黄色晶体，俗称黄血盐，在化学分析上用来检验 Fe^{3+}：

$$K^+ + Fe^{3+} + [Fe(CN)_6]^{4-} \longrightarrow KFe[Fe(CN)_6] \downarrow \text{(蓝色)}$$

$K_3[Fe(CN)_6]$为深红色的无水晶体，俗称赤血盐。它遇 Fe^{2+} 也生成蓝色沉淀。经 X 射线衍射实验证明，以上两种蓝色沉淀物具有相同的组成和结构，均为 [KFe（Ⅲ）$(CN)_6$Fe（Ⅱ）] 的晶体，它可作油漆、油墨的颜料。

* 第五节 生命元素

在迄今发现的 112 种化学元素中，植物体内含 70 多种元素，动物体内含 60 多种元素。人体中含有大量的化学元素，这些元素中绝大多数都是人体健康和生命所必需的元素。必需元素须符合 3 个条件：该元素直接影响生物功能，并参与代谢过程；该元素在生物体内的作用不能被其他元素所替代；缺乏该元素时，则生物体不能生长或不能完成其生活周期。

一、宏量元素

生物体内存在的宏量元素都是必需元素，通常分布在元素周期表（短表）的最上部分。其中 C、H、O、N 这 4 种占人体总重的 96%以上，P、S、K、Ca、Na、Mg、Cl、Si 等占 3.95%，它们的总和占人体总重的 99.95%，是人体的主要组成元素。C、H、O、N、P、S 构成了人体内的所有有机物，如蛋白质、糖类、脂肪、核酸等。现将人体内宏量元素的质量分数、日需量和存在部位列于表 2-8。

表 2-8 人体内宏量元素的质量分数、日需量和存在部位

元素	质量分数	日需量/(mg/d)	存在部位
O	6.1×10^{-1}	2550	所有组织中
C	2.3×10^{-1}	270	所有组织中
H	1.0×10^{-1}	330	所有组织中
N	2.6×10^{-2}	16	所有组织中、蛋白质
Ca	1.4×10^{-2}	1.1	骨、细胞外
P	1.2×10^{-2}	1.4	所有细胞内
S	2.3×10^{-3}	0.85	所有细胞内
K	2.0×10^{-3}	3.3	所有细胞内
Na	1.6×10^{-3}	4.4	细胞外液
Cl	1.4×10^{-3}	5.1	细胞外液
Mg	2.9×10^{-4}	0.31	所有细胞内、骨
Si	2.6×10^{-4}	3×10^{-3}	皮肤、肺

二、微量元素

生物体内的微量元素可分为必需的和非必需的两类。必需微量元素是保证生物体健康所必不可少的元素，但没有它们，生命也能在不健康的情况下继续生存。随着科学技术的发展和检测手段的进步，必需微量元素的发现是逐年增加的。现在认为人体内必需的微量元素有下列 14 种：钒、铬、锰、铁、钴、镍、铜、锌、钼、锡、砷、硒、氟和碘。在 14 种必需的微量元素中，有 10 种是金属元素，而且绝大多数是过渡金属元素。它们能和氨基酸、蛋白质或其他生物配体生成配位化合物，并且这些过渡元素能在机体内参与各种酶的氧化还原作用，是酶中不可缺少的成分。人体内大约有 30 多种酶，其中 60%以上的酶含有微量元素。人体中微量元素的含量极微，均低于 0.01%。它们均有一定的浓度范围，高于或低于这个范围都会引起疾病。

三、有害元素

随着社会的发展，人类的自然环境也发生了变化，其中之一是人类自己开采出来的一些金属污染了食物、水和空气，使人类健康受到损害，最为有害的金属是铅、镉和汞。这些金属进入机体的途径和对细胞代谢过程的影响，正是当代国内外研究的课题之一。通常认为它可能的过程是：这些有毒金属通过大气、水源和食物等途径侵入机体，穿过细胞膜进入细胞，干扰生物酶的功能，破坏正常系统，影响代谢，造成毒害。因此，治理环境污染，保障人类健康，是当前世界各国十分重视的课题。

【阅读材料 1】 化学元素家族的新成员——第 111 号和第 112 号元素的合成

1994 年 12 月 8 日 5 时 49 分，在德国的科学家们发现了第 111 号元素。这个科学研究小组是由德国达姆斯塔特重离子研究中心（GSI）、俄罗斯的杜希纳（DUBNA）核研究中心、芬兰、斯洛伐克等国的科学家组成。该研究小组的负责人是德国核化学家彼德·安希拉斯特（P·Armbruster）。他参加过 107、108、109、110 号元素的发现。

科学家们用数以百亿计的镍原子轰击铋原子产生了新元素。镍原子核含有 28 个质子，铋原子核含有 83 个质子，当镍原子击入铋原子核后就形成了 111 个质子的新元素。

$$^{209}_{83}\mathrm{Bi}+^{64}_{28}\mathrm{Ni}\longrightarrow ^{272}_{111}\mathrm{Uuu}+^{1}_{0}\mathrm{n}$$

这一元素的相对原子质量是 272，被发现的新原子用过滤器分类，用一探测系统捕捉后并证实该元素的寿命很短，仅有 1.5ms，它衰变时放出 α 粒子，同时还观察到 X 射线。

继 111 号元素发现之后，该研究小组又于 1996 年 2 月 9 日发现了第 112 号元素。它是由数以千亿计的锌（$^{70}_{30}\mathrm{Zn}$）原子轰击铅（$^{208}_{82}\mathrm{Pb}$）原子核后形成的新元素。

$$^{208}_{82}\mathrm{Pb}+^{70}_{30}\mathrm{Zn}\longrightarrow ^{277}_{112}\mathrm{Uub}+^{1}_{0}\mathrm{n}$$

第 111、112 号元素属于 ds 区（ⅠB、ⅡB 族）元素，其电子构型分别为 (Rn) $5f^{14}6d^{10}7s^{1}$，(Rn) $5f^{14}6d^{10}7s^{2}$。它们合成的成功对开辟人工合成重原子世界又迈出了重要的一步。这一巨大成就是基础学科的重大发现。

多年来，科学家们一直致力于发现新元素，而 111、112 号元素的发现，标志着科学事业的飞速发展。

【阅读材料 2】 石墨烯

人们常见的石墨是由一层层以蜂窝状有序排列的平面碳原子堆叠而形成的，石墨的层间作用力较弱，很容易互相剥离，形成薄薄的石墨片。当把石墨片剥成单层之后，这种只有一个碳原子厚度的单层就是石墨烯。石墨烯不仅是已知材料中最薄的一种，还非常牢固坚硬；作为单质，它在室温下传递电子的速度比已知导体都快。

石墨烯出现在实验室中是在 2004 年，当时，英国的两位科学家安德烈·海姆和康斯坦丁·诺沃肖洛夫发现他们能用一种非常简单的方法得到越来越薄的石墨薄片。他们从石墨中剥离出石墨片，然后将薄片的两面粘在一种特殊的胶带上，撕开胶带，就能把石墨片一分为二。不断地这样操作，于是薄片越来越薄，最后，他们得到了仅由一层碳原子构成的薄片，这就是石墨烯。这以后，制备石墨烯的新方法层出不穷，经过5年的发展，人们发现，将石墨烯带入工业化生产的领域已为时不远了。

石墨烯是以 sp^2 轨道杂化的碳原子形成的单层原子蜂窝状六角平面晶体，六边形的每个点上都是相同的碳原子。其厚度仅为0.335nm，仅有一个碳原子厚。只有一根头发丝直径的百分之一，是目前世界上存在的最薄的材料。与所有其他已知材料不同的是，石墨烯高度稳定，即使被切成1nm宽的元件，导电性也很好。此外，石墨烯单电子晶体管可在室温下工作。而作为热导体，石墨烯比目前任何其他材料的导热效果都好。石墨烯的出现在科学界激起了巨大的波澜，人们发现，石墨烯具有非同寻常的导电性能、超出钢铁数十倍的强度和极好的透光性，它的出现有望在现代电子科技领域引发一轮革命。

海姆和诺沃肖洛夫2004年制备出石墨烯。他们曾是师生，现在是同事，他们都出生于俄罗斯，都曾在那里学习，也曾一同在荷兰学习和研究，最后他们又一起在英国制备出了石墨烯。这种神奇材料的诞生使安德烈·海姆和康斯坦丁·诺沃肖洛夫获得2010年诺贝尔物理学奖。

海姆和诺沃肖洛夫认为，石墨烯晶体管已展示出优点和良好性能，因此石墨烯可能最终会替代硅。由于成果要经得起时间考验，许多诺贝尔科学奖项都是在获得成果十几或几十年后才颁发。而石墨烯材料的制备成功距今才6年时间，就获得了诺贝尔奖，这使诺沃肖洛夫感到意外。他说："今天早上听说这个消息时，我非常惊喜，第一个想法就是奔到实验室告诉整个研究团队。"而海姆则表示，"我从没想过获诺贝尔奖，昨天晚上睡得很踏实"。海姆认为，获得诺贝尔奖的有两种人：一种是获奖后就停止了研究，至此终老一生再无成果；一种是生怕别人认为他是偶然获奖的，因此在工作上倍加努力。"我愿意成为第二种人，当然我会像平常一样走进办公室，继续努力工作，继续平常生活。"

习　题

1. 为什么碘难溶于水却溶于四氯化碳？
2. 实验室为什么不能长久保存 H_2S、Na_2S 和 Na_2SO_3 溶液？
3. 实验室常用哪些方法制备以下各种气体？

   Cl_2　　O_2　　CO_2　　NH_3
4. 用简便的方法，将下列物质加以鉴别，并写出有关反应式。

   Na_2S　Na_2SO_3　Na_2S_2　Na_2SO_4　$Na_2S_2O_3$
5. 能否用 HNO_3 与 FeS 作用来制取 H_2S？为什么？
6. 选用适当的酸溶解下列硫化物：

   Ag_2S　CuS　ZnS　CdS　HgS　FeS
7. 选用适当的配合剂分别将下列各种沉淀物溶解，并写出相应的反应方程式。

   CuCl　$Cu(OH)_2$　Ag_2O　AgI　$Zn(OH)_2$　HgI_2　AgBr
8. 试分离并鉴定下列各对物质：

   (1) $ZnSO_4$ 和 $Al_2(SO_4)_3$；　　(2) HgS 和 CuS；

   (3) $HgCl_2$ 和 Hg_2Cl_2；　　(4) AgCl 和 Hg_2Cl_2；

(5) $MgCl_2$ 和 $ZnCl_2$；　　　(6) Pb^{2+} 和 Zn^{2+}；

9. 下列哪些离子能与 I^- 发生氧化还原反应：

Cu^{2+}　Zn^{2+}　Hg^{2+}　Fe^{3+}　Ag^+

10. 下列离子中，哪些与氨水作用能形成配合物？

Na^+　Mg^{2+}　Fe^{3+}　Ag^+　Hg^{2+}　Cu^{2+}　Zn^{2+}

11. 完成并配平下列反应式：

(1) $H_2O_2+KI \longrightarrow$　　　(2) $Cl_2+KOH \xrightarrow{\triangle}$

(3) $Cu+H_2SO_4$（浓）$\longrightarrow$　　　(4) $Zn+HNO_3$（稀）$\longrightarrow$

(5) $S+HNO_3 \longrightarrow$　　　(6) $SiO_2+HF \longrightarrow$

(7) $MnO_4^-+H^++H_2O_2 \longrightarrow$　　　(8) $K_2Cr_2O_7^{2-}+HCl \longrightarrow$

(9) $Fe^{3+}+H_2S \longrightarrow$　　　(10) $Cr_2O_7^{2-}+H^++I^- \longrightarrow$

(11) $CuSO_4+KI \longrightarrow$　　　(12) $AgNO_3+NaOH \longrightarrow$

(13) $AgNO_3 \xrightarrow{\triangle}$　　　(14) $HgCl_2+SnCl_2$（过量）$\longrightarrow$

(15) $Hg_2(NO_3)_2+KI$（过量）$\longrightarrow$　　　(16) $HgCl_2+NH_3 \longrightarrow$

12. 解释下列现象或问题，并写出相应的反应式：

(1) 在含有 Fe^{3+} 的溶液中加入氨水，得不到 Fe^{3+} 的氨合物。

(2) 在水溶液中用 Fe^{3+} 盐和 KI 作用不能制取 Fe_2I_3。

(3) 银器在含有硫化氢的空气中会慢慢变黑。

(4) 在 $CuSO_4$ 溶液中加入铜屑和适量 HCl 加热，有白色沉淀产生。

第三章 化学反应速率和化学平衡

【学习目标】

1. 掌握化学反应速率的表示方法。
2. 能够应用反应速率理论解释反应速率的快慢。
3. 掌握平衡常数的物理意义及表示方法，熟练掌握化学平衡的有关计算。
4. 能运用平衡移动原理说明浓度、压力及温度对化学平衡的影响。

在化学反应的研究中，人们主要关心两个基本问题：化学反应进行的快慢和在给定条件下化学反应进行的方向、能否得到预期的产物，即化学反应速率和化学平衡。

化学反应的速率千差万别，有的反应可以瞬间完成，如酸碱中和反应、火药爆炸；有的反应就很慢，需要几天、几年甚至更长时间。而在实际生产中，人们总希望那些有利的反应进行得快些、完全些，对于不希望发生的反应采取某些措施抑制甚至阻止其发生。因此，研究反应速率和化学平衡问题对生产实践及人类的日常生活具有重要的意义。

第一节 化学反应速率

一、化学反应速率的概念及表示方法

在化学反应中，随着反应的进行，反应物浓度不断减小，生成物浓度不断增大。通常用单位时间内反应物或生成物浓度的变化来表示化学反应速率。浓度单位为 mol/L，时间单位为秒（s）、分（min）、小时（h），因此，反应速率的单位为 mol/(L・s)、mol/(L・min)、mol/(L・h) 等。绝大多数化学反应的反应速率是不断变化的，因此在描述化学反应快慢时可选用平均反应速率和瞬时反应速率。

1. 平均反应速率

平均反应速率是指某一段时间内反应的平均速率，可表示为：

$$\bar{v}=-\frac{\Delta c(\text{反应物})}{\Delta t} \quad 或 \quad \bar{v}=\frac{\Delta c(\text{产物})}{\Delta t}$$

式中 $\bar{v}$——平均反应速率，mol/(L・s)；

Δc——反应物或生成物浓度变化，mol/L；

Δt——反应时间，s。

因为反应速率总是正值，所以用反应物浓度的减少来表示时，必须在式子前加一个负号，使反应速率为正值。

【例题 3-1】 在给定条件下合成氨的反应，其中各种物质浓度变化如下：

$$N_2+3H_2 \longrightarrow 2NH_3$$

起始浓度/(mol/L)	1.0 3.0		0
2s 浓度/(mol/L)	0.8 2.4		0.4

求此合成氨的平均反应速率。

解 如用单位时间内反应物氮气或氢气的浓度减少表示，分别为：

$$\bar{v}(N_2)=-\frac{\Delta c(N_2)}{\Delta t}=-\frac{0.8-1.0}{2}=0.1\text{mol/(L·s)}$$

$$\bar{v}(H_2)=-\frac{\Delta c(H_2)}{\Delta t}=-\frac{2.4-3.0}{2}=0.3\text{mol/(L·s)}$$

若用产物氨气的浓度增加表示反应速率，则为：

$$\bar{v}(NH_3)=\frac{\Delta c(NH_3)}{\Delta t}=\frac{0.4-0}{2}=0.2\text{mol/(L·s)}$$

从计算结果可以看出，同一反应，选用不同物质的浓度变化来表示反应速率时，数值可能不同，化学计量数相同时，反应速率相同，化学计量数不同则反应速率不同，因此必须标明物质名称。在同一时间间隔内，反应物减小量（mol）的绝对值、产物生成量（mol），与化学反应方程式的计量数成正比，即化学反应中各物质的反应速率之比等于化学方程式中各物质的化学计量数之比。例如，用氮气、氢气或氨气表示的反应速率与其化学反应方程式的相应计量数的比值相等。

$$\frac{v(N_2)}{1}=\frac{v(H_2)}{3}=\frac{v(NH_3)}{2}$$

随着反应的进行，反应始终在变化。因此平均反应速率不能准确地表达出化学反应在某一瞬间的真实反应速率。只有采用瞬时速率才能说明反应的真实情况。

2. 瞬时反应速率

某一时刻的化学反应速率称为瞬时反应速率。它可以用极限的方法来表示。如对一般反应，以反应物 A 的浓度来表示反应速率，则有：

$$v(A)=-\lim_{\Delta t\to 0}\frac{[\Delta c(A)]}{\Delta t}$$

二、影响化学反应速率的因素

反应速率的大小主要决定于参加反应的物质的本性。其次是外界条件，如反应物的浓度、温度和催化剂等。

1. 浓度对反应速率的影响

(1) 基元反应和非基元反应　反应方程式只能表示反应物与生成物之间的数量关系，并不能表明反应进行的实际过程。实验证明，大多数化学反应并不是简单地一步完成，而是分步进行的。一步就能完成的反应称为基元反应，例如：

$$2NO_2(g)\longrightarrow 2NO(g)+O_2(g)$$

分几步进行的反应称为非基元反应，例如：

$$H_2(g)+I_2(g)\longrightarrow 2HI(g)$$

实际反应是分两步进行的：

第一步　$I_2(g)\longrightarrow 2I(g)$

第二步　$H_2(g)+2I(g)\longrightarrow 2HI(g)$

每一步为一个基元反应，总反应为两步反应的加和。

一个化学反应是否是基元反应，与反应进行的具体历程有关，是通过实验确定的。

（2）经验速率方程式　一般来说，一定温度下，增大反应物的浓度可加快反应速率。例如：物质在纯氧中燃烧比在空气中燃烧更为剧烈。显然，反应物浓度越大，反应速率越大。化学家在大量实验的基础上总结出：在一定温度下，基元反应的化学反应速率与各反应物浓度幂（幂次等于反应方程式中该物质分子式前的系数）的乘积成正比，这一规律称为质量作用定律。例如：

$$2NO_2(g) \longrightarrow 2NO(g) + O_2(g) \qquad v \propto c^2(NO_2) \qquad v = kc^2(NO_2)$$

$$NO_2 + CO \longrightarrow NO + CO_2 \qquad v \propto c(NO_2)c(CO) \quad v = kc(NO_2)c(CO)$$

在一定温度下，对一般简单反应：

$$aA + bB \longrightarrow gG + hH$$

$$v \propto c^a(A)c^b(B) \qquad v = kc^a(A)c^b(B) \tag{3-1}$$

式（3-1）即为经验速率方程式。比例系数 k 称为速率常数。显然，一定温度下，当 $c(A)=c(B)=1mol/L$ 时，$v=k$。因此，速率常数 k 的物理意义是单位浓度时的反应速率。k 是化学反应在一定温度下的特征常数，其数值的大小，取决于反应的本质，一定温度下，不同反应的速率常数不同。k 值越大，反应速率越快。对于同一反应，k 值随温度的改变而改变，一般情况下，温度升高，k 值增大。

质量作用定律虽然可以定量的说明反应物浓度和反应速率之间的关系，但它有一定的使用范围和条件，在使用时应注意以下几点。

① 质量作用定律只适用于基元反应和复杂反应中的每一步基元反应，对于复杂反应的总反应，则不能由反应方程式直接写出其反应速率方程式。

非基元反应是分步进行的，例如：

$$2NO(g) + 2H_2(g) \longrightarrow N_2(g) + 2H_2O(g) \qquad v = kc^2(NO)c(H_2)$$

该反应的具体反应历程如下：

$$2NO(g) + H_2(g) \longrightarrow N_2(g) + H_2O_2(g) \qquad \text{（慢反应）}$$

$$H_2O_2(g) + H_2(g) \longrightarrow 2H_2O(g) \qquad \text{（快反应）}$$

在这两个反应中，第二个反应进行的很快，即 $H_2O_2(g)$ 一旦出现，反应迅速发生，生成 $H_2O(g)$；而第一个反应进行得较慢，因此总反应速率取决于第一步慢反应的速率。由于每一步均为基元反应，所以根据质量作用定律，可以得到反应的速率方程为 $v=kc^2(NO)c(H_2)$。

大多数复杂反应的速率方程是通过实验得到的。但如果知道了其反应历程，即知道了它是由哪些基元反应组成的，就可以根据质量作用定律写出速率方程。

② 纯固体、纯液体参加的多项反应，若它们不溶于其他介质，则其浓度不出现在质量作用定律表达式。

如：

$$C(s) + O_2(g) \longrightarrow CO_2(g) \qquad v = kc(O_2)$$

③ 稀溶液中进行的反应，若溶剂参与反应其浓度不写入质量作用定律表达式。因为溶剂大量存在，其量改变甚微可近似看做常数，合并到速率常数项中。

如：

$$C_{12}H_{22}O_{11} + H_2O \longrightarrow C_6H_{12}O_6 + C_6H_{12}O_6$$

$$v = kc(C_{12}H_{22}O_{11})$$

对于有气态物质参加的反应，压力会影响反应速率。在一定温度时，增大压力，气态反应物的浓度增大，反应速率加快；相反，降低压力，气态反应物的浓度减小，反应速率减慢。例如：

$$N_2(g)+O_2(g) \longrightarrow 2NO(g)$$

当压力增大1倍时，反应速率增大至原来的4倍。

对于没有气体参加的反应，由于压力对反应物的浓度影响很小，所以当改变压力，其他条件不变时，对反应速率影响不大。

2. 温度对反应速率的影响

温度对化学反应速率的影响特别显著。不同的化学反应，其反应速率与温度的关系比较复杂，一般情况下，大多数化学反应速率随着温度的升高而加快，只有极少数反应（如NO氧化生成NO_2）例外。荷兰物理化学家范特霍夫（J. H Van't Hoff）根据实验事实归纳出一条经验规律：一般化学反应，在一定的温度范围内，温度每升高10℃，反应速率或反应速率常数一般增大2～4倍。例如，氢气和氧气化合生成水的反应：

$$2H_2+O_2 \longrightarrow 2H_2O$$

在室温下，反应慢到难以察觉。如果温度升至500℃时，只需2h左右就可以完全反应，而600℃以上则以爆炸的形式完成。

日常生活中温度对化学反应速率的影响随处可见。夏天，由于气温高，食物易变质；把食物放在冰箱中，由于温度低，反应速率慢，可延长食物的保存期。

3. 催化剂对反应速率的影响

增大反应物浓度、升高反应温度均可使化学反应速率加快。但是浓度增大，使反应物的量加大，反应成本提高；有时升高温度，又会产生副反应。所以，在这些情况下，上述两种手段的利用均会受到限制。如果采用催化剂，则可以有效地增大反应速率。

催化剂是一种能改变化学反应速率，而其自身在反应前后质量和化学组成均不改变的物质。催化剂能改变反应速率的作用称为催化作用。

能加快反应速率的催化剂，叫正催化剂；能减慢反应速率的催化剂，叫负催化剂。如为防止塑料、橡胶老化及药物变质，常添加某种物质以减慢反应速率，这些被添加的物质就是负催化剂。通常我们所说的催化剂是指正催化剂。催化剂具有以下的基本特征：

（1）反应前后其质量和化学组成不变；

（2）量小但对反应速率影响大；

（3）有一定的选择性，一种催化剂只催化一种或少数几种反应；

（4）催化剂既催化正反应，也催化逆反应。

催化剂在现代化学、化工生产中起着极为重要的作用。据统计，化工生产中约有85%的化学反应需要使用催化剂。尤其在当前大型化工、石油化工中，许多化学反应用于生产都是在找到了优良的催化剂后才付诸实现的。

三、反应速率理论简介

为什么不同的化学反应有不同的速率？决定反应速率的原因是什么？为了解决这一问题，化学家们做了大量的研究，提出了多种学说，其中较重要的是有效碰撞理论和过渡状态理论。

1. 有效碰撞理论

该理论认为，发生化学反应的先决条件是反应物分子之间要互相碰撞，但是当分子间发生碰撞的部位不匹配或碰撞能量不足时，碰撞的结果往往是不能发生化学反应。实验证明只有当某些具有比普通分子能量高的分子在一定的方位相互碰撞后，才有可能引起化学反应。

碰撞理论把这些具有较高能量的分子称为活化分子。活化分子间的碰撞才有可能是有效碰撞，有效碰撞是发生反应的充分条件。

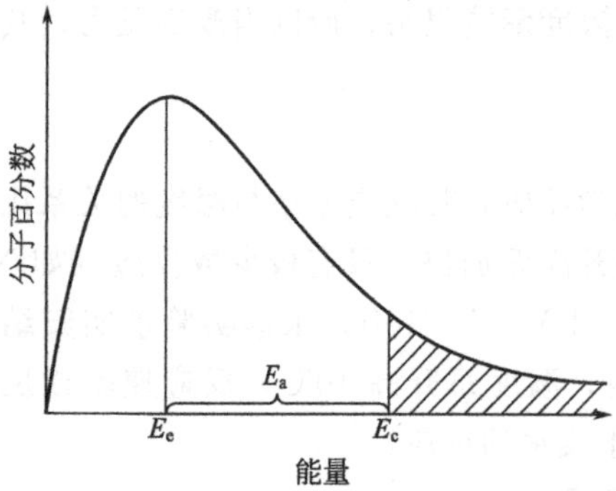

图 3-1　反应物分子能量分布规律

能发生有效碰撞的分子即活化分子与普通分子的区别在于它们所具有的能量不同。如图 3-1 所示，用统计的方法得出了在一定温度下，反应物分子能量的分布规律。它表示在一定温度下，反应物分子具有一定能量。图中 E_e 为反应物分子的平均能量，E_c 为活化分子具有的最低能量，它是发生化学反应必须具有的能量，活化分子的能量比平均能量高，此能量差称为活化能，用 E_a 表示：$E_a=E_e-E_c$。活化分子占分子总数的百分数为图 3-1 中阴影部分面积。

反应的活化能越低，图中阴影部分面积越大，即活化分子的百分数越大，发生有效碰撞的机会越多，反应速率高；反之，反应的活化能越高，图中阴影部分面积越小，活化分子的百分数越小，反应速率较低。对于任何一个具体的化学反应，在一定温度条件下，均有一定的 E_a 值。E_a 越大的反应，由于能满足这样大能量的分子数越少，因而有效碰撞次数越少，化学反应速率越慢。可见，活化能是决定反应速率的重要因素。只有分子具有较高的能量才可能发生有效碰撞。

碰撞理论指出，反应物分子要发生碰撞，必须具备以下两个条件。①反应物分子必须具有足够的能量，以克服分子相互靠近时价电子云之间的斥力，使旧键断裂、新键生成。②反应物分子要定向碰撞。若反应物分子具有较高能量，但碰撞时的取向不合适，反应也不能发生。

有效碰撞理论可以解释简单的气体分子间的化学反应，但在处理比较复杂的分子间的反应时却遇到了困难，这是因为碰撞理论没有考虑分子具有复杂的结构。而过渡状态理论用量子力学的方法，计算反应物分子在相互作用过程中的势能变化。

2. 过渡状态理论

过渡状态理论认为，化学反应是旧键的断裂和新键的形成，这中间要经历：反应物分子彼此靠近→反应物内部结构改变→形成高能量的中间活化配合物→变为生成物这样一个复杂过程。如反应 A＋B—C ⟶ A—B＋C，其反应历程可表示为：

$$A+B-C \longrightarrow [A\cdots B\cdots C] \longrightarrow A-B+C$$

式中［A…B…C］即为 A 和 B—C 处于过渡状态时，所形成的一个类似配合物结构的物质，称为活化配合物。这时原有的化学键（B—C 键）被削弱但未完全断裂，新化学键（A—B 键）开始形成但尚未完全形成。由此可知，活化能实际上是指在化学反应中，破坏旧键所需的最低能量，如图 3-2。过渡状态理论吸收了有效碰撞理论中合理的内容，给活化分子比较理想的模型，而且与破坏旧键所需的能量联系起来，使人们对活化能的本质有了进一步的

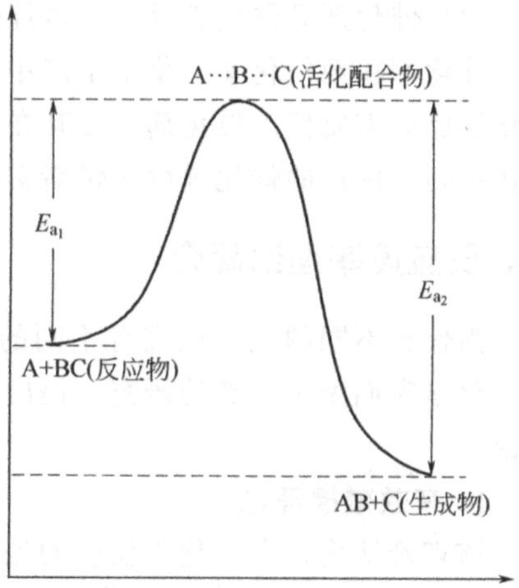

图 3-2　反应历程的能量图

了解。由于不同的物质其化学键不同，所以在各种化学反应中所需的活化能也不相同。反应的活化能越大，活化分子越少，反应速率就越慢。故活化能是决定化学反应速率的内因。

第二节 化学平衡

一个反应速率层面上可以进行的反应，会百分之百地转化为生成物吗？如果不是，转化率是多少？如何提高转化率以此得到更多的产物？这就是化学平衡及化学平衡的移动问题。

一、可逆反应和化学平衡

在同一条件下，既能向正反应方向进行又能向逆反应方向进行的反应称为可逆反应。通常可逆反应用双箭头表示：

$$A+B \rightleftharpoons D+E$$

绝大多数的化学反应具有一定的可逆性。如在一密闭容器中，将氮气和氢气按 1∶3 混合，它们将发生反应：

$$N_2+3H_2 \rightleftharpoons 2NH_3$$

在一定条件下，反应刚开始时，正反应速率最大，逆反应的速率几乎为 0，随着反应的进行，反应物（N_2 和 H_2）浓度逐渐减小，正反应速率逐渐减小，生成物（NH_3）浓度逐渐增大，逆反应速率逐渐增大。当正反应速率等于逆反应速率时，体系中反应物和产物的浓度均不再随时间改变而变化，体系所处的状态称为化学平衡，如图 3-3 所示。

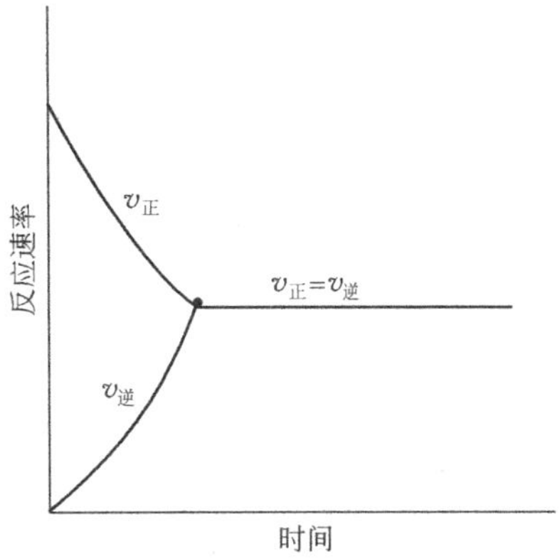

图 3-3 可逆反应的正、逆反应速度随时间变化图

如果条件不改变，这种状态可以维持下去。从外表看，反应似乎已经停止，只不过是它们的速率相等、方向相反，使整个体系处于动态平衡。

化学平衡有以下特点。

（1）达到化学平衡时，正、逆反应速率相等（$v_{正}=v_{逆}$）。外界条件不变，平衡会一直维持下去。

（2）化学平衡是动态平衡。达平衡后，反应并没有停止，因 $v_{正}=v_{逆}$，所以体系中各物质浓度保持不变。

（3）化学平衡是有条件的。当外界条件改变时，正、逆反应速率发生变化，原有的平衡将被破坏，反应继续进行，直到建立新的动态平衡。

（4）由于反应是可逆的，因而化学平衡既可以由反应物开始达到平衡，也可以由产物开始达到平衡。如 $N_2+3H_2 \rightleftharpoons 2NH_3$，平衡既可从 N_2 和 H_2 反应开始达到平衡，也可从 NH_3 分解开始达到平衡。

二、化学平衡常数

1. 经验平衡常数

可逆反应：

$$aA+bB \rightleftharpoons gG+hH$$

在一定温度下达平衡时，各生成物平衡浓度幂的乘积与反应物平衡浓度幂的乘积之比为一常数，称为该反应的化学平衡常数，又称浓度常数，用 K_c 表示，其表达式为：

$$K_c=\frac{[G]^g[H]^h}{[A]^a[B]^b} \tag{3-2}$$

式中，[G]、[H]、[A]、[B] 表示生成物 G、H 和反应物 A、B 的平衡浓度❶。

若为气相反应，平衡常数可用各气体相应的平衡分压表示，称为压力常数，用 K_p 表示：

$$K_p=\frac{p_G^g p_H^h}{p_A^a p_B^b} \tag{3-3}$$

式中，p_G、p_H、p_A、p_B 分别表示各物质的平衡分压，MPa。

例如： $N_2(g)+3H_2(g) \rightleftharpoons 2NH_3(g)$

其压力常数和浓度常数可分别表示为：

$$K_p=\frac{p_{NH_3}^2}{p_{N_2}p_{H_2}^3}; \quad K_c=\frac{[NH_3]^2}{[N_2]\cdot[H_2]^3}$$

K_c、K_p 值可通过实验测定或质量作用定律推导得到，常用于生产工艺研究和设计中，所以又称经验平衡常数，其单位取决于 Δn，分别为 $(mol/L)^{\Delta n}$、$(MPa)^{\Delta n}$，Δn 为生成物化学计量数与反应物化学计量数之差，即 $\Delta n=(g+h)-(a+b)$，通常 K_c、K_p 只给出数值而不标出单位。

根据理想气体状态方程式和分压定律，经推导可得 K_c 与 K_p 之间的关系：

$$K_c=K_p(RT)^{-\Delta n}$$

$$K_p=K_c(RT)^{\Delta n}$$

一般，$K_c \neq K_p$，当 $\Delta n=0$ 时，两者相等。上式中，当压力单位为 MPa、体积单位为 L、浓度单位为 mol/L 时，R 的值为 8.314×10^{-3} MPa·L/(mol·K)。

2. 标准平衡常数

标准平衡常数又称为热力学平衡常数，用 $K^\ominus$ 表示。在标准平衡常数表达式中，各物质的浓度用相对浓度 $c'[c'=c(A)/c^\ominus]$ 表示。对气体反应，各物质的分压用相对分压 $p'[p'=p(A)/p^\ominus]$ 表示。$c^\ominus$ 为标准浓度，且 $c^\ominus=1$mol/L，$p^\ominus$ 为标准压力，且 $p^\ominus=0.101325$MPa。

对反应： $aA+bB \rightleftharpoons gG+hH$

若为稀溶液中反应，一定温度下达平衡时，则有：

$$K^\ominus=\frac{([G]/c^\ominus)^g([H]/c^\ominus)^h}{([A]/c^\ominus)^a([B]/c^\ominus)^b}$$

若为气相反应，一定温度下达平衡时，则有：

$$K^\ominus=\frac{(p_G/p^\ominus)^g(p_H/p^\ominus)^h}{(p_A/p^\ominus)^a(p_B/p^\ominus)^b}$$

可见，标准平衡常数 $K^\ominus$ 与经验平衡常数 K_c 或 K_p 不同，$K^\ominus$ 无量纲。由于 $c^\ominus=1$mol/L，$p^\ominus=0.101325$MPa，所以，对稀溶液中反应，$K^\ominus$ 和 K_c 两者在数值上是相等的；而对气相反应，由 $K^\ominus$、K_p 的表达式可以得出 $K^\ominus$ 与 K_p 的关系为：$K^\ominus=K_p p^{\ominus-\Delta n}$。

3. 书写平衡常数表达式的规则

① 对于多相体系中的纯固体、纯液体和水的浓度是一常数，其浓度不写入表达式中。例如：

❶ 本书在后面的章节中，均以 [ ] 表示反应体系中某物质的平衡浓度。

$$CaCO_3(s) \rightleftharpoons CaO(s) + CO_2(g)$$

$$K_p = p_{CO_2}$$

$$Cr_2O_7^{2-}(aq) + H_2O(l) \rightleftharpoons 2CrO_4^{2-}(aq) + 2H^+(aq)$$

$$K_c = \frac{[CrO_4^{2-}]^2[H^+]^2}{[Cr_2O_7^{2-}]}$$

② 平衡常数的表达式及其数值随化学反应方程式的写法不同而不同，但其实际含义却是相同的。例如：

$$N_2O_4(g) \rightleftharpoons 2NO_2(g) \qquad K_{c1} = \frac{[NO_2]^2}{[N_2O_4]}$$

$$\frac{1}{2}N_2O_4(g) \rightleftharpoons NO_2(g) \qquad K_{c2} = \frac{[NO_2]}{[N_2O_4]^{1/2}}$$

$$2NO_2(g) \rightleftharpoons N_2O_4(g) \qquad K_{c3} = \frac{[N_2O_4]}{[NO_2]^2}$$

以上 3 种平衡常数表达式都描述同一平衡体系，但 $K_{c1} \neq K_{c2} \neq K_{c3}$。因此，使用时，平衡常数表达式必须与反应方程式相对应。

③ 当几个反应相加（或相减）得一总反应时，则总反应的平衡常数等于各相加（或相减）反应的平衡常数之积（或商），这就是多重平衡规则。

例如：某温度下，已知下列反应

$$2NO(g) + O_2(g) \rightleftharpoons 2NO_2(g) \qquad K_{c1} = a$$

$$2NO_2(g) \rightleftharpoons N_2O_4(g) \qquad K_{c2} = b$$

若两式相加得：

$$2NO(g) + O_2(g) \rightleftharpoons N_2O_4(g)$$

则：

$$K_c = K_{c1}K_{c2} = ab$$

4. 平衡常数的意义

平衡常数是可逆反应的特征常数，它的大小表明了在一定条件下反应进行的程度。对同一类反应，在给定条件下，平衡常数值越大，表明正反应进行的程度越大，即正反应进行得越完全。

平衡常数与反应体系的浓度（或分压）无关，与温度有关。对同一反应，温度不同则平衡常数值不同，因此，使用时必须注明对应的温度。

三、有关化学平衡的计算

1. 由平衡浓度（或压力）计算平衡常数

【例题 3-2】 合成氨反应 $N_2 + 3H_2 \rightleftharpoons 2NH_3$ 在某温度下达到平衡时，N_2、H_2、NH_3 的浓度分别是 3mol/L、9mol/L、4mol/L，求该温度时的浓度常数。

解 已知平衡浓度，代入平衡常数表达式即可：

$$K_c = \frac{[NH_3]^2}{[N_2][H_2]^3} = \frac{4^2}{3 \times 9^3} = 7.32 \times 10^{-3}$$

答：该温度下的平衡常数为 7.32×10^{-3}。

【例题 3-3】 在 973K 时，下列反应达平衡状态：

$$2SO_2(g) + O_2(g) \rightleftharpoons 2SO_3(g)$$

若反应在 2.0L 容器中进行，开始时，SO_2 为 1.00mol，O_2 为 0.5mol，平衡时生成

0.6mol SO_3，计算该条件下的 K_c、K_p 和 $K^\ominus$。

解 $2SO_2(g)+O_2(g) \rightleftharpoons 2SO_3(g)$

	SO_2	O_2	SO_3
起始 n/(mol/L)	1.0	0.5	0
转化 n/(mol/L)	0.6	0.3	0.6
平衡 n/(mol/L)	0.4	0.2	0.6
平衡 c/(mol/L)	0.4/2=0.2	0.2/2=0.1	0.6/2=0.3

则
$$K_c=\frac{[SO_3]^2}{[SO_2]^2[O_2]}=\frac{0.3^2}{0.2^2\times 0.1}=22.5$$

$$K_p=K_c(RT)^{\Delta n}=22.5\times(8.314\times10^{-3}\times973)^{2-3}=2.781$$

$$K^\ominus=K_p p^{\ominus-\Delta n}=2.781\times(0.101325)^{-(2-3)}=0.2818$$

2. 由平衡常数计算平衡转化率

平衡转化率是指反应达到平衡时，某反应物的转化量在该反应物起始量中所占的比例，即：

$$某反应物的平衡转化率=\frac{平衡时该反应物的转化量}{该反应物的起始量}$$

【例题 3-4】 已知 298K 时，$AgNO_3$ 和 $Fe(NO_3)_2$ 两种溶液存在反应

$$Fe^{2+}+Ag^+ \rightleftharpoons Fe^{3+}+Ag$$

该温度下反应的平衡常数 $K_c=2.99$。若反应开始时，溶液中 Fe^{2+} 和 Ag^+ 浓度均为 0.100mol/L，计算平衡时 Fe^{2+}、Ag^+ 和 Fe^{3+} 的浓度及 Ag^+ 的平衡转化率？

解 (1) 计算平衡时溶液中各离子的浓度

设平衡时 $[Fe^{3+}]=x$ mol/L

则 $[Fe^{2+}]=(0.100-x)$ mol/L；$[Ag^+]=(0.100-x)$ mol/L

$$Fe^{2+}+Ag^+ \rightleftharpoons Ag+Fe^{3+}$$

	Fe^{2+}	Ag^+	Fe^{3+}
起始浓度/(mol/L)	0.100	0.100	0
平衡浓度/(mol/L)	$0.100-x$	$0.100-x$	x

$$K_c=\frac{[Fe^{3+}]}{[Fe^{2+}][Ag^+]}=\frac{x}{(0.100-x)(0.100-x)}=2.99$$

$$x=0.0194$$

则 $[Fe^{3+}]=0.0194$mol/L；$[Fe^{2+}]=[Ag^+]=(0.100-0.0194)mol/L=0.0806$mol/L

(2) 计算 Ag^+ 的平衡转化率

$$Ag^+的平衡转化率=\frac{0.0194}{0.100}=0.194=19.4\%$$

四、化学平衡的移动

化学平衡是相对的、有条件的。当条件改变时，化学平衡就会被破坏，各种物质的浓度（或分压）就会改变，反应继续进行，直到建立新的平衡。这种由于条件变化导致化学反应由原平衡状态转变到新平衡状态的过程，称为化学平衡的移动。影响化学平衡的因素主要有浓度、压力和温度。

1. 浓度对化学平衡的影响

对于任意可逆反应： $aA+bB \rightleftharpoons gG+hH$

$$令\ Q_c=\frac{c^g(G)c^h(H)}{c^a(A)c^b(B)}$$

式中，$c(\text{A})$、$c(\text{B})$、$c(\text{G})$、$c(\text{H})$分别为各反应物和生成物的任意浓度，Q_c 为可逆反应的生成物浓度幂的乘积与反应物浓度幂的乘积之比，称为浓度商。如果各项浓度都等于平衡浓度，则 $Q_c=K_c$。如果 $Q_c\neq K_c$，则反应尚未达到平衡。如果向已达平衡的反应系统中加入反应物 A 和 B，即增大反应物的浓度，由于 $Q_c<K_c$，平衡被破坏，反应将向右进行，随着反应物 A 和 B 浓度的减小和生成物 G 和 H 浓度的增大，Q_c 值增大，当 $Q_c=K_c$ 时，反应又达到一个新的平衡。在新的平衡系统中，A、B、G、H 的浓度不同于原来平衡系统中的浓度。同理，如果增大平衡系统中生成物 G 和 H 的浓度，或减小反应物 A 和 B 的浓度，由于$Q_c>K_c$，平衡将向左移动，直到 $Q_c=K_c$，建立新的平衡为止。

浓度对化学平衡的影响可归纳为：其他条件不变时，增大反应物浓度或减小生成物浓度，平衡向右移动；增大生成物浓度或减小反应物浓度，平衡向左移动。

2. 压力对化学平衡的影响

对液相和固相中发生的反应，改变压力，对平衡几乎没有影响。但对于有气体参加的反应，压力的影响必须考虑。对于有气体参与的任一反应：

$$a\text{A}+b\text{B}\rightleftharpoons g\text{G}+h\text{H}$$

$$\text{令 } Q_p=\frac{p^g(\text{G})p^h(\text{H})}{p^a(\text{A})p^b(\text{B})}$$

式中，Q_p 为压力商；$p(\text{A})$、$p(\text{B})$、$p(\text{G})$、$p(\text{H})$ 分别为各反应物和生成物的任意分压。反应达到平衡时，$Q_p=K_p$。恒温下，对已达平衡的气体反应体系，增加总压或减小总压时，体系内各组分的分压将同时增大或减小相同的倍数。因此，总压力的改变对化学平衡的影响有两种情况。

(1) 如果反应物气体分子计量总数与生成物气体分子计量总数相等，即 $a+b=g+h$，增加总压或减小总压都不会改变 Q_p 值，仍有 $Q_p=K_p$，平衡不发生移动。

(2) 如果反应物气体分子计量总数与生成物气体分子计量总数不等，即 $a+b\neq g+h$，增加总压或减小总压都将会改变 Q_p 值，$Q_p\neq K_p$，则导致平衡移动。

例如：

$$N_2(g)+3H_2(g)\rightleftharpoons 2NH_3(g)$$

增加总压力，平衡将向生成 NH_3 的方向移动，减小总压力，平衡将向产生 N_2 和 H_2 的方向移动。

压力对化学平衡的影响可归纳为：其他条件不变时，增加体系的总压力，平衡将向气体分子计量总数减少的方向移动；减小体系的总压力，平衡将向气体分子计量总数增多的方向移动。

3. 温度对化学平衡的影响

温度对化学平衡的影响与浓度、压力的影响有本质的区别。浓度、压力变化时，平衡常数不变，只导致平衡发生移动。但温度变化时平衡常数发生改变。实验测定表明，对于正向放热（$q<0$）反应，温度升高，平衡常数减小，此时 $Q>K$，平衡向左移动，即向吸热方向移动。对于正向吸热（$q>0$）反应，温度升高，平衡常数增大，此时 $Q<K$，平衡向右移动。

温度对化学平衡的影响可归纳为：其他条件不变时，升高温度，化学平衡向吸热方向移动；降低温度，化学平衡向放热方向移动。

4. 催化剂与化学平衡

使用催化剂能同等程度的增大正逆反应速率，平衡常数 K 并不改变；因此使用催化剂不会使化学平衡发生移动，只能缩短可逆反应达到平衡的时间。

综合上述影响化学平衡移动的各种因素，1884年法国科学家勒·夏特列（Le chatelier）概括出一条普遍规律：如果改变平衡体系的条件之一（如浓度、压力或温度），平衡就向能减弱这个改变的方向移动。这个规律被称为勒夏特列原理，也叫平衡移动原理。此原理适用于所有的动态平衡体系，但必须指出，它只能用于已经建立平衡的体系，对于非平衡体系则不适用。

五、反应速率与化学平衡的综合应用

在化工生产中，如何采用有利的工艺条件，充分利用原料，提高产量，缩短生产周期，降低成本，这就需要综合考虑反应速率和化学平衡，采取最有利的工艺条件，以达到最高的经济效益。

例如，合成氨反应：$N_2(g)+3H_2(g) \rightleftharpoons 2NH_3(g)$

这是一个放热反应，降低温度可使平衡向放热的方向移动，有利于 NH_3 的形成。但降低温度会减小反应速率，导致 NH_3 单位时间的产量下降。同时，这又是一个气体分子计量数减小的反应，因此增加总压可使平衡向生成 NH_3 的方向移动。在工业生产中，要考虑能量消耗、原料费用、设备投资在内的所谓综合费用分析，合成氨反应合适的条件是中温（723～773K）、高压（3×10^7Pa）和使用铁催化剂。

【例题 3-5】 乙烷裂解生成乙烯，$C_2H_6(g) \rightleftharpoons C_2H_4(g)+H_2(g)$。已知在1273K、100kPa下，反应达到平衡，$p_{C_2H_6}=2.65$kPa，$p_{C_2H_4}=49.35$kPa，$p_{H_2}=49.35$kPa，求 $K^\ominus$，并说明在生产中，常在恒温恒压下加入过量水蒸气的方法，提高乙烯产率的原理。

解 (1) 计算 $K^\ominus$　$p^\ominus=0.101325$MPa

$$K^\ominus=\frac{\left(\dfrac{p_{C_2H_4}}{p^\ominus}\right)\left(\dfrac{p_{H_2}}{p^\ominus}\right)}{\dfrac{p_{C_2H_6}}{p^\ominus}}=\frac{(49.35\times10^{-3}/0.101325)^2}{2.65\times10^{-3}/0.101325}=9.07$$

(2) 在恒温恒压下加入水蒸气，由于总压不变，则各组分的相对分压减小，平衡将向气体分子计量总数增多的方向移动。

【阅读材料】 影响化学反应速率的因素——催化剂

催化剂是一种能改变化学反应速率，其本身在反应前后的质量和化学组成均不改变的物质。其中，能加快反应速率的称为正催化剂；能减慢反应速率的称为负催化剂。例如：合成氨生产中使用的铁、硫酸生产中使用的 V_2O_5，以及促进生物体化学反应的各种酶（如淀粉酶、蛋白酶、脂肪酶等）均为正催化剂；减慢金属腐蚀的缓蚀剂，防止橡胶、塑料老化的抗老化剂等均为负催化剂。一般情况下所说的催化剂是指正催化剂。

催化剂为什么能改变化学反应速率呢？许多实验测定指出，催化剂之所以能显著地增大化学反应速率，是因为它与反应物之间形成一种势能较低的活化配合物，从而改变了反应的历程，与无催化反应的历程相比较，所需的活化能显著降低，从而使活化分子百分数和有效碰撞次数增多，使反应速率增大。而且正反应的活化能降低的数值与逆反应的活化能降低的数值相等，这表明催化剂不仅加快正反应的速率，也同时加快逆反应的速率。所以催化剂虽然加速化学反应，但它不能改变化学平衡常数，只能影响反应向平衡状态推进的速率。

催化剂为什么可以降低反应的活化能？有的催化剂可以改变反应历程，使活化能降低。有的催化剂可以把气体吸附在表面，从而削弱气体分子内部的化学键，使活化能降低。

催化反应的种类很多，就催化剂和反应状态来划分，可分为均相催化反应和多相催化反应。“相”：在热力学上把物系中物理状态和化学组成、性质完全相同的均匀部分称为一个“相”。根据体系和相的概念，把化学反应分为单相反应和多相反应两类。所谓均相催化反应是催化剂与反应物同处一相，多相催化反应一般是催化剂自成一相。

1. 均相催化

催化剂与反应物均处于同一相中的催化作用，如均相酸碱催化、均相配位催化等。均相催化大多在液相中进行。均相催化剂的活性中心比较均一，选择性较高，副反应较少，但催化剂难以分离、回收和再生。在均相催化反应中，反应物与催化剂生成不稳定的中间产物后再分解为生成物，同时催化剂得以再生。例如酯类的水解是以 H^+ 作催化剂。

在均相催化反应中也有不需另加催化剂就能自动发生催化作用的。例如向含有硫酸的 H_2O_2 水溶液中加入 $KMnO_4$，最初觉察不到反应的发生，但经过一段时间，反应速率逐渐加快，这是由于两者生成的 Mn^{2+} 对反应具有催化作用，这类反应称为自动催化反应。

2. 多相催化

发生在两相界面上的催化作用。通常催化剂为多孔固体，反应物为液体或气体。在多相催化反应中，固体催化剂对反应物分子发生化学吸附作用，使反应物分子得到活化，降低了反应活化能，从而使反应速率加快。工业生产中的催化作用大多属于多相催化。重要的化工生产如合成氨、接触法制硫酸、氨氧化法制硝酸、原油裂解及基本有机合成工业等几乎都是气相反应应用固体物质作催化剂。例如合成氨的反应 $N_2(g)+3H_2(g) \rightleftharpoons 2NH_3(g)$用铁作催化剂，反应历程有所改变，首先气相中氮分子被吸附在铁催化剂的表面上，使氮分子的化学键减弱，继而化学键断裂解离为氮原子。气相中的氢气分子同表面上的氮原子作用，逐步生成—NH、$—NH_2$ 和 NH_3。

由于多相催化剂与表面吸附有关，因此催化剂表面积越大则催化活性越强。但是固体催化剂表面是不均匀的，整个固体表面只有一小部分具有催化活性，称为活性中心。许多催化剂常因加入少量某种物质用以增大表面积。例如在用 Fe 催化合成氨反应中，加入 1.03% 的 Al_2O_3 可使 Fe 催化剂的表面积由 $0.55m^2/g$ 增大到 $9.44m^2/g$。也有的物质会使催化剂表面电子云密度增大，使催化剂活性中心的效果增强。比如在 Fe 中加入少量的 K_2O，即可达到此目的。Al_2O_3 和 K_2O 本身对合成氨反应并无催化作用，但可使催化剂 Fe 的催化能力大大增强，这类物质称为助催化剂。

催化剂在使用过程中，因反应体系中含有少量的某些杂质，就会严重降低甚至完全破坏催化剂的活性，这类物质称为催化毒物，此现象称为催化剂中毒。某些催化剂中毒后可以用特定的方法处理使其再生；有的则无法再生。但所有的催化剂都有一定的使用期限，称为催化剂寿命。

一种催化剂只能选择性地加速某一或某些特定的化学反应，即同一催化剂对于不同的反应具有不同的催化活性，称为催化剂选择性。利用催化剂对反应的选择性来控制原料的化学转变方向，在化工生产中具有重要意义。

催化剂的选择性还表现在同样的反应物可能有许多平行反应时，若选用不同的催化剂可增大所需要的某个反应的速率，同时对其他不需要的反应加以抑制。例如工业上以水煤气为原料，使用不同的催化剂可以得到不同的产物，可以有选择性地加以利用。

由于多相反应总在相界面上进行，因此在实际生产中，常把固态物料充分粉碎，将液态物料处理成微小液滴，如喷雾淋洒等，以增大相间的接触面积，提高反应速率。另外，多相反应还与扩散作用有关，通常采用强制扩散的方法使反应物不断进入相界面、产物及时脱离相界面，如液-固反应体系可采用搅拌、气-固体系通常采用鼓风等方法来增强相间的扩散，以提高反应速率。

$$CO(g)+H_2O(g)\begin{cases}\xrightarrow[\text{Cu 催化,537K}]{300\times10^5\text{Pa}} CH_3OH \\ \xrightarrow[\text{活化,Fe-Co,473K}]{20\times10^5\text{Pa}} \text{烷烃与烯烃的混合物(合成油)} \\ \xrightarrow[\text{Ni 催化,523K}]{\text{常压}} CH_4 \\ \xrightarrow[\text{Ru 催化,423K}]{150\times10^5\text{Pa}} \text{固体石蜡}\end{cases}$$

21 世纪要求生产技术必须与人类的生存环境协调发展，这样才能保证国民经济的持续发展。目前化学工业正面临着严重的挑战，一批传统的污染环境的化工催化过程必须废弃或改造，而大批对环境友好的新技术、新工艺、新催化剂必将诞生，这将意味着催化过程有着广阔的发展前景和应用领域。

习　　题

1. 填空题

(1) 影响化学反应速率的主要因素有______、______、______、______等。

(2) 对于反应 $CH_4(g)+H_2O(g) \longrightarrow CO(g)+3H_2(g)$，采取______、______、______的措施可以加快其反应速率；若要加快 $C(s)+O_2(g) \longrightarrow CO_2(g)$ 反应的反应速率可采取______、______、______的措施。

(3) 基元反应指的是__________的反应；非基元反应则是________的反应。

(4) 化学平衡的特点可概括为______、______、______、______。

(5) 影响化学平衡的主要因素有______、______、______、______。

2. 选择题

(1) 某反应 $A(g)+B(g) \rightleftharpoons G(g)+H(g)$ 的 $K_c=10^{-12}$，这意味着（　　）。

A. 反应物的初始浓度太低

B. 正反应不能进行，生成物不存在

C. 该反应是可逆反应，且两个方向进行的机会均等

D. 正反应能进行但进行程度不大

(2) 水煤气反应 $C(s)+H_2O(g) \rightleftharpoons CO(g)+H_2(g)$，$q>0$，下列正确的是（　　）。

A. 此反应为吸热反应，升温则 $v_{正}$ 增加，$v_{逆}$ 减小，所以平衡右移

B. 增大压力不利于 $H_2O(g)$ 的转化

C. 升高温度使其 K_p 减小

D. 加入催化剂可以提高产率

(3) 当反应 $2Cl_2(g)+2H_2O(g) \rightleftharpoons 4HCl(g)+O_2(g)$ 达到平衡时，下列哪种操作不能使平衡移动。(　　)。

A. 降低温度　　B. 加入氧气　　C. 加入催化剂　　D. 增大压力

(4) 在某温度下反应 $4HCl(g)+O_2(g) \rightleftharpoons 2Cl_2(g)+2H_2O(g)$ 的平衡常数 $K_c=1.6$，若 $c(HCl)=c(O_2)=c(H_2O)=c(Cl_2)=1.0mol/L$，预计反应将向（　　）方向进行，才能达到平衡。

A. 正方向　　B. 逆方向　　C. 不移动　　D. 无法判断

(5) 某温度时，反应 $H_2(g)+Br_2(g) \rightleftharpoons 2HBr(g)$ 的平衡常数为 K_c，则反应 $HBr(g) \rightleftharpoons 1/2H_2(g)+1/2Br_2(g)$ 的平衡常数为（　　）。

A. K_c　　B. $K_c^{1/2}$　　C. K_c^{-1}　　D. $K_c^{-1/2}$

(6) 正反应和逆反应的平衡常数之间的关系是（　　）。

A. 总相等　　B. 积等于 1　　C. 和等于 1　　D. 没有关系

(7) 反应 $NO(g)+CO(g) \rightleftharpoons N_2(g)+CO_2(g)$ 在一定条件下的转化率为 25.7%，如加催化剂，则其转化率（　　）。

A. 小于 25.7%　　B. 不变　　C. 大于 25.7%　　D. 无法判断

(8) 能影响速率常数 k 的因素是（　　）。

A. 反应物的浓度　　B. 温度　　C. 反应物的分压　　D. 生应物的浓度

(9) 某催化剂能加快正反应速率，则它对逆反应的作用是（　　）。

A. 加快　　B. 减慢　　C. 不起作用　　D. 不确定

3. 判断题

对于水煤气反应 $C(s)+H_2O(g) \rightleftharpoons CO(g)+H_2(g)$，$q>0$，

(1) 升高温度，正反应速率增大，逆反应速率减小，所以平衡向右移动。(　　)

(2) 由于反应前后分子数相等，所以增大压力对平衡没有影响。(　　)

(3) 达到平衡时各反应物和生成物的分压一定相等。(　　)

(4) 加入催化剂，使正反应速率（$v_{正}$）增大，所以平衡向右移动。(　　)

4. 已知 773K 时，合成氨反应 $N_2(g)+3H_2(g) \rightleftharpoons 2NH_3(g)$，$K_c=7.8\times10^{-5}$ 计算该温度下下列反应的浓度常数：

① $1/2N_2(g)+3/2H_2(g) \rightleftharpoons NH_3(g)$；$K_{c1}$

② $2NH_3(g) \rightleftharpoons N_2(g)+3H_2(g)$；$K_{c2}$

5. 可逆反应 $2SO_2(g)+O_2(g) \rightleftharpoons 2SO_3(g)$，已知 SO_2 和 O_2 起始浓度分别为 0.4mol/L 和 1.0mol/L，某温度下反应达到平衡时，SO_2 的平衡转化率为 80%。计算平衡时各物质的浓度和反应的平衡常数。

6. 可逆反应 $2SO_2(g)+O_2(g) \rightleftharpoons 2SO_3(g)$，在某温度下达到平衡时，$SO_2$、$O_2$ 和 SO_3 的浓度分别为 0.1mol/L、0.5mol/L、0.9mol/L，如果体系温度不变，将体积减小到原来的一半，试通过计算说明平衡移动的方向。

7. 已知在某温度下有反应：$2CO_2(g) \rightleftharpoons O_2(g)+2CO(g)$　$K_{c1}=A$

$2CO(g)+SnO_2(s) \rightleftharpoons 2CO_2(g)+Sn(s)$　$K_{c2}=B$

则同一温度下的反应：$SnO_2(s) \rightleftharpoons O_2(g)+Sn(s)$ 的 K_{c3} 应为多少？

第四章 酸碱平衡

【学习目标】

1. 了解解离理论和质子理论中酸碱概念的重要区别，明确两种理论的应用范围。

2. 掌握溶液酸度的概念和 pH 的意义，pH 与氢离子浓度的相互换算。

3. 能运用化学平衡原理，分析水、弱酸、弱碱溶液中的酸碱平衡，掌握同离子效应、盐效应等影响酸碱平衡移动的因素，熟练掌握有关离子浓度的计算。

4. 理解缓冲溶液的作用原理，掌握缓冲溶液的性质、应用及配制。

第一节 酸碱理论

人们对酸碱物质的认识是不断深化的。近代产生了下列几种酸碱理论：①1887 年阿仑尼乌斯（S. A. Arrhenius）提出了酸碱解离理论；②1905 年，弗兰克林（E. C. Franklin）提出了酸碱溶剂理论；③ 1923 年，丹麦布朗斯特（J. N. Brϕnsted）和英国劳莱（T. M. Lowry）提出了酸碱质子理论；④1923 年，路易斯（G. N. Lewis）提出酸碱电子理论。这些理论都是酸碱理论发展史中的组成部分，本节只介绍酸碱解离理论和酸碱质子理论。

一、酸碱解离理论

1. 酸碱定义

酸是在水溶液中解离生成的阳离子全部是 H^+ 的物质；碱是在水溶液中解离生成的阴离子全部是 OH^- 的物质。

2. 酸碱反应的实质

根据酸碱解离理论对酸碱的定义，酸碱的性质主要是 H^+ 和 OH^- 的性质，酸碱中和反应的实质就是 H^+ 和 OH^- 结合生成水的反应，即：

$$H^+ + OH^- \rightleftharpoons H_2O$$

3. 理论成功之处

① 首次从物质的化学组成上揭示了酸碱的本质。即 H^+ 是酸的特征，OH^- 是碱的特征，将电解质分为酸、碱、盐。

② 明确了水溶液中酸碱反应的实质是 H^+ 和 OH^- 结合生成水。

③ 从平衡角度找到了水溶液中衡量酸、碱强度的定量标度，即 K_a、K_b。

Arrhenius 酸碱解离理论是人类对酸碱认识由现象到本质的一次飞跃，对化学科学发展起了积极作用，直到现在仍然普遍应用。

4. 理论的局限性

① 无法说明物质在非水溶液中的酸碱问题。

尤其是近几十年来，在非水溶液中一些物质（如液氨、乙醇、醋酸、苯、四氯化碳、丙酮等）不会产生 H^+ 或 OH^-，但表现出酸或碱的性质，解离理论无法说明。

② 无法合理说明氨水表现碱性这一事实。

氨水能与酸中和，说明具有碱性，但它的分子中并没有 OH^- 存在。

③ 认为酸和碱是两种绝对不同的物质，忽略了酸碱在对立中的相互联系和统一。

二、酸碱质子理论

1. 酸碱定义

凡能给出质子（H^+）的物质称为酸；凡能接受质子（H^+）的物质称为碱。如 H_3O^+、HAc、HCl、HCO_3^-、NH_4^+、H_2O 等都是酸，因为它们都能给出质子。OH^-、Ac^-、NH_3、HCO_3^-、H_2O、Cl^- 等都是碱，因为它们都能接受质子。既能给出质子又能结合质子的物质，如 HCO_3^-、H_2O 等为两性物质。

根据质子理论，酸和碱不是孤立的。当酸给出质子后生成碱，碱接受质子后变为酸。

$$\text{酸} \rightleftharpoons \text{碱} + \text{质子}$$

$$HAc \rightleftharpoons Ac^- + H^+$$

$$NH_4^+ \rightleftharpoons NH_3 + H^+$$

$$H_3PO_4 \rightleftharpoons H_2PO_4^- + H^+$$

$$H_2PO_4^- \rightleftharpoons HPO_4^{2-} + H^+$$

$$(CH_2)_6N_4H^+ \rightleftharpoons (CH_2)_6N_4 + H^+$$

$$[Fe(H_2O)_6]^{3+} \rightleftharpoons [Fe(H_2O)_5(OH)]^{2+} + H^+$$

酸碱之间这种相互联系、相互依存的关系称为共轭关系。当酸失去一个质子而形成的碱称为该酸的共轭碱，而碱获得一个质子后就成为该碱的共轭酸。这种由得失一个质子而发生共轭关系的一对质子酸碱，称为共轭酸碱对。酸越强，它的共轭碱越弱；酸越弱，它的共轭碱越强。

由上可见，在酸碱质子理论中，酸和碱可以是中性分子，也可以是阳离子或阴离子，酸比碱要多出一个或几个质子。质子论中没有“盐”的概念，如 $(NH_4)_2SO_4$ 中，NH_4^+ 是酸、SO_4^{2-} 是碱；K_2CO_3 中，CO_3^{2-} 是碱，K^+ 是非酸非碱物质，它既不给出质子又不结合质子。

酸和碱不是决然对立的两类物质，它们互相依存，又是可以互相转化的。酸碱的关系可以归纳为：有酸必有碱，有碱必有酸，酸可变碱，碱可变酸。

2. 酸碱反应

由于质子半径很小，电荷密度高，溶液中不可能存在质子。实际上的酸碱反应是两个共轭酸碱对共同作用的结果，也就是说共轭酸碱对中质子的得失，只有在另一种能接受质子的碱性物质或能给出质子的酸性物质同时存在时才能实现，因而酸碱反应的实质就是两个共轭酸碱对之间的质子传递反应。其通式可表示如下：

$$\text{酸}_1 + \text{碱}_2 \rightleftharpoons \text{酸}_2 + \text{碱}_1$$

解离理论中的酸、碱、盐反应，在质子理论中均可归结为酸碱反应，其反应实质均为质子的转移，如：

HAc 的解离反应　$HAc + H_2O \rightleftharpoons H_3O^+ + Ac^-$

　　　　　　　　酸$_1$　碱$_2$　　酸$_2$　碱$_1$

NH_3 的解离反应　$NH_3 + H_2O \rightleftharpoons NH_4^+ + OH^-$

　　　　　　　　碱$_2$　酸$_1$　　酸$_2$　碱$_1$

NaAc 的水解反应　$Ac^- + H_2O \rightleftharpoons OH^- + HAc$

　　　　　　　　碱$_2$　酸$_1$　　碱$_1$　酸$_2$

HAc 与 NaOH 的中和反应　$HAc + OH^- \rightleftharpoons Ac^- + H_2O$

　　　　　　　　酸$_1$　碱$_2$　　碱$_1$　酸$_2$

值得注意的是，并不是任何酸碱反应都必须发生在水溶液中，酸碱反应还可以在非水溶剂、无溶剂等条件下进行，只要质子能够从一种物质转移到另一种物质即可。如 HCl 和 NH_3 的反应，无论是在水溶液或苯溶液还是在气相中，都能发生 H^+ 的转移反应。

综上可见，酸碱质子理论扩大了酸碱的概念和应用范围，并把水溶液和非水溶液中各种情况下的酸碱反应统一起来了。但酸碱质子理论不能讨论不含质子的物质，对无质子转移的酸碱反应也不能进行研究，这是它的不足之处。

第二节　水溶液中的酸碱反应及其平衡

水是最重要的溶剂，本章讨论的离子平衡都是在水溶液中建立的。电解质在水溶液中建立的离子平衡与水的解离平衡相关，本节将讨论水的解离和弱酸弱碱在水溶液中建立的平衡的特点和规律。

一、水的质子自递作用和溶液的酸度

1. 水的质子自递作用

水分子具有两性作用。也就是说，一个水分子可以从另一个水分子中夺取质子而形成 H_3O^+ 和 OH^-，即：

$$H_2O(酸_1) + H_2O(碱_2) \rightleftharpoons H_3O^+(酸_2) + OH^-(碱_1)$$

也可简化为：

$$H_2O \rightleftharpoons H^+ + OH^-$$

水分子之间存在质子的传递作用，称为水的质子自递作用。这个作用的平衡常数称为水的质子自递常数，用 K_w 表示，即：

$$K_w = [H_3O^+][OH^-]$$

常简写为

$$K_w = [H^+][OH^-] \tag{4-1}$$

K_w 也称为水的离子积常数，简称水的离子积。

K_w 的意义是：一定温度下，水溶液中 $[H^+]$ 和 $[OH^-]$ 之积为一常数。

K_w 与浓度、压力无关，而与温度有关。当温度一定时为常数，如 25℃时，$K_w = 1.0 \times 10^{-14}$。

2. 溶液的酸度

酸的浓度和酸度在概念上是不同的。

酸的浓度，通常是指溶液中某酸的总浓度，也称酸的分析浓度（简称浓度），常用物质的量浓度表示，符号为 c，单位为 mol/L。

酸度通常是指溶液中 H^+ 的浓度。浓度较高（一般 $[H^+]$ 大于 1mol/L）时多用物质的

量浓度 $[H^+]$ 表示。对于 $[H^+]$ 较低的溶液，常用 pH 来表示溶液的酸度；碱度则用 pOH 表示。

因为 $$[H^+][OH^-]=K_w=1.0\times10^{-14}$$

所以 $$pH+pOH=pK_w=14.00$$

pH 适用范围在 pH=0～14 之间，即溶液中的 H^+ 浓度介于 $1\sim10^{-14}$ mol/L。

溶液的酸碱性与 pH 的关系如下。

酸性溶液：$[H^+]>[OH^-]$　　$pH<7.00<pOH$

中性溶液：$[H^+]=[OH^-]$　　$pH=7.00=pOH$

碱性溶液：$[H^+]<[OH^-]$　　$pH>7.00>pOH$

二、酸（碱）的解离平衡和平衡常数

酸（碱）的解离是指酸（碱）与水分子之间的质子转移。

一元弱酸的解离，如：

$$HAc+H_2O \rightleftharpoons Ac^-+H_3O^+$$

常可简化为： $$HAc \rightleftharpoons Ac^-+H^+$$

其平衡常数为：$K_a=\dfrac{[H^+][Ac^-]}{[HAc]}$

一元弱碱的解离，如：

$$Ac^-+H_2O \rightleftharpoons HAc+OH^-$$

其平衡常数为：$K_b=\dfrac{[OH^-][HAc]}{[Ac^-]}$

K_a 和 K_b 分别称为弱酸、弱碱的解离平衡常数。

解离常数的特点：同所有的平衡常数一样，解离常数是酸碱的特征常数，不随浓度的改变而改变；温度的改变对解离常数有一定的影响，但在一定范围内，影响不太大，因此，在常温范围内可认为温度对解离常数没有影响。

解离常数的物理意义：解离常数表示弱酸（碱）在解离平衡时解离为离子的趋势。K_a（K_b）可作为弱酸（碱）的酸（碱）性相对强弱的标志，K_a（K_b）愈大，表示该弱酸（碱）的酸（碱）性愈强。如：

HAc　　$K_a=1.76\times10^{-5}$

HCN　　$K_a=6.17\times10^{-10}$

HAc 的解离常数比 HCN 大，则酸性 HAc 比 HCN 强。

对一元弱酸 HAc 的 K_a 与其共轭碱 Ac^- 的 K_b 间关系可推导如下：

$$K_aK_b=\frac{[H^+][Ac^-]}{[HAc]}\times\frac{[OH^-][HAc]}{[Ac^-]}=[H^+][OH^-]=K_w$$

推广可得一元共轭酸碱对的 K_a 和 K_b 间具有以下定量关系：

$$K_aK_b=K_w \qquad (4\text{-}2)$$

式（4-2）在处理酸碱平衡时是一个很重要的公式，由此式可知以下几点。

① 酸的酸性越强，则其对应共轭碱的碱性就越弱；碱的碱性越强，则其对应共轭酸的酸性就越弱。

② 通过酸或碱的解离常数，可计算它的共轭碱或共轭酸的解离常数。

对于多元共轭酸碱对来说，它们的共轭酸碱对之间的关系依然成立，但应明确每一步解离平衡的关系。

【例题 4-1】 已知水溶液中，H_2CO_3 的 $K_{a_1}=4.30\times10^{-7}$、$K_{a_2}=5.61\times10^{-11}$，计算 Na_2CO_3 的 K_{b_1}、K_{b_2} 值。

解 水溶液中，H_2CO_3 与 CO_3^{2-} 为二元共轭酸碱。

$$CO_3^{2-}+H_2O \rightleftharpoons HCO_3^-+OH^- \qquad K_{b_1}=\frac{K_w}{K_{a_2}}=\frac{1.0\times10^{-14}}{5.61\times10^{-11}}=1.78\times10^{-4}$$

$$HCO_3^-+H_2O \rightleftharpoons H_3O^++CO_3^{2-} \qquad K_{b_2}=\frac{K_w}{K_{a_1}}=\frac{1.0\times10^{-14}}{4.30\times10^{-7}}=2.33\times10^{-8}$$

三、解离度和稀释定律

1. 解离度

为了定量地表示弱电解质在水溶液中的解离程度，引入了解离度概念。解离度（也称电离度，用 α 表示）就是电解质在水溶液中解离达到平衡时，已解离的分子数在该电解质原来分子总数中所占的比例。

$$\alpha=\frac{\text{已解离的分子数}}{\text{溶液中原有的分子总数}}$$

解离度 α 和解离常数 K_a（K_b）都可用来表示弱酸弱碱解离能力的大小。K_a（K_b）是化学平衡常数的一种，只与温度有关，不随浓度变化；解离度 α 是转化率的一种表示形式，不仅和温度有关，还与溶液的浓度有关。所以用解离度比较电解质相对强弱时，须指明电解质浓度。

2. 稀释定律

解离度与解离常数之间有一定的关系。

现假设某一元弱酸（HA）的原始浓度为 c，解离度为 α，则

	$HA \rightleftharpoons$	H^+	$+A^-$
起始浓度/(mol/L)	c	0	0
平衡浓度/（mol/L)	$c-c\alpha$	$c\alpha$	$c\alpha$

平衡常数为：
$$K_a=\frac{[H^+][A^-]}{[HA]}=\frac{c\alpha^2}{1-\alpha}$$

如果 $\alpha<5\%$，即 $c/K_a\geqslant500$，则 $1-\alpha\approx1$，则有：

$$K_a=c\alpha^2 \quad \text{或} \quad \alpha=\sqrt{K_a/c} \tag{4-3}$$

式(4-3) 称为稀释定律，它表明的是酸碱解离常数、解离度与溶液浓度三者之间的关系，但其基本前提为 c 不是很小，α 又不是很大（$\alpha<5\%$，即 $c/K_a\geqslant500$）。对于弱碱的解离平衡，上述的关系式同样适用，只是将式中 K_a 换成 K_b 即可。

由稀释定律可以看出：在一定温度下，弱电解质的解离度与其浓度的平方根成反比；溶液越稀，解离度越大。由于解离度随浓度而改变，所以一般不用 α 表示酸或碱的相对强弱，而用 K_a 或 K_b 值的大小来表示酸或碱的相对强弱。

【例题 4-2】 25℃时，0.1mol/L HAc 水溶液，溶液的解离度 $\alpha=1.33\%$，求 HAc 溶液的 pH 及 HAc 的解离常数。

解　根据 HAc 的解离平衡

$$HAc \rightleftharpoons H^+ + Ac^-$$

起始浓度/(mol/L)　　c　　0　　0

平衡浓度/(mol/L)　　$c-c\alpha$　　$c\alpha$　　$c\alpha$

$$[H^+]=c\alpha=0.1\times1.33\times10^{-2}\,mol/L=1.33\times10^{-3}\,mol/L$$

$$pH=-lg[H^+]=-lg(1.33\times10^{-3})=2.88$$

解离常数　$$K_a=\frac{[H^+][Ac^-]}{[HAc]}=\frac{c\alpha^2}{1-\alpha}$$

$\alpha=1.33\%<5\%$，所以：$1-\alpha\approx1$

$$K_a=c\alpha^2=0.1\times(1.33\times10^{-2})^2=1.77\times10^{-5}$$

第三节　酸碱水溶液 pH 的计算

一、一元弱酸、弱碱水溶液 pH 的计算

应用解离平衡关系，就可以求得弱酸的 H^+ 浓度或弱碱的 OH^- 浓度。以起始浓度为 c 的一元弱酸 HA 为例，溶液中的 H^+ 有两个来源：

$$HA \rightleftharpoons H^+ + A^-$$

$$H_2O \rightleftharpoons H^+ + OH^-$$

当酸解离出的 H^+ 浓度远大于 H_2O 解离出的 H^+ 浓度时，水的解离可以忽略。通常以 $cK_a\geqslant20K_w$ 作为作为忽略水的解离的判别式。本书所涉及的问题均可忽略水的解离。

设平衡时 H^+ 浓度为 x mol/L

$$HA \rightleftharpoons H^+ + A^-$$

起始浓度/(mol/L)　　c　　0　　0

平衡浓度/(mol/L)　　$c-x$　　x　　x

$$K_a=\frac{[H^+][A^-]}{[HA]}=\frac{x^2}{c-x} \tag{4-4}$$

当弱酸的解离度很小时，可近似看做 $c-x\approx c$，则式(4-4) 进一步简化为：

$$K_a=\frac{x^2}{c}, \text{则}\quad x=\sqrt{cK_a}$$

即　$$[H^+]=\sqrt{cK_a} \tag{4-5}$$

式(4-5) 为计算一元弱酸溶液酸度的最简式。使用最简式的判据是酸的浓度与酸的解离常数的比值 $c/K_a\geqslant500$，这时酸的解离度 $\alpha<5\%$，可使氢离子浓度的计算误差小于或等于 2.2%，可以满足一般计算的要求。当 $c/K_a<500$ 时，$c-x$ 不能近似为 c 时，需用式(4-4) 计算，即解一元二次方程：

$$[H^+]^2+K_a[H^+]-K_ac=0$$

$$[H^+]=\frac{1}{2}(-K_a+\sqrt{K_a^2+4cK_a}) \tag{4-6}$$

一元弱碱水溶液中 OH^- 浓度的计算，也可采用与上述一元弱酸类似的方法处理，则有：

$$[OH^-]=\sqrt{cK_b}\quad(c/K_b\geqslant500) \tag{4-7}$$

【例题 4-3】 计算 0.083mol/L HAc 溶液的 pH。

解 查表得 $K_a(HAc)=1.76\times10^{-5}$

$$\frac{c}{K_a}=\frac{0.083}{1.76\times10^{-5}}=4.7\times10^{3}>500\text{，因此可以使用最简式计算。}$$

即 $[H^+]=\sqrt{cK_a}=\sqrt{0.083\times1.76\times10^{-5}}\ mol/L=1.2\times10^{-3}\ mol/L$

$$pH=-\lg1.2\times10^{-3}=2.92$$

【例题 4-4】 计算 0.1mol/L NH_4Cl 溶液的 pH。

解 查表得 $K_a(NH_4{}^+)=5.56\times10^{-10}$

$$\frac{c}{K_a}=\frac{0.1}{5.56\times10^{-10}}=1.8\times10^{8}>500\text{，因此可以使用最简式计算。}$$

即 $[H^+]=\sqrt{cK_a}=\sqrt{0.1\times5.56\times10^{-10}}\ mol/L=7.5\times10^{-6}\ mol/L$

$$pH=-\lg7.5\times10^{-6}=5.12$$

【例题 4-5】 计算 0.1mol/L 氨水溶液的 pH。

解 查表得 $K_b(NH_3)=1.79\times10^{-5}$

$$\frac{c}{K_b}=\frac{0.1}{1.79\times10^{-5}}=5.6\times10^{3}>500\text{，因此可以使用最简式计算。}$$

即 $[OH^-]=\sqrt{cK_b}=\sqrt{0.1\times1.79\times10^{-5}}\ mol/L=1.34\times10^{-3}\ mol/L$

$$pOH=2.87$$

$$pH=11.13$$

【例题 4-6】 计算 0.1mol/L $NaNO_2$ 溶液的 pH。

解 查表得 $K_a(HNO_2)=5.13\times10^{-4}$

$$K_b(NO_2{}^-)=\frac{K_w}{K_a}=\frac{1.0\times10^{-14}}{5.13\times10^{-4}}=1.95\times10^{-11}$$

$$\frac{c}{K_b}=\frac{0.1}{1.95\times10^{-11}}>500\text{，因此可以使用最简式计算。}$$

即 $[OH^-]=\sqrt{cK_b}=\sqrt{0.1\times1.95\times10^{-11}}\ mol/L=1.4\times10^{-6}\ mol/L$

$$pOH=5.85$$

$$pH=8.15$$

二、多元弱酸、弱碱水溶液 pH 的计算

多元弱酸在水溶液中是逐级解离的，每一级都有相应的质子转移平衡。一般说来，多元弱酸各级解离常数 $K_{a_1}\gg K_{a_2}\gg K_{a_3}$。因此，溶液中 H^+ 主要来自多元酸的第一步解离，可将多元酸看作是一元弱酸来计算溶液中的 H^+ 浓度。即将式（4-5）及其使用条件中的 K_a 相应的用 K_{a_1} 代替即可。

【例题 4-7】 计算 0.10mol/L H_2S 溶液的 pH 及 S^{2-} 浓度。

解 已知 H_2S 的 $K_{a_1}=1.32\times10^{-7}$，$K_{a_2}=1.2\times10^{-13}$，且 $K_{a_1}\gg K_{a_2}$，故计算 H^+ 浓度时只考虑第一级解离。

$$H_2S \rightleftharpoons H^+ + HS^-$$

$c/K_{a_1}>500$，故可用类似式(4-5) 的最简式计算。

$$[H^+]=\sqrt{cK_{a_1}}=\sqrt{0.10\times1.32\times10^{-7}}\ mol/L=1.1\times10^{-4}\ mol/L$$

$$pH=3.96$$

因为 S^{2-} 是 H_2S 二级解离的产物，设 $[S^{2-}]=x$ mol/L，有如下关系：

$$\begin{array}{ccccc} HS^- & \rightleftharpoons & H^+ & + & S^{2-} \\ 1.1\times10^{-4}-x & & 1.1\times10^{-4}+x & & x \end{array}$$

由于 K_{a_2} 很小，$1.1\times10^{-4}\pm x\approx1.1\times10^{-4}$，则有

$$K_{a_2}=\frac{[H^+][S^{2-}]}{[HS^-]}=\frac{1.1\times10^{-4}\times[S^{2-}]}{1.1\times10^{-4}}$$

故　$[S^{2-}]=K_{a_2}=1.2\times10^{-13}$ mol/L

由上例可见，对于多元弱酸溶液有以下几点。

① 对于多元酸，如 $K_{a_1}\gg K_{a_2}$，求算 H^+ 浓度时，作为一元弱酸处理。

② 当二元弱酸的 $K_{a_1}\gg K_{a_2}$ 时，则二价酸根离子浓度约等于其 K_{a_2}。

③ 由于多元弱酸的酸根离子浓度很低，如果需用浓度较大的多元酸根离子时，可使用该酸的可溶性盐。例如：如需 S^{2-}，应选用 Na_2S、$(NH_4)_2S$ 等。

【例题 4-8】 试计算 0.31mol/L Na_2CO_3 水溶液的 pH。

解　CO_3^{2-} 在水溶液中是一种二元弱碱，由例题 4-1 可知：

$$K_{b_1}=1.78\times10^{-4}, K_{b_2}=2.33\times10^{-8}$$

因为　$K_{b_1}\gg K_{b_2}$ 且 $cK_{b_1}>20K_w$，且 $c/K_{b_1}>500$

因此可以使用最简式：　$[OH^-]=\sqrt{cK_{b_1}}$

所以　$[OH^-]=\sqrt{0.31\times1.78\times10^{-4}}\text{ mol/L}=7.4\times10^{-3}\text{ mol/L}$

$$pOH=-\lg7.4\times10^{-3}=2.13$$

$$pH=14-2.13=11.87$$

第四节　影响酸碱平衡的因素

解离平衡与所有的化学平衡一样，会随外界条件的改变而发生移动。

一、同离子效应

在醋酸（HAc）水溶液中，加入少量 NaAc 固体，因为 NaAc 是强电解质，在水中完全解离为 Na^+ 和 Ac^-，使溶液中 Ac^- 的浓度增大，可使下列反应的解离平衡向左移动。

$$HAc \rightleftharpoons H^+ + Ac^-$$

Ac^- 浓度的增大，致使 H^+ 的浓度减小，HAc 的解离度也随之降低。

同理，在氨水（$NH_3\cdot H_2O$）溶液中加入少量 NH_4Cl 或 NaOH 固体，由于 NH_4^+ 或 OH^- 离子的存在，亦可使下列反应的解离平衡向左移动，使氨水的解离度降低。

$$NH_3\cdot H_2O \rightleftharpoons NH_4^+ + OH^-$$

这种在已建立了酸碱平衡的弱酸或弱碱溶液中，加入含有同种离子的易溶强电解质，使酸碱平衡向着降低弱酸或弱碱解离度方向转移的现象，称为同离子效应。

【例题 4-9】 在 0.10mol/L HAc 溶液中，加入少量 NaAc 固体，使其浓度为 0.10mol/L（不考虑体积的变化），比较加入 NaAc 固体前后 H^+ 浓度和 HAc 解离度的变化。

解　(1) 加 NaAc 固体前，由式(4-3) 得：

$$\alpha=\sqrt{K_a/c}=\sqrt{1.76\times10^{-5}/0.10}=0.013=1.3\%$$

故 $[H^+]=c\alpha=0.10\times0.013\text{mol/L}=1.3\times10^{-3}\text{mol/L}$

(2) 加 NaAc 固体后，设平衡时溶液中 $[H^+]$ 为 x (mol/L)，则有

	HAc	$\rightleftharpoons$ H^+	+ Ac^-
起始浓度/(mol/L)	0.10	0	0.10
平衡浓度/(mol/L)	$0.10-x$	x	$0.10+x$

$$K_a=\frac{[H^+][Ac^-]}{[HAc]}=\frac{x(0.10+x)}{0.10-x}$$

由于 HAc 本身的 α 值较低，又因加入 NaAc 后同离子（Ac^-）效应的存在，使得 HAc 的解离度（α）更低，所以：

$$[Ac^-]=0.10+x\approx0.10,[HAc]=0.10-x\approx0.10,\text{得：}$$

$$K_a=\frac{0.10x}{0.10}=1.76\times10^{-5}$$

即 $[H^+]=1.76\times10^{-5}\text{mol/L}$

故 $\alpha=\frac{[H^+]}{[HAc]}=\frac{1.76\times10^{-5}}{0.10}=1.76\times10^{-4}=0.018\%$

若将 NaAc 换为同浓度的 HCl，由于 H^+ 的存在，其解离度仍然是 0.018%。由此可知，无论是加入 NaAc 还是加入 HCl，Ac^- 或 H^+ 的作用都能使 HAc 的解离度大幅降低。

二、盐效应

往弱电解质的溶液中加入与弱电解质没有相同离子的强电解质时，由于溶液中离子总浓度增大，离子间相互牵制作用增强，使得弱电解质解离的阴、阳离子结合形成分子的机会减小，从而使弱电解质解离平衡向解离的方向移动，造成解离度增大，这种效应称为盐效应。

例如，在 0.1mol/L HAc 溶液中加入 0.1mol/L NaCl 溶液，NaCl 完全解离成 Na^+ 和 Cl^-，使溶液中的离子总数骤增，离子之间的静电作用增强。这时 Ac^- 和 H^+ 被众多异性离子（Na^+ 和 Cl^-）包围，Ac^- 跟 H^+ 结合成 HAc 的机会减少，使 HAc 的解离度增大（可从 1.34%增大到 1.68%）。

这里必须注意：在发生同离子效应时，由于也外加了强电解质，所以也伴随有盐效应的发生，只是这时同离子效应远大于盐效应，所以在一般的酸碱平衡计算中，可以忽略盐效应的影响。

第五节 酸碱缓冲溶液

1900 年两位生物化学家弗鲁巴哈（Fernbach）和休伯特（Hubert）发现：在 1L 纯水中加入 1mL 0.01mol/L HCl 后，其 pH 由 7.0 变为 5.0；而在 pH 为 7.0 的肉汁培养液中，加入 1mL 0.01mol/L HCl 后，肉汁的 pH 几乎没发生变化。这说明某些溶液对酸碱具有缓冲作用，因此我们便把“凡能抵御因加入酸或碱及因受到稀释而造成 pH 显著改变的溶液”，称为缓冲溶液。

缓冲溶液是一种能对溶液的酸度起稳定（缓冲）作用的溶液。这种溶液能调节和控制溶液的酸度，当溶液中加入少量酸、碱或稍加稀释时，其 pH 值不发生明显变化。

缓冲溶液在工农业生产、科研工作和许多天然体系中有着广泛的应用。正常人血浆的pH为7.35～7.45，大于7.8或小于7.0就会导致死亡。土壤的pH需保持在4～7.5之间，才有利于植物生长。金属器件电镀时也需要把电镀液维持在一定的pH范围内进行。因此，我们不仅要学会计算溶液的pH，还要能够想法控制溶液的pH，这就需要依靠缓冲溶液。

一、缓冲溶液的缓冲原理

缓冲作用是指能够抵抗外来少量酸碱或溶液中的化学反应产生的少量酸碱，或将溶液稍加稀释而溶液自身的pH基本维持不变的性质。

缓冲溶液通常有如下3类：弱的共轭酸碱对组成的体系；弱酸弱碱盐体系；强酸或强碱溶液。下面重点讨论最常使用的第一类缓冲溶液。

共轭酸碱对组成的缓冲溶液，就是由一组浓度都较高的弱酸及其共轭碱或弱碱及其共轭酸构成的缓冲体系。下面以弱酸HAc与其共轭碱NaAc组成的HAc-NaAc缓冲体系为例，说明其“抗酸抗碱”作用。

在HAc和NaAc的溶液中存在下列解离过程：

$$HAc \rightleftharpoons H^+ + Ac^-$$

$$NaAc \longrightarrow Na^+ + Ac^-$$

由于NaAc完全解离，所以溶液中存在大量的Ac^-。在此体系中产生的同离子效应，使HAc得解离度变小，因此，溶液中也存在着大量的HAc分子。同时还存在HAc的解离平衡。

根据平衡移动原理，可解释为什么外加少量强酸、强碱或稀释时，缓冲溶液的pH值能基本保持稳定。

如果向该缓冲溶液中加入少量强酸，强酸解离出的H^+与大量存在的Ac^-结合生成HAc，使HAc的解离平衡向左移动。因此，达到新平衡时，H^+的浓度不会显著增加，保持了pH的相对稳定。Ac^-是缓冲溶液的抗酸成分。

如果向该缓冲溶液中加入少量强碱，溶液中的H^+和强碱解离出来的OH^-结合生成弱电解质H_2O，这时HAc的解离平衡向右移动，以补充H^+的减少。建立新平衡时，溶液中H^+的浓度也几乎保持不变。HAc是缓冲溶液的抗碱成分。

如果向该缓冲溶液中加入少量水稀释，由于HAc和Ac^-浓度同时以相同倍数稀释，HAc和Ac^-浓度均减小，同离子效应减弱，促使HAc解离度增加，产生的H^+可维持溶液的pH值几乎不变。

以上是弱酸和它的共轭碱组成的缓冲溶液具有缓冲作用的原理。用同样方法可说明弱碱及其共轭酸（NH_3-NH_4^+）、多元酸及其共轭碱（HCO_3^--CO_3^{2-}）组成的缓冲溶液的缓冲作用。

二、缓冲溶液pH的计算

以HAc-NaAc缓冲体系为例。设缓冲体系中酸HAc及其共轭碱Ac^-的浓度分别为c_a、c_b，达到平衡后，设体系中的［H^+］$=x$ mol/L，则：

	HAc ⇌	Ac^- +	H^+
起始浓度/(mol/L)	c_a	0	c_b
平衡浓度/(mol/L)	c_a-x	x	c_b+x

$$K_a=\frac{[H^+][Ac^-]}{[HAc]}=\frac{x(c_b+x)}{c_a-x}$$

由于 x 很小，所以 $c_a-x\approx c_a$，$c_b+x\approx c_b$

$$K_a=\frac{[H^+][Ac^-]}{[HAc]}=\frac{xc_b}{c_a}$$

$$[H^+]=K_a\frac{c_a}{c_b} \tag{4-8}$$

这是计算弱酸及其共轭碱水溶液缓冲体系中 H^+ 浓度的近似公式。或用 pH 表示为：

$$pH=pK_a-\lg\frac{c_a}{c_b} \tag{4-9}$$

【例题 4-10】 求 298K 下，0.1mol/L NH_3 和 0.1mol/L NH_4Cl 溶液等体积混合后，溶液的 pH。

解 NH_3 与 NH_4Cl 溶液混合后将构成 NH_4^+-NH_3 缓冲溶液，且等体积混合后，各物质浓度减半。

$K_a(NH_4^+)=5.56\times10^{-10}$

$c(NH_3)=\frac{1}{2}\times0.1\text{mol/L}=0.05\text{mol/L}$；$c(NH_4^+)=\frac{1}{2}\times0.1\text{mol/L}=0.05\text{mol/L}$。

$pH=pK_a-\lg\frac{c_a}{c_b}=-\lg5.56\times10^{-10}-\lg\frac{0.05}{0.05}=9.25$

【例题 4-11】 将 10mL 0.2mol/L HCl 与 10mL 0.4mol/L NaAc 溶液混合，计算该溶液的 pH。若向此溶液中加入 5mL 0.01mol/L NaOH 溶液，则溶液的 pH 又为多少？

解 (1) 混合后，溶液中的 H^+ 与 Ac^- 发生反应生成 HAc，HAc 与溶液中剩余的 Ac^- 构成缓冲溶液。缓冲溶液中有：

$$c(HAc)\approx c(HCl)=\frac{10\times0.2}{10+10}\text{mol/L}=0.1\text{mol/L}$$

$$c(Ac^-)=\frac{10\times0.4-10\times0.2}{10+10}\text{mol/L}=0.1\text{mol/L}$$

$$\text{HAc 的 } K_a=1.76\times10^{-5}$$

$$pH=pK_a-\lg\frac{c_a}{c_b}=-\lg1.76\times10^{-5}-\lg\frac{0.1}{0.1}=4.75$$

(2) 加入 NaOH 之后，OH^- 将与 HAc 反应生成 Ac^-，反应完成后溶液中

$$c(HAc)=\frac{20\times0.1-5\times0.01}{20+5}\text{mol/L}=0.078\text{mol/L}$$

$$c(Ac^-)=\frac{20\times0.1+5\times0.01}{20+5}\text{mol/L}=0.082\text{mol/L}$$

$$pH=pK_a-\lg\frac{c_a}{c_b}=4.75-\lg\frac{0.078}{0.082}=4.77$$

【例题 4-12】 欲配制 pH=5.0 的缓冲溶液 500mL，已用去 6.0mol/L 的 HAc 34.0mL，问需要 $NaAc\cdot3H_2O$ 多少克？[$M(NaAc\cdot3H_2O)=136.1\text{g/mol}$]

解 首先，计算将 6.0mol/L HAc 34.0mL 配成 500mL 时的浓度

$$c(HAc)=\frac{6.0\times34.0\times10^{-3}}{500\times10^{-3}}\text{mol/L}=0.408\text{mol/L}$$

$$c_b = K_a \times \frac{c_a}{[H^+]} = 1.76 \times 10^{-5} \times \frac{0.408}{1.0 \times 10^{-5}} \text{mol/L} = 0.718\text{mol/L}$$

亦即　　$c(\text{NaAc}) = 0.718\text{mol/L}$

故所需 $NaAc \cdot 3H_2O$ 的质量为：

$$m = 136.1 \times 0.718 \times 500 \times 10^{-3}\text{g} = 48.9\text{g}$$

三、缓冲溶液的缓冲能力和缓冲范围

1. 缓冲能力

缓冲溶液抵御少量酸碱的能力称为缓冲能力（或称缓冲容量）。

(1) 缓冲溶液的缓冲能力是有限度的。加入少量的强酸或强碱时，溶液的 pH 基本保持不变，如果加入的强酸或强碱浓度较大时，溶液的缓冲能力明显减弱，当抗酸成分或抗碱成分消耗完时，溶液就不再表现出缓冲作用。

(2) 缓冲溶液的缓冲能力大小与缓冲溶液中的共轭酸碱的浓度有关，共轭酸碱的浓度大，缓冲能力也大。组成缓冲溶液的共轭酸碱浓度一定时，共轭酸碱对浓度的比值接近于 1 时，缓冲能力最强。实验表明，通常此比值在 0.1～10 之间，其缓冲能力即可满足一般的实验要求。

2. 缓冲范围

由缓冲溶液 pH 计算公式可知，缓冲溶液的 pH 值主要取决于 pK_a，还与共轭酸碱对的浓度的比值有关。当共轭酸碱对的浓度的比值接近于 1 时，缓冲溶液的 $pH = pK_a$；当共轭酸碱对浓度的比值在 0.1～10 之间改变时，则缓冲溶液的 pH 值在 $pK_a \pm 1$ 之间改变。由此可见，弱酸及其共轭碱缓冲体系的有效缓冲范围约在 pH 为 $pK_a \pm 1$ 的范围，即约有两个 pH 单位。例如 HAc-NaAc 缓冲体系，$pK_a = 4.76$，其缓冲范围是 $pH = 4.76 \pm 1$。

四、缓冲溶液的选择

分析化学中用于控制溶液酸度的缓冲溶液很多，通常根据实际情况选用不同的缓冲溶液（表 4-1）。缓冲溶液的选择原则如下。

① 缓冲溶液对测量过程应没有干扰。

② 所需控制的 pH 应在缓冲溶液的缓冲范围之内。如果缓冲溶液是由弱酸及其共轭碱组成的，则所选的弱酸的 pK_a 应尽可能接近所需的 pH。

③ 缓冲溶液应有足够的缓冲容量以满足实际工作需要。为此，在配制缓冲溶液时，应尽量控制弱酸与共轭碱的浓度比接近于 1∶1，所用缓冲溶液的总浓度尽量大一些（一般可控制在 0.01～1mol/L 之间）。

④ 组成缓冲溶液的物质应廉价易得，避免污染环境。

表 4-1　常用的缓冲溶液及其配制方法

缓冲体系及其 pK_a		pH	配制方法
共轭酸	共轭碱		
NH_2CH_2COOH-HCl	(2.35, pK_{a1})	2.3	取氨基乙酸 150.0g 溶于 500.0mL 水中后，加浓 HCl 80.0mL，用水稀释至 1L
$^+NH_3CH_2COOH$	$^+NH_3CH_2COO^-$		
$KHC_8H_4O_4$-HCl	(2.95, pK_{a1})	2.9	取 $KHC_8H_4O_4$ 500.0g 溶于 500.0mL 水，加浓 HCl 80.0mL，用水稀释至 1L
$H_2C_8H_4O_4$	$HC_8H_4O_4^-$		

续表

缓冲体系及其 pK_a		pH	配制方法
共轭酸	共轭碱		
HAc-NaAc	(4.74)	4.7	取无水 NaAc 83.0g 溶于水中后，加 HAc 60.0mL，用水稀释至 1L
HAc	Ac^-		
$(CH_2)_6N_4$-HCl	(5.15)	5.4	取六亚甲基四胺 40.0g 溶于 200.0mL 水中后，加浓 HCl 10.0mL，稀释至 1L
$(CH_2)_6N_4H^+$	$(CH_2)_6N_4$		
NH_3-NH_4Cl	(9.25)	9.5	取 NH_4Cl 54.0g 溶于水中后，加浓氨水 126.0mL，用水稀释至 1L
NH_4^+	NH_3		

注：1. 配制的缓冲溶液可用 pH 试纸检查，若不在所需范围可用其共轭酸（碱）来调节。

2. 共轭酸（碱）的相对浓度不同其缓冲溶液的 pH 也有微小变化：如取 NH_4Cl 54.0g 溶于水后，加浓氨水 350.0mL，用水稀释至 1L，则 pH 为 10.0。

【阅读材料】 两性物质水溶液 pH 的计算

在质子传递反应中，既可给出质子又可结合质子的物质称为两性物质。除水外，多元酸的酸式盐（如 $NaHCO_3$、Na_2HPO_4）、弱酸弱碱盐（如 NH_4CN、NH_4Ac）和氨基酸等都是两性物质。两性物质水溶液的酸碱平衡比较复杂，但在计算其 H^+ 浓度时仍可从具体情况出发，通过质子条件式和解离平衡式，作合理的简化处理后，经推导得出其 $[H^+]$ 计算公式。

设两性物质 HA^- 水溶液的浓度为 $c$mol/L，HA^- 共轭酸 H_2A 的解离常数分别为 K_{a1}、K_{a2}。HA^- 水溶液的质子条件式为：

$$[H^+]=[A^{2-}]+[OH^-]-[H_2A]$$

将有关参数代入并作近似处理，可推导，得：

① 若 $K_{a1}\gg K_{a2}$，$cK_{a2}>20K_w$，$c/K_{a1}<20$，则：

$$[H^+]=\sqrt{\frac{cK_{a2}}{1+c/K_{a1}}} \tag{4-10}$$

这是计算两性物质 HA^- 水溶液中 H^+ 浓度的近似公式。

② 若 $K_{a1}\gg K_{a2}$，$cK_{a2}>20K_w$，$c/K_{a1}>20$，则：

$$[H^+]=\sqrt{K_{a1}K_{a2}} \tag{4-11}$$

这是计算两性物质 HA^- 水溶液中 H^+ 浓度的最简公式。

对两性物质 HA^{2-}，其 $[H^+]$ 所涉及的解离常数为 H_3A 的 K_{a2} 和 K_{a3}，则将式(4-10)、式(4-11) 及其使用条件中的 K_{a1}、K_{a2} 相应的用 K_{a2}、K_{a3} 代替即可。

【例题 13】 计算 0.10mol/L $NaHCO_3$ 溶液的 pH。

解 已知 H_2CO_3 的 $K_{a1}=4.30\times10^{-7}$，$K_{a2}=5.61\times10^{-11}$

由于 $cK_{a2}>20K_w$，$c/K_{a1}>20$，故用式(4-11) 最简公式计算：

$[H^+]=\sqrt{K_{a1}K_{a2}}=\sqrt{4.30\times10^{-7}\times5.61\times10^{-11}}$ mol/L $=4.9\times10^{-9}$ mol/L

pH=8.31

【例题 14】 计算 0.10mol/L KHC_2O_4 溶液的 pH。

解 已知 $H_2C_2O_4$ 的 $K_{a1}=5.90\times10^{-2}$，$K_{a2}=6.40\times10^{-5}$

由于 $cK_{a2}>20K_w$，$c/K_{a1}<20$，故用式(4-10) 计算：

$$[H^+]=\sqrt{\frac{cK_{a2}}{1+c/K_{a1}}}=\sqrt{\frac{0.10\times6.40\times10^{-5}}{1+0.10/(5.90\times10^{-2})}}\text{mol/L}=1.54\times10^{-3}\text{mol/L}$$

pH=2.81

对于 NH_4Ac 类两性物质，它在水溶液中发生下列质子转移反应：

$$NH_4^+ + H_2O \rightleftharpoons NH_3 + H_3O^+$$

$$Ac^- + H_2O \rightleftharpoons HAc + OH^-$$

以 K_a 表示阳离子酸（NH_4^+）的解离常数，$K_{a'}$ 表示阴离子碱（Ac^-）的共轭酸（HAc）的解离常数。则其 H^+ 浓度可用如下最简公式计算。

$$[H^+]=\sqrt{K_aK_{a'}} \quad (4\text{-}12)$$

【例题 15】 计算 0.10mol/L NH_4Ac 溶液的 pH。

解　NH_4^+ 的 $K_a=5.59\times10^{-10}$，HAc 的 $K_{a'}=1.76\times10^{-5}$

故可用式(4-12) 计算其 pH：

$$[H^+]=\sqrt{K_aK_{a'}}=\sqrt{5.56\times10^{-10}\times1.76\times10^{-5}}\text{mol/L}=0.99\times10^{-7}\text{mol/L}$$

pH≈7.00

习　题

1. 填空题

(1) 根据酸碱质子理论，OH^- 的共轭酸是__________，HAc 的共轭碱是__________。

(2) 已知柠檬酸的 pK_{a1}、pK_{a2}、pK_{a3} 分别为 3.13、4.76、6.40，则 pK_{b2} = ________________，pK_{b3} = __________。

(3) 在氨水溶液中加入少量 NaOH 溶液（忽略体积变化），则溶液的 OH^- 离子浓度______，NH_4^+ 离子浓度________，pH__________，氨水的解离度________，氨水的解离平衡常数________。

(4) 下列分子或离子：HS^-、CO_3^{2-}、$H_2PO_4^-$、NH_3、H_2S、NO_2^-、HCl、Ac^-、OH^-、H_2O，根据酸碱质子理论，属于酸的是________________，____________________是碱，既是酸又是碱的有__________________。

(5) 已知：$K_a(HAc)=1.76\times10^{-5}$，$K_a(HCN)=6.2\times10^{-10}$，$K_a(HF)=6.6\times10^{-4}$，$K_b(NH_3)=1.79\times10^{-5}$。下列溶液的浓度均为 0.1mol/L，其溶液 pH 按由大到小的顺序排列正确的是________________________。

2. 选择题

(1) 下列各组酸碱对中，不属于共轭酸碱对的是（　　）。

A. $HAc\text{-}Ac^-$　　B. $NH_3\text{-}NH_4^+$　　C. $HNO_3\text{-}NO_3^-$　　D. $H_2SO_4\text{-}SO_4^{2-}$

(2) 欲配制 pH=9 的缓冲溶液，应选用下列何种弱酸或弱碱和它们的盐来配制（　　）。

A. $HNO_2(K_a=5.13\times10^{-4})$　　B. $NH_3(K_b=1.79\times10^{-5})$

C. $HAc(K_a=1.76\times10^{-5})$　　D. $HCOOH(K_a=1.77\times10^{-4})$

(3) 如果把少量 NaAc 固体加到 HAc 溶液中，则 pH 将（　　）。

A. 增大　　B. 减小　　C. 不变　　D. 无法确定

(4) 共轭酸碱对的 K_a 和 K_b 的关系是（　　）。

A. $K_a=K_b$　　B. $K_aK_b=K_w$　　C. $K_a/K_b=K_w$　　D. $K_b/K_a=K_w$

(5) 按质子理论，下列物质中何者不具有两性（　　）。

A. HCO_3^-　　B. CO_3^{2-}　　C. HPO_4^{2-}　　D. HS^-

3. 判断题

(1) 浓度相等的酸与碱反应后，其溶液呈中性。 ( )

(2) 纯水加热到100℃时，$K_w=5.8\times10^{-13}$，所以溶液呈酸性。 ( )

(3) 在浓度均为0.01mol/L的HCl、H_2SO_4、NaOH和NH_4Ac四种水溶液中，H^+和OH^-离子浓度的乘积均相等。 ( )

(4) 缓冲溶液对外加入的酸碱有缓冲作用，不管酸碱加入量是多是少。 ( )

(5) 在H_2S溶液中，H^+浓度是S^{2-}浓度的2倍。 ( )

4. 有一弱酸HA，其解离常数$K_a=6.4\times10^{-7}$，求$c(HA)=0.30$mol/L时溶液的pH。

5. 20.0mL 0.10mol/L的HAc溶液与10.0mL 0.10mol/L的NaOH溶液混合，计算溶液的pH。

6. 已知0.1mol/L HB溶液的pH=3，计算同其等浓度的共轭碱NaB溶液的pH。（已知：$cK_a>20K_w$且$c/K_a>500$）

第五章 沉淀溶解平衡

【学习目标】

1. 理解沉淀溶解平衡的意义，掌握溶度积的概念及溶度积与溶解度之间的关系。
2. 熟悉溶度积规则，能运用溶度积规则判断沉淀的生成与溶解。
3. 理解分步沉淀及沉淀的转化的原理。

第一节 难溶电解质的溶解平衡

自然界中没有绝对不溶解的物质，很多通常认为不溶于水的物质在水中也有微量的溶解。通常把溶解度大于 0.1g/100g H_2O 的物质称为易溶物，溶解度小于 0.01g/100g H_2O 的物质称为微溶物或难溶物。

一、沉淀溶解平衡和溶度积

在一定温度下，将难溶电解质晶体放入水中时，就发生沉淀和溶解两个过程。例如：在一定温度下，将固体氯化银放入水中，在水分子的作用下，固体表面上的 Ag^+ 和 Cl^- 受到极性水分子的吸引和撞击，就会脱离固体表面进入溶液，这个过程称为氯化银的溶解；同时，溶液中的 Ag^+ 和 Cl^- 在运动过程中又会受到固体氯化银的吸引，而重新回到固体表面，这个过程称为氯化银的沉淀（或结晶）。如图 5-1 所示。当溶解速率和沉淀速率相等（或溶液达到饱和）时，体系达到如下动态平衡，

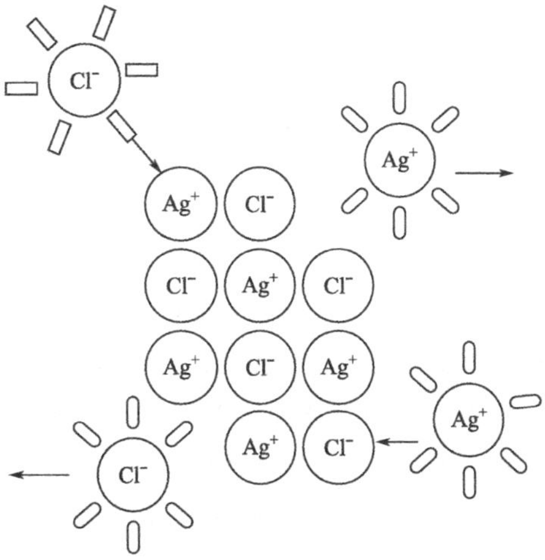

图 5-1　AgCl 的沉淀与溶解

$$AgCl(s) \rightleftharpoons Ag^+ + Cl^-$$

这种平衡称为固体氯化银在水溶液中的沉淀溶解平衡。其平衡常数表达式为：$K_{sp}(AgCl)=[Ag^+][Cl^-]$

我们将该常数称为难溶电解质的沉淀溶解平衡的平衡常数。它反映了难溶电解质溶解能力的相对强弱，故称溶度积常数，简称溶度积。

对于任一难溶电解质 A_mB_n，在一定温度下达到平衡时：

$$A_mB_n(s) \rightleftharpoons mA^{n+} + nB^{m-}$$

则

$$K_{sp}(A_mB_n)=[A^{n+}]^m[B^{m-}]^n \tag{5-1}$$

溶度积常数的意义是：在一定温度下，难溶电解质的饱和溶液中，其各离子浓度幂的乘积是一个常数。和其他平衡常数一样，只与难溶电解质的本性和温度有关，与沉淀的量多少

和溶液中离子浓度的变化量无关。

K_{sp}即表示难溶强电解质在溶液中溶解趋势的大小，也表示生成该难溶电解质沉淀的难易。任何难溶电解质，不管它的溶解度多么小；任何沉淀反应无论它进行得多么完全，其饱和水溶液中总有与其达成平衡的离子，而且其各离子浓度幂的乘积必为常数。只不过是难溶电解质不同，K_{sp}值不同而已。

二、溶度积与溶解度的关系

溶度积和溶解度都可以表示物质溶解能力，两者即有区别又有联系。溶解度习惯上常用100g 溶剂中所能溶解溶质的质量［单位：g/100g］表示。在进行溶度积和溶解度的相互换算时[1]，需将溶解度的单位转化为物质的量浓度单位（即 mol/L）。

【例题 5-1】 已知 298K 时，AgCl 的溶度积为 1.8×10^{-10}，Ag_2CrO_4 的溶度积为 1.12×10^{-12}，试通过计算比较两者溶解度的大小。

解 （1）设 AgCl 的溶解度为 s_1

AgCl 的沉淀溶解平衡为 $AgCl(s) \rightleftharpoons Ag^+ + Cl^-$

平衡浓度（mol/L） s_1 s_1

$$K_{sp}(AgCl)=[Ag^+][Cl^-]=s_1^2$$

$$s_1=\sqrt{1.8\times10^{-10}}\text{ mol/L}=1.34\times10^{-5}\text{ mol/L}$$

（2）设 Ag_2CrO_4 的溶解度为 s_2

$$Ag_2CrO_4(s) \rightleftharpoons 2Ag^+ + CrO_4^{2-}$$

平衡浓度（mol/L） $2s_2$ s_2

$$K_{sp}(Ag_2CrO_4)=[Ag^+]^2[CrO_4^{2-}]=(2s_2)^2s_2=4s_2^3$$

$$s_2=\sqrt[3]{\frac{1.12\times10^{-12}}{4}}\text{ mol/L}=6.54\times10^{-5}\text{ mol/L}>s_1$$

在上例中，Ag_2CrO_4 的溶度积比 AgCl 的小，但溶解度却比 AgCl 的大。可见对于不同类型（例如 AgCl 为 AB 型，Ag_2CrO_4 为 AB_2 型）的难溶电解质，溶度积小的，溶解度却不一定小。因而不能由溶度积直接比较其溶解能力的大小，而必须计算出其溶解度才能够比较。对于相同类型的难溶物，则可以由溶度积直接比较其溶解能力的大小。

溶度积和溶解度的联系与差别如下。

（1）溶度积与溶解度概念应用范围不同，K_{sp}只用来表示难溶电解质的溶解能力。

（2）K_{sp}不受离子浓度的影响，而溶解度则不同。

（3）用 K_{sp}比较难溶电解质的溶解能力只能在相同类型化合物之间进行，溶解度即可以比较相同类型化合物，也可以比较不同类型化合物。

第二节 溶度积规则及应用

一、溶度积规则

在实际工作中，应用沉淀溶解平衡可以判断某溶液中有无沉淀生成或沉淀能否发生溶

[1] 不适用与发生显著水解和配合的难溶电解质。

解。为此说明这个问题，需要引入离子积的概念。

1. 离子积

所谓离子积，是指在一定温度下，难溶电解质任意状态时，溶液中离子浓度幂的乘积，用符号 Q_i 表示。

例如　$$BaSO_4(s) \rightleftharpoons Ba^{2+} + SO_4^{2-}$$

其离子积 $Q_i = c(Ba^{2+})\ c(SO_4^{2-})$，其中 $c(Ba^{2+})$ 和 $c(SO_4^{2-})$ 分别表示 Ba^{2+} 和 SO_4^{2-} 在任意状态时的浓度；而 $K_{sp}(BaSO_4) = [Ba^{2+}][SO_4^{2-}]$，其中 $[Ba^{2+}]$ 和 $[SO_4^{2-}]$ 分别表示 Ba^{2+} 和 SO_4^{2-} 在沉淀溶解平衡状态时的浓度。显然，离子积 Q_i 与溶度积 K_{sp} 具有不同的意义，K_{sp} 仅仅是 Q_i 的一个特例。

2. 溶度积规则

对于某一给定溶液，Q_i 与 K_{sp} 相比较，可得到以下结论。

① $Q_i = K_{sp}$ 是饱和溶液，达到动态平衡，无沉淀析出。

② $Q_i > K_{sp}$ 是过饱和溶液，有沉淀从溶液中析出，直至饱和，达到平衡为止。

③ $Q_i < K_{sp}$ 是不饱和溶液，无沉淀析出。若体系中有固体存在，将继续溶解直至形成饱和溶液为止。

以上规则称为溶度积规则。可以看出，通过控制离子的浓度，便可使沉淀溶解平衡发生移动，从而使平衡向着人们需要的方向转化。

二、溶度积规则的应用

1. 判断沉淀的生成

根据溶度积规则，在难溶电解质中，$Q_i > K_{sp}$ 时，则沉淀生成。这是沉淀生成的必要条件。

【例题 5-2】 若将 0.002mol/L 硝酸银溶液与 0.005mol/L 氯化钠溶液等体积混合，问是否有氯化银沉淀析出？（已知氯化银的溶度积 $K_{sp} = 1.8 \times 10^{-10}$）

解　由于两种溶液等体积混合后，体积增大了一倍，而各自的浓度各减小至原来的一半，即

$$c(AgNO_3) = 0.001\text{mol/L}, c(NaCl) = 0.0025\text{mol/L}$$

即　$$c(Ag^+) = 0.001\text{mol/L}, c(Cl^-) = 0.0025\text{mol/L}$$

$$Q_i = c(Ag^+)c(Cl^-) = 0.001 \times 0.0025 = 2.5 \times 10^{-6}$$

$$K_{sp}(AgCl) = 1.8 \times 10^{-10}$$

即　$Q_i > K_{sp}$，有沉淀析出。

2. 沉淀的溶解

根据溶度积规则，沉淀溶解的必要条件是 $Q_i < K_{sp}$，即只要降低难溶电解质饱和溶液中有关离子的浓度，沉淀就可以溶解。对于不同类型的沉淀，可采用不同的方法来降低离子的浓度。常用的方法有以下几种。

(1) 生成弱电解质　根据难溶电解质的组成，加入适当的试剂与溶液中某种离子结合生成水、弱酸、弱碱或气体，使平衡体系中相应离子的浓度降低，促使沉淀溶解。

例如，碳酸钙溶与盐酸的反应可表示为

$$CaCO_3(s) \rightleftharpoons Ca^{2+} + CO_3^{2-}$$

$$+$$

$$HCl \longrightarrow 2Cl^- + 2H^+$$

$$\Updownarrow$$

$$H_2CO_3 \longrightarrow CO_2 \uparrow + H_2O$$

由于易分解的碳酸的生成，使溶液中 CO_3^{2-} 浓度减小，碳酸钙的沉淀溶解平衡向溶解的方向移动，结果使碳酸钙溶解在盐酸中。

一些难溶的氢氧化物，例如氢氧化镁、氢氧化铜、氢氧化铁等，与强酸作用因生成水而溶解。例如氢氧化铁溶于盐酸：

$$Fe(OH)_3(s) \rightleftharpoons Fe^{3+} + 3OH^-$$

$$+$$

$$3HCl \longrightarrow 3Cl^- + 3H^+$$

$$\Updownarrow$$

$$3H_2O$$

由于水的生成，使难溶电解质氢氧化铁解离出的 OH^- 浓度减小，氢氧化铁的沉淀溶解平衡向溶解方向移动，故氢氧化铁可溶解在盐酸中。

(2) 发生氧化还原反应　难溶电解质硫化铜不溶于盐酸，但能溶于硝酸。其原因在于硝酸具有强氧化性，能将 S^{2-} 氧化为单质硫，由于硫的析出，溶液中 S^{2-} 浓度降低，破坏了硫化铜的沉淀溶解平衡，使平衡向着沉淀溶解的方向移动，促使硫化铜溶解。反应方程式如下：

$$3CuS \rightleftharpoons 3Cu^{2+} + 3S^{2-}$$

$$+$$

$$8HNO_3 \longrightarrow 6NO_3^- + 8H^+ + 2NO_3^-$$

$$\Updownarrow$$

$$3S \downarrow + 2NO \uparrow + 4H_2O$$

该过程的总反应式为：

$$3CuS + 8HNO_3 \longrightarrow 3Cu(NO_3)_2 + 3S \downarrow + 2NO \uparrow + 4H_2O$$

(3) 生成难解离的配离子　难溶电解质氯化银不溶于硝酸，但是可溶于稀氨水。这是由于氯化银与氨水生成了 $[Ag(NH_3)_2]^+$ 配离子，使溶液中 Ag^+ 浓度大大减少，氯化银的沉淀溶解平衡向右移动，使沉淀溶解。反应方程式如下：

$$AgCl(s) \rightleftharpoons Ag^+ + Cl^-$$

$$+$$

$$2NH_3$$

$$\Updownarrow$$

$$[Ag(NH_3)_2]^+$$

同理，溴化银能溶于硫代硫酸钠溶液、碘化银能溶于氰化钾溶液，则是由于在溶解过程中分别生成了 $[Ag(S_2O_3)_2]^{3-}$ 和 $[Ag(CN)_2]^-$ 配离子，使溶液中 Ag^+ 浓度大大降低，相应的沉淀溶解平衡因向沉淀溶解的方向移动而溶解。

3. 判断沉淀的完全程度

在实际工作中，当利用沉淀反应来制备物质或分离杂质时，沉淀是否完全是引人关注的问题。由于难溶电解质溶液中始终存在着沉淀溶解平衡，不论加入的沉淀剂如何过量，被沉淀离子的浓度也不可能为零。所谓“沉淀完全”，并不是说溶液中某种离子绝对不存在了，而是指其含量少至某一标准而言，通常要求残留离子浓度小于 1.0×10^{-5}mol/L（在定量分析中，一般要求残留离子浓度小于 1.0×10^{-6}），即可认为沉淀达到完全。

在分析溶液中的 Ba^{2+} 的含量时，常加入 SO_4^{2-} 作为沉淀剂，为使 Ba^{2+} 沉淀完全，常使 SO_4^{2-} 过量。原因是，当溶液中 SO_4^{2-} 过量时，残留的 Ba^{2+} 的浓度减小，其结果导致 $BaSO_4$ 溶解度降低。这种因为加入与沉淀离子含有共同离子的易溶强电解质而使沉淀溶解度降低的效应，叫做沉淀溶解平衡中的同离子效应。

在生产上欲使某种离子沉淀完全，可将另一种离子（即沉淀剂）过量。在重量分析法中，从溶液中析出的沉淀因吸附杂质而需要洗涤，为减少洗涤时沉淀的溶解损失，根据同离子效应，常用含有相同离子的溶液代替纯水洗涤沉淀。如洗涤 CaC_2O_4 沉淀常用 $(NH_4)_2C_2O_4$ 作为洗涤液。

根据同离子效应，欲使溶液中某离子沉淀，加入过量的沉淀剂是有利的，但如果过量太多，反而会增大难溶物溶解度。例如，$PbSO_4$ 在 Na_2SO_4 溶液中的溶解度（mol/L）如下。

单位：mol/L

Na_2SO_4	0	0.001	0.01	0.02	0.04	0.10	0.20
$PbSO_4$	1.5×10^{-4}	2.4×10^{-5}	1.6×10^{-5}	1.4×10^{-5}	1.3×10^{-5}	1.6×10^{-5}	2.3×10^{-5}

开始时，同离子效应起主导作用，$PbSO_4$ 溶解度降低；但当 Na_2SO_4 的浓度超过 0.04mol/L 时，$PbSO_4$ 的溶解度又随着 Na_2SO_4 浓度的增加而增大。这种因加入过量沉淀剂或加入其他非共同离子的强电解质而使沉淀的溶解度增大的效应，称为盐效应。图 5-2 表示了 AgCl 和 $BaSO_4$ 在不同浓度的 KNO_3 溶液中的溶解度变化。

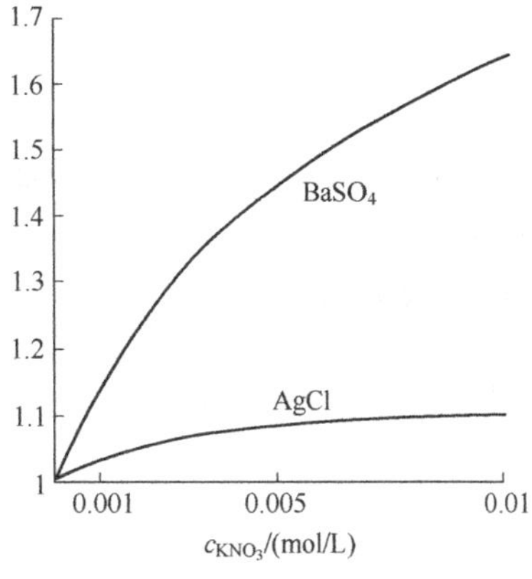

图 5-2　AgCl 和 $BaSO_4$ 在不同浓度的 KNO_3 溶液中的溶解度变化

产生盐效应的原因主要是由于在溶液中随着阴、阳离子浓度的增加，带相反电荷的离子间相互吸引、相互牵制，妨碍了离子的运动，减少了离子的有效浓度，降低了沉淀生成的速率，使溶解速率相对较大，只有再溶解一些沉淀，增加溶液中相应离子的浓度，才能使 $V_{沉淀}=V_{溶解}$，达到新的平衡，因而增大了沉淀的溶解度。故溶液中离子浓度愈大，盐效应愈显著。

其实，在发生同离子效应时，盐效应也存在，只是它的影响一般要比同离子效应小得多。一般只有当强电解质浓度高于 0.05mol/L 时，盐效应才会较为显著，特别是非同离子的其他电解质存在，否则一般可以忽略。因此，欲使溶液中某离子沉淀完全，沉淀剂的加入量必须适当。如果过量太多，溶液中离子总浓度太大，此时盐效应就会显著增大，反而会增大难溶物溶解度。此外，加入过多沉淀剂还会使被沉淀离子发生一些副反应，使难溶电解质的溶解度增加。如要沉淀 Ag^+，若加入太多过量的 NaCl 可形成 $[AgCl_2]^-$ 配离子，反而影响 AgCl 沉淀的生成。

对一般的沉淀分离或制备，沉淀剂一般过量 20%～50%即可；而重量分析中，对不易挥发的沉淀剂，一般过量 20%～30%，易挥发的沉淀剂，一般过量 50%～100%。

三、分步沉淀

以上讨论的是溶液中只有一种能生成沉淀的离子，而实际上溶液中往往含有多种离子，随着沉淀剂的加入，各种沉淀会相继产生。例如，在含有相同浓度 Cl^- 和 I^- 的混合溶液中，逐滴加入硝酸银溶液，先是产生黄色的碘化银沉淀，而后才出现氯化银沉淀。

为什么沉淀的次序会有先后呢？可以用溶度积规则加以解释。假定溶液中 Cl^- 和 I^- 的浓度都是 0.001mol/L，在此溶液中加入硝酸银溶液，由于氯化银和碘化银的溶度积不同，相应沉淀开始时 Ag^+ 的浓度也不同，氯化银和碘化银沉淀开始析出时，$c(Ag^+)$ 分别为：

$$c(Ag^+)=\frac{K_{sp}(AgI)}{c(I^-)}=\frac{8.3\times10^{-17}}{0.001}mol/L=8.3\times10^{-14}mol/L$$

$$c(Ag^+)=\frac{K_{sp}(AgCl)}{c(Cl^-)}=\frac{1.8\times10^{-10}}{0.001}mol/L=1.8\times10^{-7}mol/L$$

由上式可知，沉淀 I^- 所需要的 Ag^+ 浓度远比沉淀 Cl^- 所需要的 Ag^+ 浓度小得多。因此，对于同类型的难溶电解质氯化银和碘化银来说，在 Cl^- 和 I^- 浓度相同或相近的情况下，逐滴加入硝酸银溶液，将首先到达碘化银的溶度积而析出碘化银沉淀，之后才会逐渐析出溶度积较大的氯化银沉淀。

这种由于难溶电解质的溶度积（或溶解度）不同而出现先后沉淀的现象称为分步沉淀。分步沉淀是实现各种离子间分离的有效方法。

【例题 5-3】 将 $AgNO_3$ 溶液逐滴加入含有 Cl^- 和 CrO_4^{2-} 的溶液中，$c(Cl^-)=c(CrO_4^{2-})=0.001mol/L$。问：(1) AgCl 与 Ag_2CrO_4 哪一种先沉淀？(2) 当 Ag_2CrO_4 开始沉淀时，溶液中 Cl^- 浓度为多少？

解 (1) AgCl 刚沉淀时： $c(Ag^+)=\frac{K_{sp}(AgCl)}{c(Cl^-)}mol/L=1.8\times10^{-7}mol/L$

Ag_2CrO_4 刚沉淀时：$c(Ag^+)=\sqrt{\frac{K_{sp}(Ag_2CrO_4)}{c(CrO_4^{2-})}}mol/L=3.16\times10^{-5}mol/L$

所以 AgCl 首先沉淀出来。

(2) 当溶液中刚有 Ag_2CrO_4 沉淀时，溶液中的 $c(Ag^+)=3.16\times10^{-5}mol/L$

$$c(Cl^-)=\frac{K_{sp}(AgCl)}{c(Ag^+)}=\frac{1.8\times10^{-10}}{3.16\times10^{-5}}mol/L=5.7\times10^{-6}mol/L$$

即当 Ag_2CrO_4 开始沉淀时，Cl^- 早已沉淀完全。

四、沉淀的转化

由一种沉淀转变为另一种沉淀的过程，叫做沉淀的转化。例如，在白色的硫酸铅沉淀中加入铬酸钾溶液，沉淀将转化为黄色的铬酸铅。反应式如下：

$$
\begin{array}{c}
PbSO_4 \rightleftharpoons Pb^{2+} + SO_4^{2-} \\
+ \\
K_2CrO_4 \rightleftharpoons CrO_4^{2-} + 2K^+ \\
\Big\Updownarrow \\
PbCrO_4 \downarrow
\end{array}
$$

由于 $K_{sp}(PbCrO_4) < K_{sp}(PbSO_4)$，且 $s(PbCrO_4) < s(PbSO_4)$，当向硫酸铅饱和溶液中加入铬酸钾溶液后，CrO_4^{2-} 与 Pb^{2+} 生成了溶解度更小的铬酸铅沉淀，从而使溶液中 Pb^{2+} 浓度降低，硫酸铅的沉淀溶解平衡向右移动，发生沉淀的转化。又如锅炉锅垢中的硫酸钙，它既不溶于水，也不溶于酸，很难清除。由于 $K_{sp}(CaSO_4) = 9.1 \times 10^{-6}$，$K_{sp}(CaCO_3) = 3.36 \times 10^{-9}$，可加入碳酸钠将其除去。$CaSO_4$ 转化为 $CaCO_3$ 的反应如下：

$$
\begin{array}{c}
CaSO_4(s) \rightleftharpoons Ca^{2+} + SO_4^{2-} \\
+ \\
Na_2CO_3 \rightleftharpoons CO_3^{2-} + 2Na^+ \\
\Big\Updownarrow \\
CaCO_3
\end{array}
$$

$$\text{总反应:} CaSO_4(s) + CO_3^{2-} \rightleftharpoons CaCO_3(s) + SO_4^{2-}$$

$$K = \frac{c(SO_4^{2-})}{c(CO_3^{2-})} = \frac{K_{sp}(CaSO_4)}{K_{sp}(CaCO_3)} = \frac{9.1 \times 10^{-6}}{3.36 \times 10^{-9}} = 2.71 \times 10^3$$

反应向右进行的趋势很大，故加入沉淀剂后，易生成 $CaCO_3$，使溶液中的 Ca^{2+} 浓度逐渐降低，从而促使 $CaSO_4$ 不断溶解。

由此可见，借助适当的试剂，可将许多难溶电解质转化为更难溶的电解质。沉淀能否发生转化及转化的程度如何，完全取决于两种沉淀的溶解度的相对大小。一般来说，溶解度较大的沉淀转化为溶解度较小的沉淀，其平衡常数较大，沉淀转化比较容易实现。反之，则沉淀转化较难实现。

习　题

1. 填空题

(1) 当溶液的离子积 $Q_i > K_{sp}$ 时，溶液________，________析出；当溶液的离子积 $Q_i < K_{sp}$ 时，溶液______，______析出；如原来有沉淀则______。

(2) 写出下列难溶电解质的溶度积常数表达式。

$BaSO_4$______；Cu_2S______；

PbI_2______；$Fe(OH)_3$______。

(3) 对于同一类型的难溶电解质，在离子浓度______的情况下，溶解度______的首先沉淀析出，然后才是溶解度______的沉淀析出。

(4) 如果误食可溶性钡盐，造成钡中毒，应尽快用 5.0% 的硫酸钠溶液给患者洗胃，目的是__________________。

2. 选择题

(1) 下列难溶盐的饱和溶液中，Ag^+ 浓度最大的是（　　）。

A. $AgCl(K_{sp}=1.8\times10^{-10})$　　B. $Ag_2CO_3(K_{sp}=8.45\times10^{-12})$

C. $Ag_2CrO_4(K_{sp}=1.12\times10^{-12})$　　D. $AgBr(K_{sp}=5.0\times10^{-13})$

(2) 欲使 $CaCO_3$ 溶解，应加入（　　）。

A. HCl　　B. Na_2CO_3　　C. Na_2SO_4　　D. $CaCl_2$

(3) 已知 K_{sp} (AB) $=4.0\times10^{-10}$，K_{sp} (A_2B) $=3.2\times10^{-11}$则两者在水中的溶解度关系为________。

A. $s(AB)<s(A_2B)$　　B. $s(AB)>s(A_2B)$　　C. $s(AB)=s(A_2B)$　　D. 不能确定

(4) 某溶液中加入一种沉淀剂，发现有沉淀生成，其原因是__________。

A. $Q_i<K_{sp}$　　B. $Q_i>K_{sp}$　　C. $Q_i=K_{sp}$　　D. 无法判断

(5) 在饱和的 $BaSO_4$ 溶液中，加入适量的 Na_2SO_4，则 $BaSO_4$ 的溶解度（　　）。

A. 增大　　B. 不变　　C. 减小　　D. 无法确定

3. 判断题

(1) 在常温下，Ag_2CrO_4 和 $BaCrO_4$ 的溶度积分别为 1.12×10^{-12} 和 1.2×10^{-10}，前者小于后者，因此 Ag_2CrO_4 要比 $BaCrO_4$ 难溶于水。

(2) 向 $BaCO_3$ 饱和溶液中加入 Na_2CO_3 固体，会使 $BaCO_3$ 溶解度降低，溶度积减小。

(3) 用水稀释 AgCl 的饱和溶液后，AgCl 的溶度积和溶解度都不变。

(4) 为使沉淀损失减小，洗涤 $BaSO_4$ 沉淀时不用蒸馏水，而用稀 H_2SO_4。

(5) 某离子沉淀完全，是指其完全变成了沉淀。

4. 已知草酸铅的 $K_{sp}=8.51\times10^{-10}$，求草酸铅的溶解度是多少？

5. 若将 0.01mol/L $MgCl_2$ 溶液和 0.01mol/L NaOH 溶液等体积混合，是否会产生沉淀？已知溶度积 $K_{sp}[Mg(OH)_2]=1.8\times10^{-11}$。

6. 若将 10mL 0.01mol/L $BaCl_2$ 溶液和 30mL 0.005mol/L Na_2SO_4 溶液相混合，是否会产生沉淀？已知溶度积 $K_{sp}(BaSO_4)=1.08\times10^{-10}$。

7. 某溶液中含有 Pb^{2+} 和 Ba^{2+}，已知 $c(Pb^{2+})=0.01$mol/L，$c(Ba^{2+})=0.1$mol/L，通过计算说明在滴加铬酸钾溶液后，哪一种离子先沉淀？

8. 计算欲使的 0.01mol/L 的 Fe^{3+} 开始沉淀，和沉淀完全时的 pH。

第六章 氧化还原平衡

学习目标

1. 掌握氧化还原反应的基本概念，掌握氧化还原反应方程式配平的方法。
2. 了解原电池的组成、原理、电极反应及原电池符号。
3. 理解标准电极电势的意义及应用。
4. 掌握斯特方程式的应用。

第一节 氧化还原反应

一、基本概念

1. 元素的氧化数

为了便于讨论氧化还原反应，人们引入了元素氧化数（又称氧化值）的概念。1970 年国际纯粹和应用化学联合会（IUPAC）定义氧化数是某元素一个原子的荷电数，这种荷电数可由假设把每个化学键中的电子指定给电负性更大的原子而求得。因此，氧化数是元素原子在化合状态时的表观电荷数（即原子所带的净电荷数）。

确定元素氧化数的一般规则如下。

① 在单质中，例如，Cu、H_2、P_4、S_8 等，元素的氧化数为零。

② 在二元离子化合物中，元素的氧化数就等于该元素离子的电荷数。例如，在氯化钠中，Cl 的氧化数为－1，Na 的氧化数为＋1。

③ 在共价化合物中，共用电子对偏向于电负性较大元素的原子，原子的表观电荷数即为其氧化数。例如，在氯化氢中，H 的氧化数为＋1，Cl 的氧化数为－1。

④ O 在一般化合物中的氧化数为－2；在过氧化物（如 H_2O_2、Na_2O_2 等）中为－1；在超氧化合物（如 KO_2）中为－1/2；在氟化物（如 OF_2）中为＋2。H 在化合物中的氧化数一般为＋1，仅在与活泼金属生成的离子型氢化物（如 NaH、CaH_2 等）中为－1。

⑤ 在中性分子中，各元素原子氧化数的代数和为零。在多原子离子中，各元素原子氧化数的代数和等于离子的电荷数。

根据这些规则，就可以方便地确定化合物或离子中某元素原子的氧化数。例如：在 NH_4^+ 中 N 的氧化数为－3；在 $S_2O_3^{2-}$ 中 S 的氧化数为＋2；在 $S_4O_6^{2-}$ 中 S 的氧化数为＋2.5；在 $Cr_2O_7^{2-}$ 中 Cr 的氧化数为＋6；同样可以确定，Fe_3O_4 中 Fe 的氧化数为＋8/3。可见，氧化数可以是整数，也可以是小数或分数。

必须指出，在共价化合物中，判断元素原子的氧化数时，不要与共价数（某元素原子形成的共价键的数目）相混淆。例如，在 H_2 和 N_2 中，H 和 N 的氧化数均为 0，但 H 和 N 的共价数却分别为 1 和 3。在 CH_4、CH_3Cl、CH_2Cl_2、$CHCl_3$ 和 CCl_4 中，C 的共价数均为 4，但其氧化数却分别为−4、−2、0、+2和+4。因此，氧化数与共价数之间虽有一定联系，但却是互不相同的两个概念。共价数总是为整数。

另外，氧化数与化合价也既有联系又有区别。化合价是指各种元素的原子相互化合的能力，表示原子间的一种结合力，而氧化数则是人为规定的。

2. 氧化与还原

氧化还原反应的本质是电子发生转移（包括电子的得失和偏移，习惯上人们把电子的偏移也称作电子的得失），元素氧化数的变化是电子转移的结果。其中失去电子使元素氧化数升高的过程叫氧化反应，得到电子使元素氧化数降低的过程叫还原反应。

为叙述方便，将氧化与还原分别定义，事实上氧化与还原反应是存在于同一反应中并且同时发生的，即一种元素的氧化数升高，必有另一元素的氧化数降低，且氧化数升高总数与氧化数降低总数相等。在氧化还原反应过程中，得电子氧化数降低的物质是氧化剂（被还原）；失电子氧化数升高的物质是还原剂（被氧化）。例如：

$$Zn + Cu^{2+} \longrightarrow Zn^{2+} + Cu$$

反应中，Cu^{2+}是氧化剂，发生还原反应；Zn是还原剂，发生氧化反应。

根据元素氧化数的变化情况，还可将氧化还原反应分类。把氧化数的变化发生在不同物质中不同元素上的反应称为一般的氧化还原反应；把氧化数的变化发生在同一物质内不同元素上的反应称为自身氧化还原反应；把氧化数的变化发生在同一物质内同一元素上的氧化还原反应称为歧化反应。

*二、氧化还原反应方程式的配平

氧化还原反应往往比较复杂，配平这类反应方程式不像其他反应那样容易。最常用的配平方法有氧化数法和离子-电子法。

1. 氧化数法

根据氧化还原反应中元素氧化数的增加总数与氧化数的降低总数必须相等的原则，确定氧化剂和还原剂分子式前面的计量系数；再根据质量守恒定律，先配平氧化数有变化的元素的原子数，后配平氧化数没有变化的元素的原子数；最后配平氢原子，并找出参加反应（或反应生成）的水分子数。

下面以$KMnO_4$和H_2S在稀H_2SO_4溶液中的反应为例加以说明。

（1）写出反应物和生成物的分子式，标出氧化数有变化的元素，计算出反应前后氧化数的变化值：

$$(-5)\times 2$$

$$\overset{+7}{K\underline{Mn}O_4} + H_2\overset{-2}{S} + H_2SO_4 \longrightarrow \overset{+2}{MnSO_4} + \overset{0}{S} + K_2SO_4 + H_2O$$

$$(+2)\times 5$$

（2）根据氧化数降低总数和氧化数升高总数必须相等的原则，在氧化剂和还原剂前面分别乘上适当的系数：

$$2KMnO_4 + 5H_2S + H_2SO_4 \longrightarrow 2MnSO_4 + 5S + K_2SO_4 + H_2O$$

（3）配平方程式两边的原子数。要使方程式两边的SO_4^{2-}数目相等，左边需要3分子H_2SO_4。方程式左边已有16个H原子，所以右边还需有8个H_2O才能使方程式两边的H原子数相等。配平后的方程式为：

$$2KMnO_4+5H_2S+3H_2SO_4 = 2MnSO_4+5S+K_2SO_4+8H_2O$$

2. 离子-电子法

离子-电子法配平氧化还原反应方程式的原则是：在氧化还原反应中，氧化剂得到电子的总数等于还原剂失去电子的总数；反应前后各元素的原子总数必须相等。

下面以 H_2O_2 在酸性介质中氧化 I^- 的反应为例，说明离子-电子法配平的具体步骤。

① 根据实验事实或反应规律，写出一个没有配平的离子反应式：

$$H_2O_2+I^- \longrightarrow H_2O+I_2$$

② 将离子反应式拆为两个半反应式：一个半反应表明氧化，另一个半反应表明还原。

$$I^- \longrightarrow I_2 \qquad 氧化反应$$

$$H_2O_2 \longrightarrow H_2O \qquad 还原反应$$

③ 配平两个半反应式，使每个半反应左右两边的原子数相等。

对于 I^- 被氧化的半反应式，必须有 2 个 I^- 被氧化为 I_2：

$$2I^- \longrightarrow I_2$$

对于 H_2O_2 被还原的半反应式，左边多一个 O 原子。由于反应是在酸性介质中进行的，为此可在半反应式的左边加上 2 个 H^+，生成 H_2O：

$$H_2O_2+2H^+ \longrightarrow 2H_2O$$

④ 根据反应式两边不但原子数要相等，同时电荷数也要相等的原则，在半反应式左边或右边加减若干个电子，使两边的电荷数相等：

$$2I^- -2e^- = I_2$$

$$H_2O_2+2H^+ +2e^- = 2H_2O$$

⑤ 根据还原半反应和氧化半反应的得失电子总数必须相等的原则，将两式分别乘以适当系数；再将两个半反应式相加，整理并核对方程式两边的原子数和电荷数，就得到配平的离子反应方程式：

$$\begin{array}{ll} 1\times) & H_2O_2+2H^+ +2e^- = 2H_2O \\ +)\ 1\times) & 2I^- -2e^- = I_2 \\ \hline & H_2O_2+2I^- +2H^+ = 2H_2O+I_2 \end{array}$$

最后,也可根据要求将离子反应方程式改写为分子反应方程式。

从该例可见,在配平半反应方程式的过程中,如果半反应式两边的氧原子数目不等,可以根据反应进行的介质的酸碱性条件,分别在两边添加适当数目的 H^+ 或 OH^- 或 H_2O,使反应式两边的 O 原子数目相等。但是要注意,在酸性介质条件下,方程式两边不应出现 OH^-;在碱性介质条件下,方程式两边不应出现 H^+。

【例题 6-1】 用离子-电子法配平下列反应式(在碱性介质中)：

$$ClO^- +CrO_2^- \longrightarrow Cl^- +CrO_4^{2-}$$

解 ①

$$ClO^- \longrightarrow Cl^-$$

$$CrO_2^- \longrightarrow CrO_4^{2-}$$

②

$$ClO^- +H_2O \longrightarrow Cl^- +2OH^-$$

$$CrO_2^- +4OH^- \longrightarrow CrO_4^{2-} +2H_2O$$

③

$$ClO^- +H_2O+2e^- \longrightarrow Cl^- +2OH^-$$

$$CrO_2^- +4OH^- -3e^- \longrightarrow CrO_4^{2-} +2H_2O$$

④ 　　$3\times)$ 　$ClO^- + H_2O + 2e^- = Cl^- + 2OH^-$

$+)\ 2\times)$ 　$CrO_2^- + 4OH^- - 3e^- = CrO_4^{2-} + 2H_2O$

$3ClO^- + 2CrO_2^- + 2OH^- = 3Cl^- + 2CrO_4^{2-} + H_2O$

上述两种配平方法各有优缺点。

一般来说，用氧化数法配平简单迅速，应用范围较广，并且不限于水溶液中的氧化还原反应。

用离子-电子法对水溶液中有介质参加的复杂反应的配平则比较方便，它反映了水溶液中发生的氧化还原反应的实质，对于学习书写氧化还原半反应式很有帮助，但此法仅适用于配平水溶液中的氧化还原反应，对于气相或固相氧化还原反应式的配平则无能为力。

第二节 原电池与电极电势

*一、原电池

按图 6-1 所示，在两个分别装有 $ZnSO_4$ 和 $CuSO_4$ 溶液的烧杯中，分别插入 Zn 片和 Cu 片，并用一个充满电解质溶液（一般用饱和 KCl 溶液，为了使溶液不致流出，常用琼脂与 KCl 饱和溶液制成胶冻）的 U 形管（称为盐桥）联通起来。用一个灵敏电流计Ⓐ将两个金属片连接起来后可以观察到：电流计指针发生了偏移，说明有电流发生；Cu 片上有 Cu 发生沉积，Zn 片发生了溶解。可以确定电流是从 Cu 极流向 Zn 极（电子从 Zn 极流向 Cu 极）。此装置之所以能够产生电流，是由于 Zn 要比 Cu 活泼，Zn 片上 Zn 易放出电子，Zn 被氧化成 Zn^{2+} 进入溶液中：

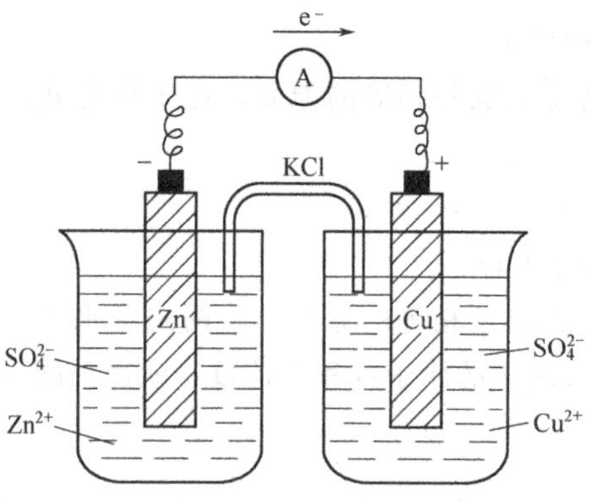

图 6-1　铜锌原电池

$$Zn - 2e^- \longrightarrow Zn^{2+}$$

电子定向地由 Zn 片沿导线流向 Cu 片，形成电子流。溶液中的 Cu^{2+} 趋向 Cu 片接受电子还原成 Cu 沉积：

$$Cu^{2+} + 2e^- \longrightarrow Cu$$

在上述反应进行中，$ZnSO_4$ 溶液由于 Zn^{2+} 的增多而带正电荷；而 $CuSO_4$ 溶液由于 Cu^{2+} 的减少，SO_4^{2-} 过剩而带负电荷。盐桥的作用就是能让阳离子（主要是盐桥中的 K^+）通过盐桥向 $CuSO_4$ 溶液迁移；阴离子（主要是盐桥中的 Cl^-）通过盐桥向 $ZnSO_4$ 溶液迁移，使锌盐溶液和铜盐溶液始终保持电中性，从而使 Zn 的溶解和 Cu 的析出过程可以继续进行下去。

这种借助氧化还原反应产生电流的装置，称为原电池。原电池把化学能转变成了电能。铜锌原电池是在 1836 年由英国科学家丹尼尔（J. F. daniell，1790～1845）制成的，也叫丹尼尔电池。

在原电池中，电子流出的电极称为负极，负极上发生氧化反应；电子流入的电极称为正极，正极上发生还原反应。电极上发生的反应称为电极反应。

在 Cu-Zn 原电池中的电极反应（也称为半电池反应）如下。

负极（Zn）：氧化反应 $Zn \longrightarrow Zn^{2+} + 2e^-$

正极（Cu）：还原反应 $Cu^{2+} + 2e^- \longrightarrow Cu$

原电池电池反应为： $Zn + Cu^{2+} \rightleftharpoons Zn^{2+} + Cu$

每个原电池都由两个半电池组成。在 Cu-Zn 原电池中，Zn 和 $ZnSO_4$ 溶液形成了锌半电池，Cu 和 $CuSO_4$ 溶液形成了铜半电池。由此可见每一个半电池都是由同一元素处于不同氧化数的两种物质构成的，一种是处于低氧化数的可作为还原剂的物质（称为还原型物质或还原态物质）；另一种是处于高氧化数的可作为氧化剂的物质（称为氧化型物质或氧化态物质）。这种由同一元素的氧化型物质和其对应的还原型物质所构成的整体，称为氧化还原电对。书写电对时，氧化型物质在左侧，还原型物质在右侧，中间用斜线“/”隔开，即“氧化型/还原型”（Ox/Red）。

例如，Cu 和 Cu^{2+}、Zn 和 Zn^{2+} 所组成的氧化还原电对可分别写成 Cu^{2+}/Cu、Zn^{2+}/Zn。非金属单质及其相应的离子也可以构成氧化还原电对，例如 H^+/H_2 和 O_2/OH^-。

一个氧化还原电对，原则上都可以构成一个半电池，每个电对中，氧化型物质与还原型物质之间存在下列共轭关系：

$$\text{氧化型} + ne^- \rightleftharpoons \text{还原型}$$

或

$$Ox + ne^- \rightleftharpoons Red$$

式中，n 是电子的计量系数，这就是半电池反应或电极反应的通式。

原电池装置可以用符号表示。把负极（－）写在左边，正极（＋）写在右边。其中“|”表示有两相之间的接触界面，“‖”表示盐桥，c 表示溶液的浓度。当浓度为 1mol/L 时，可不必写出。如有气体物质，则应标出其分压 p。

Cu-Zn 原电池的符号为：

$$(-)Zn|ZnSO_4(c_1)\|CuSO_4(c_2)|Cu(+)$$

二、电极电势与能斯特方程式

*1. 电极电势的产生

将原电池的两极用导线连接起来，就有电流通过，这表明两极之间存在着电势差。那么，电极反应的电势是如何产生的呢？为什么不同的电极反应有不同的电极电势呢？

电极电势产生的微观机理是十分复杂的。1889 年，德国化学家能斯特（Nernst H W）提出了双电层理论，用以说明金属及其盐溶液之间电势差的形成和原电池产生电流的机理。

双电层理论认为，由于金属晶体是由金属原子、金属离子和自由电子所组成的。因此，若把金属置于其盐溶液中，在金属与其盐溶液的接触界面上就会发生两种不同的过程：一种是金属表面的金属阳离子受极性水分子的吸引而进入溶液的过程；另一种是溶液中位于金属表面的水合金属离子受到自由电子的吸引，结合电子成为金属原子而重新沉积在金属表面上的过程。当这两种方向相反的过程进行的速率相等时，即达到动态平衡：

$$M(s) \rightleftharpoons M^{n+}(aq) + ne^-$$

显然，如果金属越活泼或溶液中金属离子的浓度越小，金属溶解的趋势就越大于溶液中金属离子沉积到金属表面上的趋势，达到平衡时金属表面就因聚集了金属溶解时留下的自由电子而带负电荷，溶液则因金属离子进入溶液而带正电荷，这样，由正、负电荷相互吸引的结果，在金属与其盐溶液的接触界面处就建立起由带负电荷的电子和带正电荷的金属离子所构成的双电层［图 6-2(a)］。相反，如果金属越不活泼或溶液中金属离子浓度越大，金属溶解的趋势就越小于金属离子沉积的趋势，达到平衡时金属表面因聚集了金属离子而带正电荷，而溶液则由于金属离子减少而带负电荷，这样，也构成了相应的双电层［图 6-2(b)］。这种双电层之间存在一定的电势差，这个电势差即为金属与金属离子所组成的氧化还原电对的平衡电势。

显然，金属与其相应离子所组成的氧化还原电对不同，金属离子的浓度不同，这种平衡电势也就不同。因此，若将两种不同的氧化还原电对设计构成原电池，则在两电极之间就会有一定的电势差，从而产生电流。

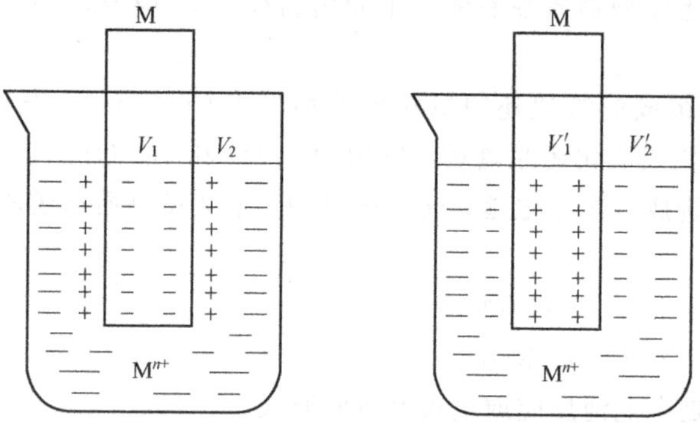

(a) 电势差 $E=V_2-V_1$　　(b) 电势差 $E=V'_2-V'_1$

图 6-2　金属的电极电势

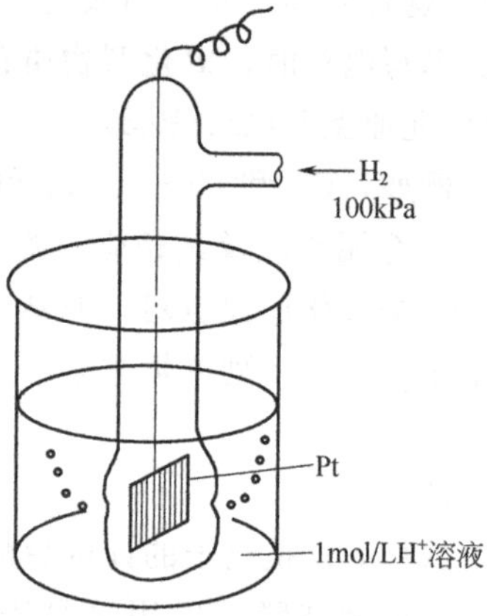

图 6-3　标准氢电极

2. 标准电极电势

(1) 标准氢电极　目前，还无法测定单个电极的平衡电势的绝对值，人们只能选定某一电对的平衡电势作为参比标准，将其他电对与之比较，求出各电对平衡电势的相对值。

通常选用标准氢电极（图 6-3）作为参比标准。

标准氢电极的电极符号可以写为：

$$Pt|H_2(100kPa)|H^+(1mol/L)$$

标准氢电极是将镀有一层蓬松铂黑的铂片插入 H^+ 浓度为 1mol/L（严格讲应是活度为 1mol/L）的稀硫酸溶液中，在一定温度下不断通入压力为 100kPa 的纯 H_2，H_2 被铂黑所吸附并饱和，H_2 与溶液中的 H^+ 建立了如下的动态平衡：

$$H_2(g)(100kPa) \rightleftharpoons 2H^+(aq)(a=1mol/L)+2e^-$$

这种状态下的平衡电势称为标准氢电极的电极电势。国际上规定标准氢电极在任何温度下的值为 0，即 $\varphi^\ominus(H^+/H_2)=0V$。要求某电极的平衡电势的相对值时，可以将该电极与标准氢电极组成原电池，该原电池的电动势就等于两电对的相对电势差值。在化学上称此相对电势差值为某电对的电极电势。

标准氢电极要求 H_2 纯度高、压力稳定，而铂在溶液中易吸附其他组分而中毒失去活性，因此在实际工作中常用制备容易、使用方便、电极电势稳定的甘汞电极、银-氯化银电极等代替标准氢电极作为参比标准进行测定，这类电极称为参比电极。

(2) 标准电极电势 $\varphi^\ominus$　在热力学标准状态下，即有关物质的浓度为 1mol/L（严格地说，应是离子活度为 1mol/L），有关气体的分压为 100kPa，液体或固体是纯净物质时，某电极的电极电势称为该电极的标准电极电势，以符号 $\varphi^\ominus_{Ox/Red}$ 表示。

一般将标准氢电极与任意给定的标准电极构成一个原电池，测定该原电池的电动势，确定正、负电极，就可以测得该给定标准电极的标准电极电势。

例如，欲测定标准锌电极的标准电极电势，可以设计构成下列原电池：

$$(-)Zn|Zn^{2+}(1mol/L)\|H^{+}(1mol/L)|H_2(100kPa)|Pt(+)$$

测得 298.15K 时此电池的标准电动势（$\varphi^{\ominus}$）为 0.7618V。测定时可知电子由锌电极流向氢电极。所以锌电极为负极，其上发生氧化反应；氢电极为正极，其上发生还原反应。电池的标准电动势（$E^{\ominus}$）等于正、负两电极的标准电极电势 $\varphi^{\ominus}_{正}$、$\varphi^{\ominus}_{负}$ 之差，即：

$$E^{\ominus}=\varphi^{\ominus}_{正}-\varphi^{\ominus}_{负}=\varphi^{\ominus}_{H^+/H_2}-\varphi^{\ominus}_{Zn^{2+}/Zn}=0.7618V$$

因为

$$\varphi^{\ominus}_{H^+/H_2}=0V$$

所以

$$E^{\ominus}=0-\varphi^{\ominus}_{Zn^{2+}/Zn}=0.7618V$$

$$\varphi^{\ominus}_{Zn^{2+}/Zn}=-0.7618V$$

“－”号表示与标准氢电极组成原电池时，标准锌电极为负极。

用同样方法可以测得 298.15K 时标准铜电极的标准电极电势为＋0.3419V。“＋”号表示与标准氢电极组成原电池时，标准铜电极为正极。

书后附录的标准电极电势表中，列出了一系列氧化还原电对的电极反应和标准电极电势。

使用标准电极电势表时应注意以下几点。

① 本书采用国际纯粹和应用化学联合会（IUPAC）所规定的还原电势，即认为 Zn 比 H_2 更容易失去电子，$\varphi^{\ominus}_{Zn^{2+}/Zn}$为负值；$Cu^{2+}$ 比 H^+ 更容易得到电子，$\varphi^{\ominus}_{Cu^{2+}/Cu}$为正值。

② 按照国际惯例，每一电极反应均写成还原反应的形式，即：氧化型＋ne^- $\rightleftharpoons$ 还原型。

③ $\varphi^{\ominus}$ 是水溶液体系中电对的标准电极电势。对于非标准态或非水溶液体系，不能用 $\varphi^{\ominus}$ 比较物质的氧化还原能力大小。

④ 电极电势没有加合性，即与电极反应式的化学计量系数无关。例如：

$$Cl_2+2e^-\rightleftharpoons 2Cl^- \qquad \varphi^{\ominus}_{Cl_2/Cl^-}=+1.35827V$$

$$1/2Cl_2+e^-\rightleftharpoons Cl^- \qquad \varphi^{\ominus}_{Cl_2/Cl^-}=+1.35827V$$

⑤ 标准电极电势的正或负，不随电极反应的书写不同而不同。例如：

$$Cu^{2+}+2e^-\rightleftharpoons Cu \qquad \varphi^{\ominus}_{Cu^{2+}/Cu}=+0.3419V$$

$$Cu-2e^-\rightleftharpoons Cu^{2+} \qquad \varphi^{\ominus}_{Cu^{2+}/Cu}=+0.3419V$$

根据物质的氧化还原能力，对照标准电极电势表中的数据可以看出：若某氧化还原电对的电极电势代数值越小，该电对中的还原型物质的还原能力就越强，而对应的氧化型物质氧化能力越弱；与此相反，若某氧化还原电对的电极电势代数值越大，该电对中的氧化型物质的氧化能力就越强，而对应的还原型物质的还原能力越弱。因此，电极电势是表示氧化还原电对所对应的氧化型物质或还原型物质氧化还原能力（即得失电子能力）相对大小的一个物理量。

3. 能斯特方程

在一定状态下，电极电势的大小不仅取决于电对的本性，还与氧化型物质和还原型物质的浓度、气体的分压以及反应的温度等因素有关。

对任意给定的氧化还原电对的半反应：

$$a\mathrm{Ox}+ne^-\rightleftharpoons b\mathrm{Red}$$

其电极电势可表示为：

$$\varphi_{Ox/Red}=\varphi^{\ominus}_{Ox/Red}+\frac{RT}{nF}\ln\frac{\alpha_{Ox}{}^{a}}{\alpha_{Red}{}^{b}} \qquad (6\text{-}1)$$

式中 $\varphi_{Ox/Red}$——Ox-Red（即氧化型-还原型）电对的电极电势，V；

$\varphi^{\ominus}_{Ox/Red}$——电对的标准电极电势，V；

R——摩尔气体常数，8.3145J/(mol·K)；

T——热力学温度，K；

F——法拉第常数，96485C/mol；

n——电极反应中转移的电子数；

a，b——电对的半反应式中各相应物质的计量系数；

α_{Ox}，α_{Red}——氧化型 Ox、还原型 Red 的活度，mol/L；其大小受溶液中离子强度的影响。

式(6-1) 称为电极电势的能斯特（Nernst）方程式。

在 298.15K 时，将各常数代入式(6-1)，并将自然对数换成常用对数，即得：

$$\varphi_{Ox/Red}=\varphi^{\ominus}_{Ox/Red}+\frac{0.059}{n}\text{Vlg}\frac{\alpha^{a}_{Ox}}{\alpha^{b}_{Red}} \tag{6-2}$$

在简单的计算中，往往忽略溶液中离子强度的影响，通常就以溶液的浓度 c 代替活度 α 代入能斯特（Nernst）公式来近似计算，即：

$$\varphi_{Ox/Red}=\varphi^{\ominus}_{Ox/Red}+\frac{0.059}{n}\text{Vlg}\frac{c^{a}_{Ox}}{c^{b}_{Red}} \tag{6-3}$$

应用能斯特方程式时，应注意以下几点。

① 如果组成电对的物质为纯固体或纯液体时，则不列入方程式中。如果是气体物质，要用其相对压力 $p/p^{\ominus}$ 代入。

② 如果参加电极反应的除氧化型、还原型物质外，还有其他物质如 H^+、OH^- 等，则这些物质的浓度也应表示在能斯特方程式中。

由能斯特方程式可知，氧化型物质浓度增大或还原型物质浓度减小，都会使电极电势值增大。相反，电极电势值则减小。

利用由能斯特方程可计算电对在各种浓度下的电极电势，在实际应用中非常重要。

【例题 6-2】 试计算 $c(Zn^{2+})=0.00100$mol/L 时，Zn^{2+}/Zn 电对的电极电势。

解 $$Zn^{2+}(aq)+2e^- \rightleftharpoons Zn(s)$$

由附录查得 $\varphi^{\ominus}_{Zn^{2+}/Zn}=-0.7618$V，

故 $$\varphi_{Zn^{2+}/Zn}=\varphi^{\ominus}_{Zn^{2+}/Zn}+\frac{0.059}{2}\text{Vlg}c(Zn^{2+})$$

$$=-0.7618\text{V}+\frac{0.059}{2}\text{Vlg}0.00100=-0.8503\text{V}$$

【例题 6-3】 试计算 $c(Cl^-)=0.100$mol/L，$p(Cl_2)=300$kPa 时，Cl_2/Cl^- 电对的电极电势。

解 $$Cl_2(g)+2e^- \rightleftharpoons 2Cl^-(aq)$$

由附录查得 $\varphi^{\ominus}_{Cl_2/Cl^-}=1.35827$V，

故 $$\varphi_{Cl_2/Cl^-}=\varphi^{\ominus}_{Cl_2/Cl^-}+\frac{0.059}{2}\text{Vlg}\frac{p(Cl_2)}{p^{\ominus}c^2(Cl^-)}$$

$$=1.35827\text{V}+\frac{0.059}{2}\text{Vlg}\frac{300}{100\times(0.100)^2}=1.4313\text{V}$$

【例题 6-4】 计算在 $c(Cr_2O_7^{2-})=c(Cr^{3+})=1mol/L$、$c(H^+)=10mol/L$ 的酸性介质中 $Cr_2O_7^{2-}/Cr^{3+}$ 电对的电极电势。

解　在酸性介质中　$Cr_2O_7^{2-}+14H^++6e^- \rightleftharpoons 2Cr^{3+}+7H_2O$

由附录查得　$\varphi^\ominus_{Cr_2O_7^{2-}/Cr^{3+}}=1.33V$，故

$$\varphi_{Cr_2O_7^{2-}/Cr^{3+}}=\varphi^\ominus_{Cr_2O_7^{2-}/Cr^{3+}}+\frac{0.059}{6}V\lg\frac{c(Cr_2O_7^{2-})c^{14}(H^+)}{c^2(Cr^{3+})}$$

$$=1.33V+\frac{0.059}{6}V\lg\frac{1\times10^{14}}{1^2}=1.468V$$

由此可见，许多有 H^+ 或 OH^- 参加的氧化还原反应，其溶液的酸度就直接影响电对的电极电势。因此，调节溶液的酸度时，就会使电对的电极电势发生改变，因而有可能影响反应的方向。

三、电极电势的应用

电极电势是电化学中很重要的数据，它除了可以用来比较氧化剂和还原剂的相对强弱以外，还可以用来计算原电池的电动势 E，判断氧化还原反应进行的方向和限度，计算反应的标准平衡常数 $K^\ominus$。

1. 判断原电池的正、负极，计算原电池的电动势 E

在组成原电池的两个电极中，电极电势代数值较大的是原电池的正极，代数值较小的是原电池的负极。原电池的电动势等于正极的电极电势减去负极的电极电势：

$$E=\varphi_{正}-\varphi_{负}$$

如标准状态下的铜锌原电池

$$\varphi^\ominus_{Cu^{2+}/Cu}=+0.3419V$$

$$\varphi^\ominus_{Zn^{2+}/Zn}=-0.7618V,$$

所以，Zn^{2+}/Zn 作负极；Cu^{2+}/Cu 作正极。

$$E^\ominus=\varphi^\ominus_{Cu^{2+}/Cu}-\varphi^\ominus_{Zn^{2+}/Zn}=1.1037V$$

2. 比较氧化剂、还原剂的相对强弱

电极电势的大小反映物质在水溶液中氧化还原能力的强弱，电极电势高，对应电对中氧化型物质是强氧化剂，还原型物质是弱还原剂。电极电势低，电对中还原型物质是强还原剂，氧化型物质是弱氧化剂。

【例题 6-5】 根据标准电极电势数值，判断下列电对中氧化型物质的氧化能力和还原型物质的还原能力强弱次序。

$$MnO_4^-/Mn^{2+}\qquad Fe^{3+}/Fe^{2+}\qquad I_2/I^-$$

解　查 $\varphi^\ominus$ 表，得：

$\varphi^\ominus_{MnO_4^-/Mn^{2+}}=1.507V$　$\varphi^\ominus_{Fe^{3+}/Fe^{2+}}=0.771V$　$\varphi^\ominus_{I_2/I^-}=0.5355V$

电对 MnO_4^-/Mn^{2+} 的 $\varphi^\ominus$ 值最大，说明其氧化型 MnO_4^- 是最强的氧化剂。电对 I_2/I^- 的 $\varphi^\ominus$ 值最小，说明其还原型物质 I^- 是最强的还原剂。因此，各氧化型物质氧化能力的强弱顺序为 $MnO_4^->Fe^{3+}>I_2$；各还原型物质还原能力的强弱顺序为 $I^->Fe^{2+}>Mn^{2+}$。

3. 判断氧化还原反应的方向

根据电极电势代数值的相对大小，可以比较氧化剂和还原剂的相对强弱，进而可以预测氧化还原反应进行的方向。

【例题 6-6】 判断下列反应在标准状态下自发进行的方向：

$$2Fe^{3+}+Sn^{2+} \rightleftharpoons 2Fe^{2+}+Sn^{4+}$$

查 $\varphi^{\ominus}$ 表，得：$\varphi^{\ominus}_{Sn^{4+}/Sn^{2+}}=0.151V<\varphi^{\ominus}_{Fe^{3+}/Fe^{2+}}=0.771V$

说明 Fe^{3+} 是比 Sn^{4+} 更强的氧化剂，即 Fe^{3+} 结合电子的倾向较大；Sn^{2+} 是比 Fe^{2+} 更强的还原剂，即 Sn^{2+} 给出电子的倾向较大。故 Fe^{3+} 能将 Sn^{2+} 氧化，上面的反应能自发地自左向右进行。即氧化剂所在电对的 $\varphi^{\ominus}_{Ox}$ 应大于作为还原剂所在电对的 $\varphi^{\ominus}_{Red}$（即 $\varphi^{\ominus}_{Ox}-\varphi^{\ominus}_{Red}>0$）。将该氧化还原反应设计构成一个原电池，较强氧化剂 Fe^{3+} 所在的电对 Fe^{3+}/Fe^{2+} 作正极；较强还原剂 Sn^{2+} 所在的电对 Sn^{4+}/Sn^{2+} 作负极。该原电池的标准电动势为：

$$E^{\ominus}=\varphi^{\ominus}_{正}-\varphi^{\ominus}_{负}=\varphi^{\ominus}_{Ox}-\varphi^{\ominus}_{Red}$$
$$=\varphi^{\ominus}_{Fe^{3+}/Fe^{2+}}-\varphi^{\ominus}_{Sn^{4+}/Sn^{2+}}=0.617>0$$

该原电池的电池反应即为上述氧化还原反应，可以自发由左向右进行。

由此可以得出规律：氧化还原反应总是自发地由较强的氧化剂与较强的还原剂相互作用，向着生成较弱的还原剂和较的弱氧化剂的方向进行。

由于电极电势 φ 的大小不仅与标准电极电势 $\varphi^{\ominus}$ 有关，还与参加反应的物质的浓度以及溶液的酸度有关，因此，如在非标准状态时，须先按能斯特方程式分别计算各个电极的电极电势 φ，然后再根据电池的电动势 E 判断反应进行的方向。但在大多数情况下，仍可以直接用标准电动势 $E^{\ominus}$ 值来判断。因为在一般情况下，标准电动势 $E^{\ominus}$ 值在电动势 E 中占有主要的部分，当标准电动势 $E^{\ominus}>0.2V$ 时，一般不会因为浓度的变化而使电动势 E 值改变符号。而当标准电动势 $E^{\ominus}<0.2V$ 时，离子浓度发生改变时，氧化还原反应的方向常因参加反应物质的浓度和介质酸度的变化而可能发生逆转。

【例题 6-7】 判断下列反应能否自发进行：

$$Pb^{2+}(0.10mol/L)+Sn(s) \rightleftharpoons Pb(s)+Sn^{2+}(1.0mol/L)$$

解 查附录可知：$\varphi^{\ominus}_{Pb^{2+}/Pb}=-0.1262V>\varphi^{\ominus}_{Sn^{2+}/Sn}=-0.1375V$

因此，在标准状态下，Pb^{2+} 为较强的氧化剂，Pb^{2+}/Pb 电对作正极；Sn^{2+} 为较强的还原剂，Sn^{2+}/Sn 电对作负极。故电池的标准电动势 $E^{\ominus}$ 为：

$$E^{\ominus}=\varphi^{\ominus}_{Pb^{2+}/Pb}-\varphi^{\ominus}_{Sn^{2+}/Sn}$$
$$=-0.1262V-(-0.1375V)=0.0113V$$

标准电动势 $E^{\ominus}$ 虽大于零，但数值很小（$E^{\ominus}<0.2V$），所以离子浓度的改变很可能改变电动势 E 值的正负符号。因此，在本例的情况下，必须进一步计算出电动势 E 值，才能正确判别该反应进行的方向。

$$\varphi_{Pb^{2+}/Pb}=\varphi^{\ominus}_{Pb^{2+}/Pb}+\frac{0.059}{2}V\lg c(Pb^{2+})$$

$$\varphi_{Sn^{2+}/Sn}=\varphi^{\ominus}_{Sn^{2+}/Sn}+\frac{0.059}{2}V\lg c(Sn^{2+})$$

$$E=\varphi_{Pb^{2+}/Pb}-\varphi_{Sn^{2+}/Sn}$$
$$=\varphi^{\ominus}+\frac{0.059}{2}V\lg\frac{c(Pb^{2+})}{c(Sn^{2+})}$$
$$=0.0113V+\frac{0.059}{2}V\lg\frac{0.10}{1.0}$$
$$=0.0113V-0.0296V=-0.0182V<0$$

因此上述反应不能向正方向自发进行，即反应自发向逆方向进行。此时 Pb^{2+}/Pb 电对作负极，Pb 是一个较强的还原剂；Sn^{2+}/Sn 电对作正极，Sn^{2+} 是一个较强的氧化剂。

不少电极反应有 H^+ 或 OH^- 参加，因此溶液的酸度对这类氧化还原电对的电极电势有影响，溶液酸度的改变有可能影响氧化还原反应进行的方向，这也可以通过计算来加以确定。

在生产实践中，有时要对一个复杂体系中的某一组分进行选择性的氧化（或还原）处理，这就要对体系中各组分有关电对的电极电势进行考查和比较，选择出合适的氧化剂或还原剂。

【例题 6-8】 现有含 Cl^-、Br^-、I^- 三种离子的混合溶液。现欲使 I^- 氧化为 I_2，而不使 Br^-、Cl^- 发生氧化，在常用的氧化剂 $Fe_2(SO_4)_3$ 和 $KMnO_4$ 中，应选择哪一种作氧化剂？

解 由附录查得：

$\varphi^{\ominus}_{I_2/I^-}=0.5355V$；$\varphi^{\ominus}_{Fe^{3+}/Fe^{2+}}=0.771V$；$\varphi^{\ominus}_{Br_2/Br^-}=1.0873V$；$\varphi^{\ominus}_{Cl_2/Cl^-}=1.35827V$；$\varphi^{\ominus}_{MnO_4^-/Mn^{2+}}=1.507V$

可以看出，如果选择 $KMnO_4$ 作氧化剂，在酸性介质中 MnO_4^- 会将 I^-、Br^-、Cl^- 氧化成 I_2、Br_2、Cl_2。故应该选用 $Fe_2(SO_4)_3$ 作氧化剂才能符合要求。

4. 判断氧化还原反应进行的次序

在分析工作实践中，经常会遇到溶液中含有不止一种还原剂或不止一种氧化剂的情形。例如，测定 Fe^{3+} 时，通常都先用 $SnCl_2$ 还原 Fe^{3+} 为 Fe^{2+}，而 Sn^{2+} 总是过量的，因此，溶液中就有 Sn^{2+} 和 Fe^{2+} 两种还原剂。若用 $K_2Cr_2O_7$ 标准溶液滴定该溶液时，由下列标准电极电势可以看出：

$$\varphi^{\ominus}_{Cr_2O_7^{2-}/Cr^{3+}}=1.33V;\varphi^{\ominus}_{Fe^{3+}/Fe^{2+}}=0.771V;\varphi^{\ominus}_{Sn^{4+}/Sn^{2+}}=0.151V$$

$Cr_2O_7^{2-}$ 是其中最强的氧化剂，Sn^{2+} 中最强的还原剂；滴加的 $Cr_2O_7^{2-}$ 首先氧化 Sn^{2+}，只有将 Sn^{2+} 完全氧化后，才能氧化 Fe^{2+}。因此，在用滴定 $K_2Cr_2O_7$ 标准溶液滴定 Fe^{2+} 前，应先将过量的 Sn^{2+} 除去（一般用 $HgCl_2$ 将其氧化除去）。

由上例可以看出，当一种氧化剂可以氧化同一体系中的几种还原剂时，氧化剂首先氧化最强（电极电势值最低）的那种还原剂。同理，一种还原剂可以还原同一体系中的几种氧化剂时，首先还原最强（电极电势值最高）的氧化剂。即在适宜的条件下，所有可能发生的氧化还原反应中，电极电势差值最大的电对间首先进行反应。

5. 判断氧化还原反应进行的程度

从化学热力学可知，化学反应平衡常数的大小可以衡量一个化学反应进行的程度。对任一氧化还原反应，就氧化剂和还原剂两电对依据能斯特公式经推导可得平衡时平衡常数 $K^{\ominus}$：

$$\lg K^{\ominus}=\frac{n_1 n_2(\varphi^{\ominus}_{Ox}-\varphi^{\ominus}_{Red})}{0.059V} \tag{6-4}$$

式中，$\varphi^{\ominus}_{Ox}$，$\varphi^{\ominus}_{Red}$ 分别为氧化剂和还原剂两电对的标准电极电势；n_1，n_2 为氧化剂和还原剂半反应中转移电子的最小公倍数。

由上式可见，氧化还原反应平衡常数的大小是由氧化剂与还原剂两电对的 $\varphi^{\ominus}$ 的差值以及转移的电子数决定的，两者的 $\varphi^{\ominus}$ 值相差越大（电动势 $E^{\ominus}$ 越大），$K^{\ominus}$ 值也就越大，反应进行得越完全。

【例题 6-9】 计算下列反应的标准平衡常数 $K^{\ominus}$：

$$2Fe^{3+}(aq)+Cu(s)\rightleftharpoons Cu^{2+}(aq)+2Fe^{2+}(aq)$$

解 查 $\varphi^{\ominus}$ 表，得：$\varphi^{\ominus}_{Fe^{3+}/Fe^{2+}}=0.771V$，$\varphi^{\ominus}_{Cu^{2+}/Cu}=0.3419V$

$$n_1=1, n_2=2。$$

$$\begin{aligned}\lg K^{\ominus} &= \frac{n_1 n_2(\varphi^{\ominus}_{Ox}-\varphi^{\ominus}_{Red})}{0.059V} \\ &= \frac{1\times2\times(\varphi^{\ominus}_{Fe^{3+}/Fe^{2+}}-\varphi^{\ominus}_{Cu^{2+}/Cu})}{0.059V} \\ &= \frac{2\times(0.771-0.3419)V}{0.059V} \\ &= 14.55\end{aligned}$$

$K^{\ominus}=3.514\times10^{14}$

需注意：$\varphi^{\ominus}_{Ox}-\varphi^{\ominus}_{Red}$值很大，仅说明该反应有进行完全的可能，但不一定能定量反应，也不一定能迅速完成。所以，创造条件使两电对的电极电势差值超过 0.4V 且无副反应，即氧化剂与还原剂之间的反应符合一定的化学反应方程式及化学计量关系，这样从理论上讲即可滴定。当然实际应用时，还需考虑反应的速率问题。

【阅读材料】 化学电源

化学电源又称电池，是一种能将化学能直接转变成电能的装置，它通过化学反应来消耗某种化学物质并输出电能。常见的电池大多是化学电源。它在国民经济、科学技术、军事和日常生活方面均获得广泛应用。

一、分类

按照其使用性质可分为：干电池、蓄电池、燃料电池。按电池中电解质性质分为：锂电池、碱性电池、酸性电池、中性电池。

二、干电池

干电池也称一次电池，即电池中的反应物质在进行一次电化学反应放电之后就不能再次使用了。常用的有：锌锰干电池、锌汞电池、镁锰干电池等。

三、蓄电池

蓄电池是可以反复使用、放电后可以充电使活性物质复原、以便再重新放电的电池，也称二次电池。其广泛用于汽车、发电站、火箭等部门。由所用电解质的酸碱性质不同分为酸性蓄电池和碱性蓄电池。

四、新型燃料电池

燃料电池与前两类电池的主要差别在于：它不是把还原剂、氧化剂物质全部储藏在电池内，而是在工作时不断从外界输入氧化剂和还原剂，同时将电极反应产物不断排出电池。燃料电池是直接将燃烧反应的化学能转化为电能的装置，能量转化率高，可达80%以上，而一般火电站热机效率仅在30%～40%之间。燃料电池具有节约燃料、污染小的特点。

五、海洋电池

1991年，我国首创以铝-空气-海水为能源的新型电池，称为海洋电池。它是一种无污染、长效、稳定可靠的电源。海洋电池，是以铝合金为电池负极、金属(Pt、Fe) 网为正极，用取之不尽的海水为电解质溶液，它靠海水中的溶解氧与铝反应产生电能的。我们知道，海水中只含有0.5%的溶解氧，为获得这部分氧，科学家把正极制成仿鱼鳃的网状结构，以增大表面积，吸收海水中的微量溶解氧。这些氧在海水电解液作用下与铝反应，源源不断地产生电能。

海洋电池本身不含电解质溶液和正极活性物质，不放入海洋时，铝极就不会在空气中被氧化，可以长期储存。用时，把电池放入海水中，便可供电，其能量比干电池高20～50倍。

六、高能电池

具有高“比能量”和高“比功率”的电池称为高能电池。所谓“比能量”和“比功率”是指控电池的单位质量或单位体积计算电池所能提供的电能和功率。高能电池发展快、种类多。

1. 银-锌电池

电子手表、液晶显示的计算器或一个小型的助听器等所需电流是微安或毫安级的，它们所用的电池体积很小，有“纽扣”电池之称。它具有质量轻、体积小等优点。这类电池已用于宇航、火箭、潜艇等方面。

2. 锂-二氧化锰非水电解质电池

以锂为负极的非水电解质电池有几十种，其中性能最好、最有发展前途的是锂-二氧化锰非水电解质电池，这种电池以片状金属及为负极，电解活性MnO_2作正极，高氯酸及溶于碳酸丙烯酯和二甲氧基乙烷的混合有机溶剂作为电解质溶液，以聚丙烯为隔膜。该种电池的电动势为2.69V，重量轻、体积小、电压高、比能量大，充电1000次后仍能维持其能力的90%，储存性能好，已广泛用于电子计算机、手机、无线电设备等。

3. 钠-硫电池

它以熔融的钠做电池的负极，熔融的多硫化钠和硫作正极，正极物质填充在多孔的碳中，两极之间用陶瓷管隔开，陶瓷管只允许Na^+通过。

钠-硫电池的电动势为2.08V，可作为机动车辆的动力电池。为使金属钠和多硫化钠保持液态，放电过程应维持在300℃左右。

七、微生物燃料电池

微生物燃料电池是可以将有机物中的化学能直接转化为电能的反应器装置。随着研究的深入，微生物燃料电池已可以利用各种污水中所富含有机物质进行电能的生产。它的发展不仅可以缓解日益紧张的能源危机以及传统能源所带来的温室效应，同时也可以处理生产和生活中的各种污水。因此微生物燃料电池是一种无污染、清洁的新型能源技术，其研究和开发必将受到越来越多的关注。

八、导电高聚物电池

1981年第一个聚乙炔电池面世，采用的是聚乙炔膜正极、锂片负极、$LiClO_4$电解质和碳酸丙二酯为溶剂。继聚乙炔之后，经研究其他共轭系统聚合物，又发现和制成了几十个可导电的品种，其中聚吡咯、聚噻吩、聚苯胺、聚对苯和聚对亚苯乙烯等，电导率可达10^0～$10^3 S\cdot cm^{-1}$数量级，环境和化学稳定性比聚乙炔优越得多，从聚合物电池的性能数据看，在电池电动势，电极寿命、放电效率都较高，自放电较低，已经达到或接近实用要求，其质量比能量已超过铅酸蓄电池、镉镍电池等。

习　题

1. 填空题

(1) 金属离子浓度增加，金属的电极电势________，金属的还原能力________；非金属离子浓度减小，其电极电势________，非金属的氧化能力________。

(2) 一般说来，由于难溶化合物或配位化合物的形成，使氧化型物质浓度减小时，其电对的电极电势将________，还原型物质的还原能力________，氧化型物质的氧化能力________。

(3) 反应 $2I^- + 2Fe^{3+} \longrightarrow 2Fe^{2+} + I_2$，$Br_2 + 2Fe^{+} \longrightarrow 2Fe^{3+} + 2Br^-$ 均按正反应方向进行，由此可判断反应中有关的氧化还原电对的电极电势由大到小的排列顺序是________。

(4) 电对 $Cr_2O_7^{2-}/Cr^{3+}$ 的电极电势随溶液 pH 的增大而________，电对 $Mg(OH)_2/Mg$ 的电极电势随溶液的 pH 增大而________。

2. 选择题

(1) 已知 $\varphi^{\ominus}_{Ni^{2+}/Ni} = -0.257V$，测得某电极的 $\varphi_{Ni^{2+}/Ni} = -0.21V$，说明在该系统中必有（　　）。

A. $c(Ni^{2+}) > 1mol/L$　　B. $c(Ni^{2+}) < 1mol/L$　　C. $c(Ni^{2+}) = 1mol/L$　　D. 无法确定

(2) 下列各组物质在标准状态下能够共存的是（　　）。

A. Fe^{3+}，Cu　　B. Fe^{3+}，Br_2　　C. Sn^{2+}，Fe^{3+}　　D. H_2O_2，Fe^{2+}

(3) 原电池 (−) Fe | Fe^{2+} ‖ Cu^{2+} | Cu(+) 的电动势将随下列哪种变化而增加。（　　）

A. 增大 Fe^{2+} 浓度，减小 Cu^{2+} 浓度　　B. 减少 Fe^{2+} 浓度，增大 Cu^{2+} 浓度

C. Fe^{2+} 和 Cu^{2+} 浓度同倍增加　　D. Fe^{2+} 和 Cu^{2+} 浓度同倍减少

(4) 其他条件不变，$Cr_2O_7^{2-}$ 在下列哪一种介质中氧化能力最强。（　　）

A. pH=0　　B. pH=1　　C. pH=3　　D. pH=7

(5) 标准状态时，下列反应皆为正向进行：

$$2MnO_4^- + 5H_2O_2 + 6H^+ \longrightarrow 2Mn^{2+} + 5O_2\uparrow + 8H_2O$$

$$H_2O_2 + 2I^- + 2H^+ \longrightarrow I_2 + 2H_2O$$

$$2S_2O_3^{2-} + I_2 \longrightarrow 2I^- + S_4O_6^{2-}$$

由此判断反应所涉及的物质中还原性最强的是（　　）。

A. H_2O_2　　B. I^-　　C. H_2O　　D. $S_2O_3^{2-}$

3. 判断题

(1) 在氧化还原反应中，两个电对的 $\varphi^{\ominus}$ 值相差越大，反应进行得越快。（　　）

(2) 对于一个反应物与生成物都确定的氧化还原反应，由于写法不同，反应转移的电子数不同，则按能斯特方程计算而得的电极电势的值也不同。（　　）

(3) 由于 $\varphi^{\ominus}_{Fe^{3+}/Fe^{2+}} = +0.771V$，$\varphi^{\ominus}_{Fe^{2+}/Fe} = -0.44V$，故 Fe^{3+} 与 Fe^{2+} 能发生氧化还原反应。（　　）

(4) 因为电极反应：$Ni^{2+} + 2e^- \rightleftharpoons Ni$　　$\varphi_1^{\ominus} = -0.25V$，

故　$2Ni^{2+} + 4e^- \rightleftharpoons 2Ni$　　$\varphi_2^{\ominus} = 2\varphi_1^{\ominus}$（　　）

(5) 金属铁可以置换 $CuSO_4$ 溶液中的 Cu^{2+}，因而 $FeCl_3$ 溶液不能与金属铜反应。（　　）

4. 在 298K 时，根据下列反应的 $\varphi^{\ominus}$ 值计算反应平衡常数 $K^{\ominus}$，并比较反应进行的程度。

(1) $Fe^{3+} + Ag \rightleftharpoons Fe^{2+} + Ag^+$

(2) $6Fe^{2+} + Cr_2O_7^{2-} + 14H^+ \rightleftharpoons 6Fe^{3+} + 2Cr^{3+} + 7H_2O$

(3) $2Fe^{3+} + 2Br^- \rightleftharpoons 2Fe^{2+} + Br_2$

5. 在 Ag^+、Cu^{2+} 浓度分别为 1.0×10^{-2} mol/L 和 0.10mol/L 的混合溶液中加入 Fe 粉，通过计算说明哪种金属离子先被还原?

6. 高锰酸钾溶液在 pH=5 时，溶液中的 $c(MnO_4^-) = c(Mn^{2+}) = 1.0mol/L$，求 $\varphi_{MnO_4^-/Mn^{2+}}$ 值。

7. 已知 $\varphi^{\ominus}_{Cu^{2+}/Cu} = 0.3419$，$\varphi^{\ominus}_{Cu^{2+}/Cu^+} = 0.153V$，计算反应：

$Cu + Cu^{2+} \rightleftharpoons 2Cu^+$ 的平衡常数

第七章 配位平衡

【学习目标】

1. 掌握配合物的基本概念和命名法，了解螯合物的特点及应用。
2. 掌握配合物稳定常数的意义、应用及有关计算。
3. 了解配合物形成引起的性质变化与应用。

配位化合物简称配合物，又称络合物，是一类广泛存在、组成较为复杂、在理论和应用上都十分重要的化合物。随着科学技术的发展，它在科学研究和生产实践中显示出越来越重要的意义。目前已发展成为一门独立的分支学科——配位化学，并已渗透到其他许多学科领域，形成一些边缘学科，如金属有机化合物、生物无机化学等。它广泛应用于工业、医药、生物、环保、材料、信息等领域，特别是在生物和医学方面更有其特殊的重要性。

第一节 配位化合物的基本概念

一、配位化合物及其组成

1. 配合物的定义

当将过量的氨水加到硫酸铜溶液中，溶液变为深蓝色，用酒精处理，还可以得到深蓝色的晶体，经分析证明为 $[Cu(NH_3)_4]SO_4$。

$$CuSO_4 + 4NH_3 \rightleftharpoons [Cu(NH_3)_4]SO_4$$

在纯的 $[Cu(NH_3)_4]SO_4$ 溶液中，除了水合的 SO_4^{2-} 和深蓝色的 $[Cu(NH_3)_4]^{2+}$ 离子外，几乎检查不出 Cu^{2+} 和 NH_3 分子的存在。这说明在 $[Cu(NH_3)_4]SO_4$ 化合物中有 $[Cu(NH_3)_4]^{2+}$ 复杂离子稳定存在。

NaCN，KCN 有剧毒，但是亚铁氰化钾（$K_4[Fe(CN)_6]$）和铁氰化钾（$K_3[Fe(CN)_6]$）虽然都含有氰根，却没有毒性，这是因为亚铁离子或铁离子与氰根离子结合成牢固的复杂离子，失去了原有的性质。

$$Fe^{2+} + 6CN^- \rightleftharpoons [Fe(CN)_6]^{4-}$$

$$Fe^{3+} + 6CN^- \rightleftharpoons [Fe(CN)_6]^{3-}$$

这些复杂离子的形成不符合经典价键理论，这种由简单阳离子或中性原子和一定数目中性分子或阴离子以配价键结合而成的复杂离子称为配离子，它是物质的一种稳定结构单元。

凡含有配离子的化合物称为配位化合物，简称配合物。习惯上，配离子也称为配合物。例如：$[Cu(NH_3)_4]SO_4$、$K_4[Fe(CN)_6]$、$K_3[Fe(CN)_6]$、$K_2[HgI_4]$、$[Ag(NH_3)_2]NO_3$，$[Pt(NH_3)_2Cl_4]$、$[Co(NH_3)_5(H_2O)]Cl_3$ 等都是配合物。不带电荷的中性分子如 $[Ni(CO)_4]$、$[Co(NH_3)_3Cl_3]$ 就是中性配合物，或称配分子。

配合物的最本质的特点是，配合物中存在着配位键。

2. 配合物的组成

配合物由内界和外界两部分组成：以配位键相结合且能稳定存在的配离子部分（如 $[Cu(NH_3)_4]^{2+}$、$[Fe(CN)_6]^{3-}$）称为内界，又叫配位个体；配位个体由中心离子（如 Cu^{2+}、Fe^{3+}）和配位体（如 NH_3、CN^-）结合而成。配离子是配合物的特征部分，写成化学式时，用方括号括起来。配位个体之外的其他离子称为外界，如 $[Cu(NH_3)_4]SO_4$ 中的 SO_4^{2-}，$K_3[Fe(CN)_6]$中的 K^+，它们构成配合物的外界，写在方括号的外面。配合物的组成如图 7-1 所示。

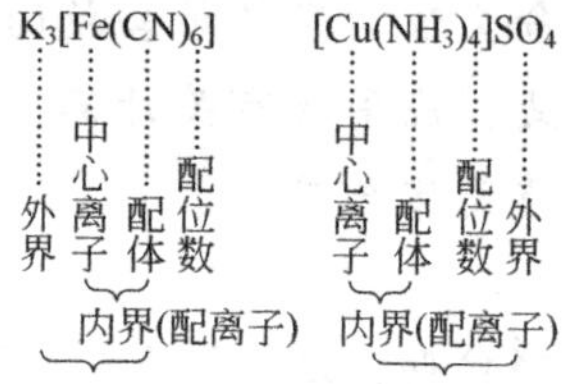

图 7-1　配合物的组成示意图

(1) 中心离子　中心离子也称配合物的形成体，它是配合物的核心部分，位于配离子（或分子）的中心。一般都是带正电荷的，具有空的价电子轨道的阳离子。中心离子绝大多数都是金属离子。其中的过渡金属离子是较强的配合物形成体。如 Fe^{3+}、Co^{2+}、Ni^{2+}、Cu^{2+}、Zn^{2+}等。有些中性原子也可作形成体，但一般为过渡金属原子。如 $[Ni(CO)_4]$ 中的 Ni 原子、$[Fe(CO)_5]$ 中的 Fe 原子。

(2) 配位体　与中心离子（或原子）结合的阴离子或中性分子称为配位体，简称配体。配位体是含有孤对电子的分子或阴离子，如 F^-、SCN^-、CN^-、NH_3、乙二胺等。提供配体的物质称为配位剂，如 NaF、NH_4SCN 等。有时配位剂本身就是配体，如 NH_3、H_2O 等。

在配体中，提供孤对电子并与价层有空轨道的中心离子（或原子）以配位键结合的原子称为配位原子。如 NH_3 中 N 原子，CN^-中的 C 原子。配位原子主要是位于周期表右上方的ⅣA、ⅤA、ⅥA、ⅦA 族电负性较强的非金属原子，如 C、N、P、O、S、F、Cl、Br、I 等。

根据配体中所含配位原子的数目不同，将配体分为单齿（又叫单基）配体和多齿（又叫多基）配体。单齿配体是指只含有一个配位原子的配体，如 F^-、Cl^-、Br^-、I^-、CN^-、NO_2^-、NO_3^-、NH_3，H_2O 等。多齿配体含有 2 个或 2 个以上配位原子，它们与中心离子可以形成多个配位键，其组成常较复杂，多数是有机分子。如乙二胺 $H_2N\text{-}CH_2\text{-}CH_2\text{-}NH_2$，有 2 个氨基氮是配位原子。又如，乙二胺四乙酸根（$(^-OOC\text{-}CH_2)_2N\text{-}CH_2\text{-}CH_2\text{-}N(CH_2\text{-}COO^-)_2$ 中，除有 2 个氨基氮是配位原子外，还有 4 个羟基氧也是配位原子。所以，乙二胺（en）是二齿配体、乙二胺四乙酸（EDTA）是六齿配体。

(3) 配位数　直接同中心离子配位的配位原子的数目，为该中心离子（或原子）的配位数。一般中心离子（或原子）的配位数为偶数，最常见的配位数为 2、4、6。中心离子配位数的多少与中心离子和配体的性质（电荷、半径、核外电子排布等）以及配合物形成时的外界条件（如浓度、温度）有关。但对某一中心离子来说，常有一特征配位数。

在计算中心离子的配位数时，一般是先在配合物中确定中心离子和配位体，接着找出配位原子的数目。

如果配位体是单齿的：配位数=配体的总数。

例如，$[Pt(NH_3)_4]Cl_2$ 和 $[Pt(NH_3)_2Cl_2]$ 中的中心离子都是 Pt^{2+}，而配位体前者是 NH_3，后者是 NH_3 和 Cl^-，这些配位体都是单齿的，因此它们的配位数都是 4。

如果配位体是多齿的：配位数=配体数×齿数。

如 $[Pt(en)_2]Cl_2$ 中 en（en 代表乙二胺）是双齿配体，即每一个 en 有两个氮原子同中心离子 Pt^{2+} 配位（见螯合物），因此，Pt^{2+} 配位数是 4。

(4) 配离子的电荷 配离子的电荷等于中心离子和配体电荷的代数和。

$[Cu(NH_3)_4]^{2+}$ $+2+4\times0=+2$

$[Fe(CN)_6]^{3-}$ $+3+6\times(-1)=-3$

二、配合物的命名

由于配合物种类繁多，有些配合物的组成相对比较复杂，因此配合物的命名也较为复杂。这里仅简单介绍配合物命名的基本原则。

(1) 配离子为阳离子的配合物 命名次序为：外界阴离子-配体-中心离子。配体和中心离子之间加“合”字，配体个数用一、二、三、四等数字表示，中心离子的氧化数以加括号的罗马数字表示并置于中心离子之后。当配位体个数为一时，有时可将“一”字省去。若中心离子仅有一种价态时也可不加注罗马数字。例如：

$[Co(NH_3)_6]Cl_3$ 三氯化六氨合钴(Ⅲ)

$[Ag(NH_3)_2]NO_3$ 硝酸二氨合银(Ⅰ)

$[Pt(NH_3)_4](OH)_2$ 二氢氧化四氨合铂(Ⅱ)

(2) 配离子为阴离子的配合物 命名次序为：配体-中心离子-外界阳离子。在中心离子与外界阳离子的名称之间加一个“酸”字。例如：

$K_2[PtCl_6]$ 六氯合铂(Ⅳ)酸钾

$K_3[Fe(CN)_6]$ 六氰合铁(Ⅲ)酸钾

$H_2[PtCl_6]$ 六氯合铂(Ⅳ)酸

(3) 含有多种配体的配合物 如果含有多种配体，不同的配体之间要用“·”分开。配体的次序为：阴离子-中性分子。

配体若都是阴离子时，则按简单-复杂-有机酸根离子顺序。

配体若都是中性分子，则按配位原子元素符号的英文字母顺序排列。例如：

$[Co(NH_3)_4Cl_2]Cl$ 氯化二氯·四氨合钴(Ⅲ)

$[Co(NH_3)_5H_2O]Cl_3$ 三氯化五氨·一水合钴(Ⅲ)

(4) 没有外界的配合物 命名方法与上面是相同的。例如：

$[Fe(CO)_5]$ 五羰基合铁

$[Pt(NH_3)_2Cl_2]$ 二氯·二氨合铂(Ⅱ)

另外，有些配合物有其习惯上沿用的名称，例如 $K_3[Fe(CN)_6]$ 称为铁氰化钾（赤血盐）、$K_4[Fe(CN)_6]$ 称为亚铁氰化钾（黄血盐）、$H_2[SiF_6]$ 称为氟硅酸。

三、螯合物

螯合物又称内配合物，它是多齿配体通过两个或两个以上的配位原子与同一中心离子形成的具有环状结构的配合物。可将配体比做螃蟹的螯钳，牢牢地钳住中心离子，所以形象称为螯合物。能与中心离子形成螯合物的配位体称为螯合剂。

例如：

$$Cu^{2+} + 2 \begin{array}{c} CH_2-NH_2 \\ | \\ CH_2-NH_2 \end{array} \rightleftharpoons \left[\begin{array}{c} H_2C-N \\ \\ H_2C-N \\ H_2 \end{array} Cu \begin{array}{c} N-CH_2 \\ \\ N-CH_2 \\ H_2 \end{array} \right]^{2+}$$

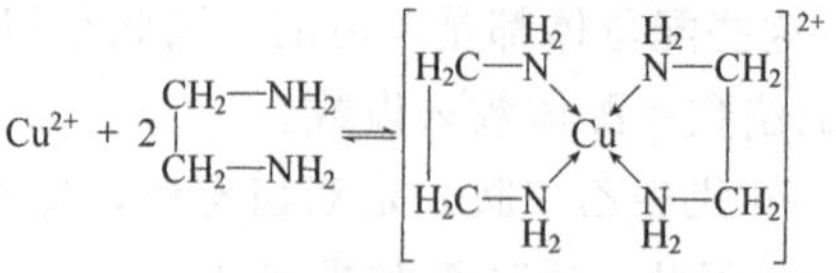

二乙胺合铜（Ⅱ）离子

螯合物的每一环上有几个原子就称几元环，上述铜的螯合物为五元环。螯合物中形成的环称为螯环，以五元环和六元环最为稳定。由于螯环的形成，使螯合物比一般配合物稳定的多，而且环越多，螯合物越稳定。这种由于螯环的形成而使螯合物稳定性增加的作用称为螯合效应。

形成螯合物条件如下。

① 螯合剂必须有两个或两个以上都能给出电子对的配位原子（主要是 N、O、S 等原子），因此，螯合剂为多齿配位体。

② 每两个能给出电子对的配位原子，必须隔着 2 个或 3 个其他原子，因为只有这样，才可以形成稳定的五元环或六元环。

由于螯合物的特殊稳定性，已很少能反映金属离子在未螯合前的性质。金属离子在形成螯合物后，在颜色、氧化还原、稳定性、溶解度及晶形等性质发生了巨大的变化。很多金属螯合物具有特征性的颜色，而且这些螯合物可以溶解于有机溶剂中。利用这些特点，可以进行沉淀、溶剂萃取分离、比色定量等分析分离工作。

第二节 配合物在水溶液中的解离平衡

一、配离子的稳定常数

由于配离子是由中心离子和配位体以配价键结合起来的，因此，在水溶液中比较稳定。但也并不是完全不能解离成简单离子，实质上和弱电解质类似，也会发生部分解离，存在着解离平衡。

$$[Cu(NH_3)_4]^{2+} \xrightleftharpoons{\text{解离}} Cu^{2+} + 4NH_3$$

配离子在溶液中的解离平衡与弱电解质的解离平衡相似，因此也可以写出配离子的解离平衡常数：

$$K_{\text{不稳}} = \frac{[Cu^{2+}][NH_3]^4}{[Cu(NH_3)_4]^{2+}}$$

这个常数越大，表示 $[Cu(NH_3)_4]^{2+}$ 配离子越易解离，即配离子越不稳定。所以这个常数称为 $[Cu(NH_3)_4]^{2+}$ 配离子的不稳定常数。用 $K_{\text{不稳}}$ 或 $lgK_{\text{不稳}}$ 表示。不同的配合物具有不同的不稳定常数。

除了可以用不稳定常数表示配离子的稳定性以外，还可以用生成配合物的平衡常数来表示。

例如：
$$Cu^{2+} + 4NH_3 \xrightleftharpoons{\text{配位}} [Cu(NH_3)_4]^{2+}$$

其平衡常数为：

$$K_{稳}=\frac{[Cu(NH_3)_4]^{2+}}{[Cu^{2+}][NH_3]^4}$$

这个配位反应的平衡常数是 $[Cu(NH_3)_4]^{2+}$ 的生成常数。这个常数越大，表示 $[Cu(NH_3)_4]^{2+}$ 配离子越易生成，即配离子越稳定。所以这个常数称为 $[Cu(NH_3)_4]^{2+}$ 配离子的稳定常数。用 $K_{稳}$ 或 $\lg K_{稳}$ 表示。

很显然，稳定常数 $K_{稳}$ 和不稳定常数 $K_{不稳}$ 之间存在如下关系：

$$K_{稳}=\frac{1}{K_{不稳}}$$

稳定常数或不稳定常数，在应用上十分重要，使用时应注意不可混淆。本书所用数据除注明外均为稳定常数。

二、逐级稳定常数

实际上在溶液中，配离子的形成一般是分步进行的。因此溶液中存在着一系列的配位平衡，并有相应的平衡常数，称为分步稳定常数或逐级稳定常数，即：

	配位平衡	各级稳定常数
	$M+L \rightleftharpoons ML$	$K_1=\frac{[ML]}{[M][L]}$
	$ML+L \rightleftharpoons ML_2$	$K_2=\frac{[ML_2]}{[ML][L]}$
	⋮	⋮
	$ML_{n-1}+L \rightleftharpoons L_n$	$K_n=\frac{[ML_n]}{[ML_{n-1}][L]}$
总反应：	$M+nL \rightleftharpoons ML_n$	$K_{稳}=\frac{[ML_n]}{[M][L]^n}$

根据多重规则，得：　$K_{稳}=K_1K_2\cdots K_n$

配合物稳定性还可用累积稳定常数表示：

$$M+L \rightleftharpoons ML \qquad \beta_1=K_1=\frac{[ML]}{[M][L]}$$

$$M+2L \rightleftharpoons ML_2 \qquad \beta_2=K_1K_2=\frac{[ML_2]}{[M][L]^2}$$

⋮

$$M+nL \rightleftharpoons ML_n \qquad \beta_n=K_1K_2\cdots K_n=\frac{[ML_n]}{[M][L]^n}$$

在多配位体配位平衡中，逐级稳定常数的差别不大，说明各级配位成分都占有一定的比例，要计算配离子溶液中各级成分的浓度就很复杂，但在实际生产和化学工作中，一般总是加入过量的配位剂，在这种情况下则可认为溶液中主要存在最高配位数的配离子，而其他成分的配离子浓度可忽略不计，从而可使计算大大简化，而且配位剂过量时，配合物的稳定性更强。

三、影响配位平衡的因素

配位平衡遵循化学平衡移动的规律，当外界条件改变时，则平衡发生移动，在新的条件下建立起新的平衡。下面就溶液的酸碱性、沉淀反应、氧化还原反应对配位平衡的影响加以讨论。

1. 配位平衡与酸碱平衡

许多配位体如 F^-、CN^-、SCN^- 和 NH_3 以及有机酸根离子，都能与 H^+ 结合生成难解离的弱酸，而使配位平衡发生移动。例如，在 $[FeF_6]^{3-}$ 溶液中存在着下列平衡：

$$[FeF_6]^{3-} \rightleftharpoons Fe^{3+} + 6F^-$$

若向配位平衡体系中加酸时，F^- 与 H^+ 结合成弱酸 HF，而使 F^- 的浓度减小，平衡向解离的方向进行，配合物的稳定性相应降低。这种增大溶液的酸度而导致配离子稳定性降低的现象称为配体的酸效应。

若向体系中加碱，由于 Fe^{3+} 存在着一定程度的水解：

$$Fe^{3+} + 3H_2O \rightleftharpoons Fe(OH)_3\downarrow + 3H^+$$

碱的加入，其中 H^+ 被中和，会促使 Fe^{3+} 进一步水解，使平衡向右移动，因而 $[FeF_6]^{3-}$ 遭到破坏，这种现象称为金属离子的水解效应。

由上可知，不论提高或降低溶液的酸度，都会使配离子的稳定性发生变化。可见配离子在水溶液中要稳定存在，对体系的酸碱度是有一定要求的。

2. 配位平衡与沉淀溶解平衡

配位平衡与沉淀溶解平衡的关系，实际上是配位剂与沉淀剂对金属离子的争夺。例如，当向含有氯化银沉淀的溶液中加入一定浓度的氨水时，沉淀即溶解。

$$AgCl \rightleftharpoons Ag^+ + Cl^-$$

$$+$$

$$2NH_3$$

$$\Updownarrow$$

$$[Ag(NH_3)_2]^+$$

在上述溶液中加入溴化钠溶液时，有淡黄色的沉淀生成。

$$[Ag(NH_3)_2]^+ + Br^- \rightleftharpoons AgBr\downarrow + 2NH_3$$

接着在上述溶液中加入 $Na_2S_2O_3$ 溶液，AgBr 沉淀溶解；加入 KI 溶液，有 AgI 沉淀生成；再加入 KCN 溶液，AgI 沉淀消失，生成了可溶性的 $[Ag(CN)_2]^-$。其化学反应可简单表示如下：

$$AgBr + 2S_2O_3^{2-} \rightleftharpoons [Ag(S_2O_3)_2]^{3-} + Br^-$$

$$[Ag(S_2O_3)_2]^{3-} + I^- \rightleftharpoons AgI\downarrow + 2S_2O_3^{2-}$$

$$AgI + 2CN^- \rightleftharpoons [Ag(CN)_2]^- + I^-$$

转化过程为：

$$AgCl \xrightarrow{NH_3} [Ag(NH_3)_2]^+ \xrightarrow{Br^-} AgBr \xrightarrow{S_2O_3^{2-}} [Ag(S_2O_3)_2]^{3-} \xrightarrow{I^-} AgI \xrightarrow{CN^-} [Ag(CN)_2]^-$$

配离子与沉淀之间的转化，主要取决于沉淀的溶解度和配离子的稳定性。这主要通过计算配离子的 $K_{稳}$ 和难溶物的 K_{sp} 才能定量地阐明。计算出哪一种能使游离金属离子浓度降得更低，则平衡变向哪一方向转化。即配位剂的配位能力大于沉淀剂的沉淀能力时，沉淀溶解，生成可溶配合物；若沉淀剂的沉淀能力大于配位剂的配位能力时，配合物被破坏，生成新的沉淀。

3. 配位平衡与氧化还原平衡

在溶液中 Fe^{3+} 可以把 I^- 氧化成 I_2：

$$2Fe^{3+}+2I^- \rightleftharpoons 2Fe^{2+}+I_2$$

如果反应前，在 $FeCl_3$ 溶液中加入 NaF 溶液，则 Fe^{3+} 不能再氧化 I^-。因为，Fe^{3+} 与 F^- 结合生成 $[FeF_6]^{3-}$，使 Fe^{3+} 的浓度减小，其氧化能力大大降低。

$$Fe^{3+}+e^- \rightleftharpoons Fe^{2+} \quad \varphi^{\ominus}_{Fe^{3+}/Fe^{2+}}=0.771V$$

$$[FeF_6]^{3-}+e^- \rightleftharpoons Fe^{2+}+6F^- \quad \varphi^{\ominus}_{[FeF_6]^{3-}/Fe^{2+}}=-0.076V$$

这样的例子很多，如 Pb^{4+} 很不稳定，$PbCl_4$ 极易分解成 $PbCl_2$ 和 Cl_2，但当它形成 $[PbCl_6]^{2-}$ 配离子后，+4 价态的 Pb 就能保持稳定；又如 Cu^+ 不稳定，当它形成 $[Cu(CN)_2]^-$ 后，则变得相当稳定。Cu 不易被氧化，但 Cu^{2+} 形成 $[Cu(NH_3)_4]^{2+}$ 后，$[Cu(NH_3)_4]^{2+}$/Cu 电对的 $\varphi^{\ominus}$ 较小，Cu 易被氧化。因此，不能用铜制的器皿盛装氨水，否则铜会被氧化而发生反应。

由此可见，形成配合物后，金属离子的氧化还原能力会发生改变。有时甚至会改变氧化还原反应的方向。

一般形成配合物后，金属离子氧化能力减弱，而金属的还原性增强。

如工业上将含有 Ag、Au 等贵金属的矿粉用含 CN^- 溶液处理，使 Ag、Au 易失去电子被氧化形成配合物进入溶液，然后加以富集提取，就是应用这一原理。

再如，在电镀银时，不用硝酸银等简单银盐溶液，而用含 $[Ag(CN)_2]^-$ 的溶液。避免了被镀金属与 Ag^+ 的置换反应，也有利于致密的微细晶体的生成，达到镀层与被镀物结合牢固，表面平滑、质密、厚度均匀和美观的要求。

4. 配离子之间的平衡

(1) 置换配位　当同一金属离子与不同配位剂形成的配合物稳定性不同时，则可用形成稳定配合物的配位剂把较不稳定配合物中的配位剂置换出来，或同一配位剂与不同金属离子形成的配合物稳定性不同时，可用形成稳定配合物的金属离子把较不稳定配合物中的金属离子置换出来，由稳定常数较小的配合物转化为稳定常数较大的配合物，这种现象叫置换配位。

例如，向含有 $[Ag(NH_3)_2]^+$ 配离子的溶液中加入 CN^-，则 CN^- 可把 NH_3 置换出来，形成 $[Ag(CN)_2]^-$ 配离子，即：

$$[Ag(NH_3)_2]^+ +2CN^- \rightleftharpoons [Ag(CN)_2]^- +2NH_3$$

可见，置换配位就是用形成稳定配合物的配位剂置换较不稳定配合物中的配位剂，或用形成稳定配合物的金属离子置换较不稳定配合物中的金属离子，置换配位的结果是生成更加稳定的配合物。

(2) 分步配位　同型配合物，根据其稳定常数 $K_{稳}$ 的大小，可以比较其稳定性。例如：Ag^+ 能与 NH_3 和 CN^- 形成两种同型配合物，它们的稳定常数不同：

$$Ag^+ +2CN^- \rightleftharpoons [Ag(CN)_2]^- \quad \lg K_{稳}=21.1$$

$$Ag^+ +2NH_3 \rightleftharpoons [Ag(NH_3)_2]^+ \quad \lg K_{稳}=7.40$$

从稳定常数的大小可以看出 $[Ag(CN)_2]^-$ 配离子远比 $[Ag(NH_3)_2]^+$ 配离子稳定。两种同型配合物稳定性的不同，决定了形成配合物的先后次序。

例如，若在同时含有 NH_3 和 CN^- 的溶液中加入 Ag^+，则必定是先形成稳定性大的 $[Ag(CN)_2]^-$ 配离子，当 CN^- 与 Ag^+ 配位完全后，才可形成 $[Ag(NH_3)_2]^+$ 配离子。同样，当两种金属离子都能与同一配位体形成两种同型配合物时，其配位次序也是如此。像这种两种配位体都能与同一种金属离子形成两种同型配合物时，或两种金属离子都能与同一种配位体形成两种同型配合物时，其配位次序总是稳定常数大的配合物先生成，而稳定常数小的后配位的现象，称为“分步配位”。

但应注意：只有当两者的稳定常数 $K_{稳}$ 值相差足够大（10^5 倍）时，才能完全分步，否则就会交叉进行，即 $K_{稳}$ 大的未配位完全时，$K_{稳}$ 小的就开始发生配位反应。

【阅读材料】 配位化合物应用简介

配合物应用极为普遍，已经渗透到许多自然科学领域和重工业部门，如分析化学、生物化学、医学、催化反应以及染料、电镀、湿法冶金、半导体、原子能等工业中都得到广泛应用。

1. 生物化学中的作用

金属配合物在生物化学中具有广泛而重要的应用。生物体中对各种生化反应起特殊作用的各种各样的酶，许多都含有复杂的金属配合物。由于酶的催化作用，使得许多目前在实验室中尚无法实现的化学反应，在生物体内实现了。生命体内的各种代谢作用、能量的转换以及 O_2 的输送，也与金属配合物有密切关系。以 Mg^{2+} 为中心的复杂配合物叶绿素，在进行光合作用时，将 CO_2、H_2O 合成为复杂的糖类，使太阳能转化为化学能加以储存供生命之需。使血液呈红色的血红素结构是以 Fe^{2+} 为中心的复杂配合物，它与有机大分子球蛋白结合成一种蛋白质称为血红蛋白，氧合血红蛋白具有鲜红的颜色。

另外，人体生长和代谢必需的维生素 B_{12} 是 Co 的配合物，起免疫等作用的血清蛋白是 Cu 和 Zn 的配合物；植物固氮菌中的的固氮酶含 Fe、Mo 的配合物等。目前，世界各国的科学界都在致力于这些配合物的组成、结构、性能和有关反应机理的研究，探索某些仿生新工艺，这显然是一个十分重要和备受关注的科学研究领域。

在医药领域中，配合物已成为药物治疗的一个重要方面。例如：EDTA 已用作 Pb^{2+}、Hg^{2+} 等中毒的解毒剂；顺式 $[Pt(NH_3)_2Cl_2]$（又称顺铂）具有抗癌作用而用作治癌药物。

2. 电镀工业中的应用

许多金属制件，常用电镀法镀上一层既耐腐蚀、又增加美观的 Zn、Cu、Ni、Cr、Ag 等金属。在电镀时必须控制电镀液中的上述金属离子以很小的浓度，并使它在作为阴极的金属制件上源源不断地放电沉积，才能得到均匀、致密、光洁的镀层。配合物能较好地达到此要求。CN^- 可以与上述金属离子形成稳定性适度的配离子。所以，电镀工业中曾长期采用氰配合物电镀液，但是，由于含氰废电镀液有剧毒、容易污染环境，造成公害。近年来已逐步找到可代替氰化物作配位剂的焦磷酸盐、柠檬酸、氨三乙酸等，并已逐步建立无毒电镀新工艺。

3. 湿法冶金中的应用

在湿法冶金中，配合物的形成对于一些贵金属的提取起着重要作用。我们知道，贵金属很难氧化，但有配位剂存在时，可形成配合物而溶解。Au、Ag 等贵金属的提取就是应用这个原理。用稀的 NaCN 溶液在空气中处理已粉碎的含 Au、Ag 的矿石，Au、Ag 便可形成配合物而转入溶液：

$$4Au+8NaCN+2H_2O+O_2 \longrightarrow 4Na[Au(CN)_2]+4NaOH$$
$$4Ag+8NaCN+2H_2O+O_2 \longrightarrow 4Na[Ag(CN)_2]+4NaOH$$

然后用活泼金属（如 Zn）还原，可得单质 Au 或 Ag：

$$2[Au(CN)_2]^- + Zn \longrightarrow [Zn(CN)_4]^{2-} + 2Au$$
$$2[Ag(CN)_2]^- + Zn \longrightarrow [Zn(CN)_4]^{2-} + 2Ag$$

贵金属 Pt 的提取是利用王水溶解含 Pt 矿粉，Pt 便转化为 $H_2[PtCl_6]$，再将 $H_2[PtCl_6]$ 转化为氯铂酸铵沉淀。将沉淀分离出来在高温下分解便可制得海绵状 Pt：

$$3Pt+18HCl+4HNO_3 \longrightarrow 3H_2[PtCl_6]+4NO+8H_2O$$
$$H_2[PtCl_6]+2NH_4Cl \longrightarrow (NH_4)_2[PtCl_6]+2HCl$$
$$3(NH_4)_2[PtCl_6] \xrightarrow{800℃} 3Pt+16HCl+2NH_4Cl+2N_2$$

除 Au、Ag、Pt 以外，一些稀有金属的提取，也有采用湿法进行的。

4. 配位催化

利用配合物的形成，对反应所起的催化作用称为配位催化（络合催化），有些已应用于工业生产。例如，以 $PdCl_2$ 作催化剂，在常温常压下可催化乙烯氧化为乙醛：

$$C_2H_4+PdCl_2+H_2O \longrightarrow [PdCl_2H_2O(C_2H_4)] \longrightarrow CH_3CHO+Pd+2HCl$$
$$2CuCl_2+Pd \longrightarrow 2CuCl+PdCl_2$$
$$2CuCl+(1/2)O_2+2HCl \longrightarrow 2CuCl_2+H_2O$$

三式相加得总反应：$C_2H_4+(1/2)O_2 \longrightarrow CH_3CHO$。

配位催化反应具有活性高、反应条件温和（常不需要高温高压）等优点，在有机合成、高分子合成中已有重要的工业化应用。

再如原子能、半导体、激光材料、太阳能储存等高科技领域，环境保护、印染、鞣革等部门也都与配合物有关。配合物的研究与应用，无疑具有广阔的前景。

习　题

1. 填空题

(1) 配合物 $K_2[HgI_4]$ 在溶液中可能解离出来的阳离子有____________，阴离子有____________。配合物 $(NH_4)_4[Cr(SCN)_4Cl_2]$ 在溶液中可能解离出来的阳离子有____________，阴离子有____________。

(2) 在 $[Co(NH_3)_6]Cl_2$ 溶液中，存在下列平衡：$[Co(NH_3)_6]^{2+} \rightleftharpoons Co^{2+}+6NH_3$；若加入 HCl 溶液，由于________，平衡向________移动；若加入氨水，由于____________，平衡向________移动。

(3) 完成下表

配合物或配离子	命　名	中心离子	配体	配位原子	配位数
	六氟合硅(Ⅳ)酸铜				
$[PtCl_2(OH)_2(NH_3)_2]$					
	三羟基·水·乙二胺合铬(Ⅲ)				
$[Fe(CN)_5(CO)]^{3-}$					
	三硝基·三氨合钴(Ⅲ)				
	四羰基合镍				

(4) 比较下列电极电势的相对大小。

$\varphi^{\ominus}_{Hg^{2+}/Hg}$ ________ $\varphi^{\ominus}_{[HgI_4]^{2+}/Hg}$；$\varphi^{\ominus}_{Cu^{2+}/Cu^{+}}$ ________ $\varphi^{\ominus}_{Cu^{2+}/[CuI_2]^{-}}$；

$\varphi^{\ominus}_{Fe^{2+}/Fe}$ ________ $\varphi^{\ominus}_{[Fe(CN)_6]^{4+}/Fe}$；$\varphi^{\ominus}_{[PtCl_4]^{2-}/Pt}$ ________ $\varphi^{\ominus}_{Pt^{2+}/Pt}$。

(5) 判断下列反应进行的方向。

$[HgCl_4]^{2-}+4CN^{-} \rightleftharpoons [Hg(CN)_4]^{2-}+4Cl^{-}$ ________；

($K_{稳}[HgCl_4]^{2-}=1.4\times10^{15}$，$K_{稳}[Hg(CN)_4]^{2-}=1.0\times10^{12}$)

$[Cu(NH_3)_4]^{2+}+Zn^{2+} \rightleftharpoons [Zn(NH_3)_4]^{2+}+Cu^{2+}$ ________；

($K_{稳}[Cu(NH_3)_4]^{2+}=4.8\times10^{12}$，$K_{稳}[Zn(NH_3)_4]^{2+}=2.9\times10^{9}$)

2. 选择题

(1) 在 0.10mol/L 的 $[Ag(NH_3)_2]$ Cl 溶液中，各种组分浓度大小的关系是（　）。

A. $c(NH_3)>c(Cl^-)>c([Ag(NH_3)_2]^+)>c(Ag^+)$

B. $c(Cl^-)>c([Ag(NH_3)_2]^+)>c(Ag^+)>c(NH_3)$

C. $c(Cl^-)>c([Ag(NH_3)_2]^+)>c(NH_3)>c(Ag^+)$

D. $c(NH_3)>c(Cl^-)>c(Ag^+)>c([Ag(NH_3)_2]^+)$

(2) 当溶液中存在两种配体，并且都能与中心离子形成配合物时，在两种配体浓度相同的条件下，中心离子形成配合物的倾向是（　）。

A. 两种配合物形成都很少　　B. 两种配合物形成都很多

C. 主要形成 $K_{稳}$ 较大的配合物　　D. 主要形成 $K_{稳}$ 较小的配合物

(3) 下列物质中在氨水中溶解度最大的是（　）。

A. AgCl　　B. AgBr　　C. AgI　　D. Ag_2S

(4) 下列配合物中，形成体的配位数与配体总数相等的是（　）。

A. $[Fe(en)_3]Cl_3$　　B. $[CoCl_2(en)_2]Cl$

C. $[ZnCl_2(en)]$　　D. $[Fe(OH)_2(H_2O)_4]$

3. 判断题

(1) 只有金属离子才能作为配合物的形成体。（　）

(2) 配位体的数目就是形成体的配位数。（　）

(3) 配离子的电荷数等于中心离子的电荷数。（　）

(4) 在某些金属难溶化合物中，加入配位剂，可使其溶解度增大。（　）

(5) 在 Fe^{3+} 溶液中加入 F^- 后，Fe^{3+} 的氧化性降低。（　）

4. 10mL 0.10mol/L 的 $CuSO_4$ 溶液与 10mL 6.0mol/L 的氨水混合达到平衡后，计算溶液中 Cu^{2+}、$[Cu(NH_3)_4]^{2+}$ 以及 NH_3 的浓度各是多少？若向此溶液中加入 0.01mol 的 NaOH 固体，问是否有 $Cu(OH)_2$ 沉淀生成？($K_{稳}[Cu(NH_3)_4]^{2+}=4.8\times10^{12}$)

第八章 无机化学实验基础知识

【学习目标】

1. 熟知常用干燥剂、制冷剂、加热载体的种类。
2. 熟知常用器皿、化学试剂、滤纸、试纸、化学实验室用水的种类并会正确选用。
3. 熟知正确洗涤常用玻璃仪器和处理实验数据的方法。
4. 熟知安全防护基本知识并会正确操作。

第一节 化学实验室常用仪器

进行无机化学实验，需要用到各种仪器。熟悉它们的规格、性能、正确使用和保管方法，对于方便操作、顺利完成实验、准确及时地报出实验结果、延长仪器的使用寿命和防止意外事故的发生，都是十分必要的。

化学实验室最常用的是玻璃仪器，因玻璃是多种硅酸盐、铝硅酸盐、硼酸盐和二氧化硅等物质的复杂混熔体，它具有良好的透明度、相当高的化学稳定性（但玻璃不耐某些特殊试剂如氢氟酸的侵蚀）、较强的耐热性、价格低廉、加工方便、适用面广等一系列可贵性质和实用价值。玻璃仪器种类甚多，按其用途大体可分为容器、量器和其他三大类别。化学实验室还常用到其他材质的仪器。

无机化学实验室常用仪器的规格、用途及使用注意事项见表 8-1。

表 8-1 常用仪器的规格、用途及使用注意事项

名称及图示	主要规格	一般用途	使用注意事项
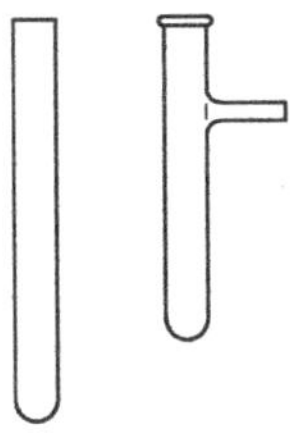 试管	有硬质试管、软质试管；普通试管、离心试管等种类 普通试管有平口、翻口、有刻度、无刻度、有支管、无支管、具塞、无塞等几种（离心试管也有具刻度和无刻度之分） 有刻度试管容积（mL）：10、15、20、25、50、100	普通试管用作少量药剂的反应容器；离心试管用于沉淀离心分离	①普通试管可直接用火加热，硬质的可加热至高温，但不能骤冷 ②离心试管不能直接加热，只能用水浴加热 ③反应液体不超过容积的 1/2，加热液体不超过容积的 1/3 ④加热前试管外壁要擦干，要用试管夹夹执。加热时管口不要对人，要不断振荡，使试管下部受热均匀 ⑤加热液体时，试管与桌面成 45°；加热固体时，管口略向下倾斜

续表

名称及图示	主要规格	一般用途	使用注意事项
 烧杯	有一般型、高型；有刻度、无刻度等几种 容积(mL)：1、5、10、15、25、50、100、200、250、400、500、600、800、1000、2000	药剂量较大时，用此反应器配制溶液、溶样、进行反应、加热蒸发等 还可用于滴定	①加热前先将外壁水擦干，不可干烧 ②反应液体不超过容积的2/3，加热液体不超过容积的1/3
 量杯与量筒	直筒者为量筒；上口大、下口小者为量杯，均系量出式量器。有具塞、无塞等种类容积(mL)：5、10、25、50、100、250、500、1000、2000	粗略量取一定体积的液体	①不能加热，不能量取热的液体 ②不能作反应容器，也不能用来配制或稀释溶液 ③加入或倾出溶液应沿其内壁 ④读取亲水溶液的体积，视线与液面水平，无色或浅色溶液按弯月面最低点；深色溶液按与弯月两则面最高点
 试剂瓶	有广口、细口；磨口、非磨口；无色、棕色等种类 容积(mL)：125、250、500、1000、2000、3000、10000、20000	广口瓶盛放固体试剂 细口瓶盛放液体试剂或溶液 棕色瓶用于盛放见光易分解挥发的不稳定试剂	①不能加热 ②磨口塞应配套，存放碱液瓶应用胶塞 ③不可在瓶内配制热效应大的溶液 ④必须保持试剂瓶上标签完好，倾倒取液体试剂时，标签要对着手心
 滴瓶	有无色和棕色两种，滴管上配有胶帽 容积(mL)：30、60、125	盛放、取用液体或溶液	①滴管不能吸得太满，也不能倒置，防止液体进入胶帽 ②滴管应专用，不得互换使用 ③滴液时滴管要保持垂直，不能使管端接触受容器内壁
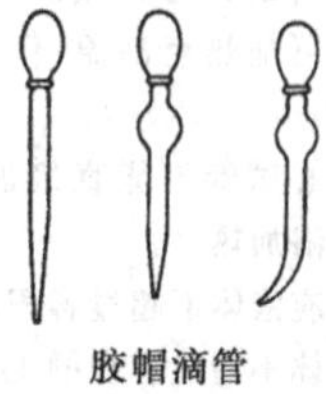 胶帽滴管	直形、具球直形、具球弯形	吸取或滴加少量液体试剂	①内部外部均应洗净 ②同滴瓶之滴管
 洗瓶	有塑料和玻璃两种	储存纯水，用于洗涤器皿和沉淀	①不能装自来水 ②塑料洗瓶不能加热

续表

名称及图示	主要规格	一般用途	使用注意事项
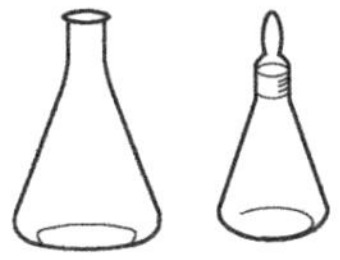 锥形瓶(三角烧瓶)	有无塞、具塞等种类 容积(mL):5、10、25、50、100、150、200、250、300、500、1000、2000	用作加热、处理试样反应容器(可避免液体大量蒸发) 用作滴定的容器	①磨口瓶加热时要打开瓶塞 ②滴定时,所盛溶液不超过容积的1/3 ③其他同烧杯
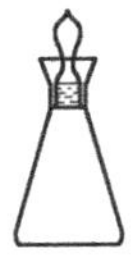 碘量瓶	具有配套的磨口塞 容积(mL):50、100、250、500、1000	与锥形瓶相同,可用于防止液体挥发和固体升华的实验	同锥形瓶
  烧瓶 凯氏烧瓶	有平底、圆底;长颈、短颈;细口、磨口;圆形、梨形;单口、二口及多口烧瓶、凯氏烧瓶等种类 容积(mL):50、100、250、500、1000、2000	用于加热、蒸馏等操作圆底的耐压,平底的不耐压 多口的可装配温度计、搅拌器、加料管,与冷凝器连接 凯氏烧瓶用于消化分解有机物	①盛放的反应物料或液体不超过容积的2/3,但也不宜太少 ②避免直接火焰加热。加热前先将外壁水擦干,放在石棉网上;加热时要固定在铁架台上 ③圆底烧瓶放在桌面上,下面要有木环或石棉环,以免翻滚损坏 ④使用时瓶口勿对着人
 容量瓶	A级与B级、无色与棕色一般为量入式 容积(mL):5、10、25、50、100、200、250、500、1000、2000	用于准确配制或稀释溶液	①瓶塞配套,不能互换 ②读取亲水溶液的体积,视线与液面水平,无色或浅色溶液按弯月面最低点;深色溶液按与弯月两侧面最高点 ③不可烘烤,加热 ④不可储存溶液,长期不用时在瓶塞与瓶口间夹上纸条
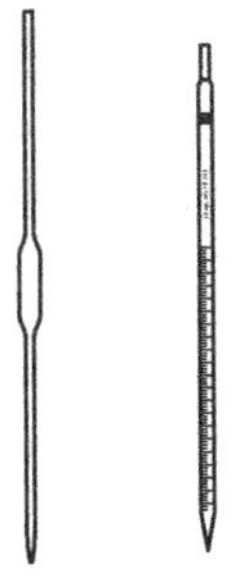 吸管	吸管分为单标线吸管(移液管)与分度吸管(吸量管)两种。 单标线移液管容积(mL):1、2、5、10、15、20、25、50、100 分度移液管容积(mL):0.1、0.2、0.5、1、2、5、10、25、50 分度移液管分完全流出式、吹出式、不完全流出式等	准确移取一定体积的液体或溶液	①不能放在烘箱中烘干,更不能用火加热烤干 ②用毕立即洗净 ③读数方法同量筒

续表

名称及图示	主要规格	一般用途	使用注意事项
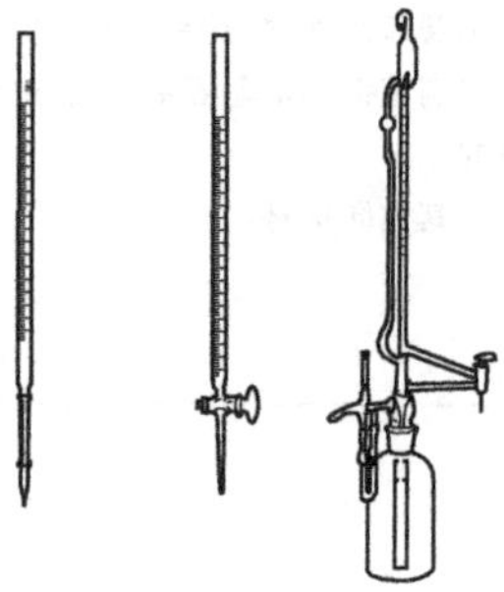 滴定管	滴定管为量出式量器，具有玻璃活塞者为酸式管；具胶管（内有玻璃珠）与玻璃尖嘴者为碱式管（聚四氟乙烯滴定管无酸碱式之分） 容积（mL）：1、2、5、10、25、50、100（10mL 以下为微量滴定管） A 级、A_2 级、B 级 无色、棕色；酸式、碱式 自动滴定管分三路阀、侧边阀、侧边三路阀等	用于准确测量滴定时溶液的流出体积	①酸式滴定管的活塞不能互换，不宜装碱性溶液 ②碱式管不宜装酸性溶液，也不能装氧化性物质溶液，不能长期存放碱液 ③不能加热 ④读取亲水溶液的体积，视线与液面水平，无色或浅色溶液按弯月面最低点；深色溶液按与弯月两侧面最高点 ⑤其他同吸管
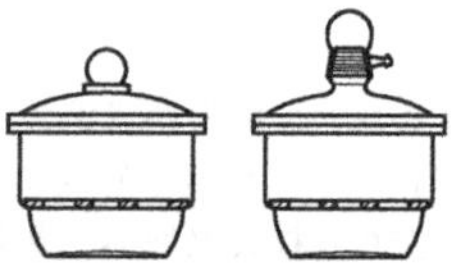 干燥器	分无色、棕色；普通、真空干燥器 上口直径（mm）：160、210、240、300	存放试剂防止吸湿；在定量分析中将灼烧过的坩埚放在其中冷却	①磨口部分涂适量凡士林 ②不可放入红热物体，放入热物体后要开盖数次，以放走热空气 ③干燥剂应有效，下室的干燥剂要及时更换 ④真空干燥器接真空系统抽去空气，干燥效果更好
 称量瓶	分扁形和高形两种 高形 外径(mm)×瓶高(mm) 2×40、30×50、30×60、35×70、40×70 扁形 外径(mm)×瓶高(mm) 25×25、35×25、40×25、50×30、60×30、70×35	高形用于称量试样、基准物 扁形用于在烘箱中干燥试样、基准试剂与测定物质的水分	①瓶盖是磨口配套的，不能互换 ②不用时洗净，在磨口处垫上纸条
 表面皿	直径（mm）：45、65、70、90、100、125、150	可作烧杯、漏斗或蒸发皿盖，也可用作物质称量、鉴定器皿	①不能用直接火加热 ②作盖用时，直径要比容器口直径大些
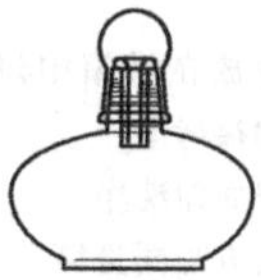 酒精灯	容量（酒精安全灌注量，mL）100、150、200	实验室中常用的加热仪器	①灯壶中的酒精容量不应少于1/3，不应多于4/5 ②点灯要使用火柴或打火机，不准用燃着的酒精灯去点燃另一个酒精灯，不得往燃着的酒精灯中加酒精 ③熄灭酒精灯，应用灯帽盖灭，切忌用嘴吹。盖灭后还应将灯帽提起一下

续表

名称及图示	主要规格	一般用途	使用注意事项
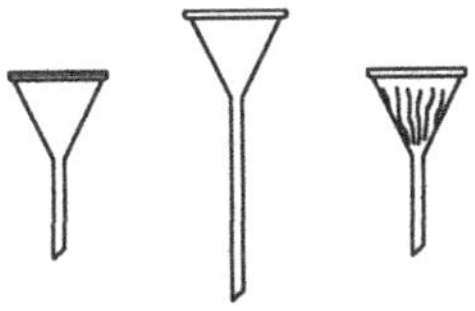 漏斗	有短颈、长颈、粗颈、无颈、直渠、弯渠等种类 上口直径(mm):45、55、60、70、80、100、120	过滤沉淀,作加液器 粗颈漏斗可用来转移固体试剂	①不能用火焰直接烘烤,过滤的液体也不能太热 ②过滤时漏斗颈尖端要紧贴承接容器的内壁
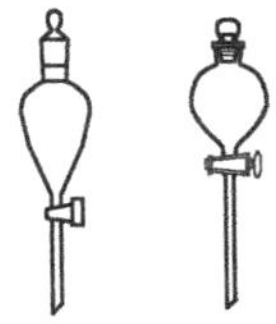 分液漏斗、滴液漏斗	形状有球形、锥形、梨形、筒形(无刻度、具刻度);可分为普通和恒压等规格 容积(mL):50、100、250、500、1000、2000	两相液体分离;液体洗涤和萃取富集;作制备反应中加液器	①不能用火焰直接加热 ②活塞不能互换 ③进行萃取时,振荡初期应放气数次 ④滴液加料到反应器中时
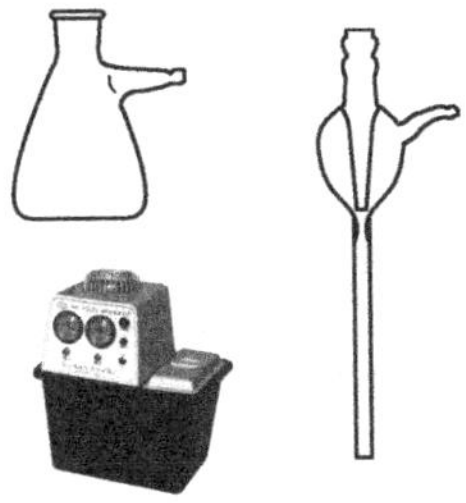 吸滤瓶、水泵(抽气管) 小型循环水真空泵	吸滤瓶容积(mL):50、100、250、500、1000 水泵:伽式、艾式、孟式、改良式	吸滤瓶连接水泵或真空系统,与布氏漏斗配合,进行晶体或沉淀的减压过滤	①水泵要用厚胶管接在水龙头上,并拴牢 ②选配合适的抽滤垫,抽滤时漏斗管尖远离抽气嘴 ③布氏漏斗和吸滤瓶大小要配套,滤纸直径要略小于漏斗内径 ④过滤前先抽气,结束时先断开水泵与滤瓶连接处再停止抽气,以防止液体倒吸
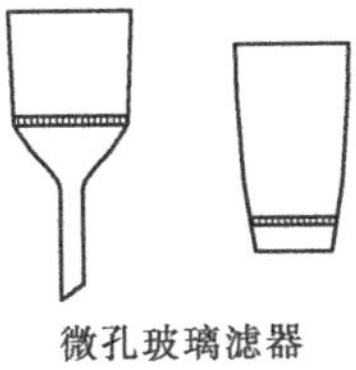 微孔玻璃滤器	包括微孔玻璃坩埚与微孔玻璃漏斗 容积(mL):10、20、30、60、100、250、500、1000 微孔直径(μm): P1.6(≤1.6)、P4(1.6~4)、P10(4~10)、P16(10~16)、P40(10~40)、P100(40~100)、P160(100~160)、P250(160~250)	连接到水泵或真空系统中进行结晶或沉淀的减压过滤	①必须抽滤 ②不能骤冷骤热,不可过滤氢氟酸、碱液 ③用毕及时洗净
 布氏漏斗	布氏漏斗有瓷制或玻璃制品,规格以直径(mm)表示,60、80、100、120、150、200、250、300	连接到水泵或真空系统中进行结晶或沉淀的减压过滤	①不能用火加热 ②漏斗和吸滤瓶大小要配套,滤纸直径要略小于漏斗内径 ③过滤前,先抽气,结束时,先断开水泵和滤瓶连接处,再停抽气,以防液体倒吸

续表

名称及图示	主要规格	一般用途	使用注意事项
 离心机	实验室常用电动离心机有低速、高速离心机和低速、高速冷冻离心机，以及超速分析、制备两用冷冻离心机等多种型号	离心机是利用离心力对混合液(含有固形物)进行分离和沉淀的一种专用仪器	①离心管一定要平衡好，放入离心机时也要注意位置平衡。绝对不要超过离心机或离心陀的最高限转速 ②一定要在达到预设转速后，才能离开离心机；若有任何异状，要立刻停机 ③通常听声音即可得知离心状况是否正常，也可注意离心机的震动情形
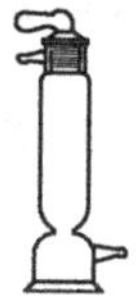 干燥塔	容积(mL)：250、500	净化和干燥气体	①塔体上室底部放少许玻璃棉，其上放固体干燥剂 ②下口进气、上口出气，球形干燥塔内管进气 ③干燥剂或吸收剂必须有效
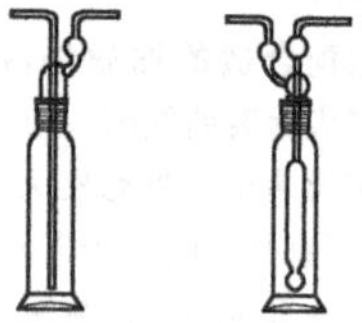 洗气瓶	规格以容积(mL)表示	内装适当试剂作为洗涤剂，用于除去气体中的杂质	①根据气体性质选择洗涤剂，洗涤剂应为容积的约 1/2 ②进气管和出气管不可接反
 启普发生器	规格以容积(mL)表示	用于常温下固体与液体反应，制取气体	①不能用来加热或加入热的液体 ②使用前必须检查气密性
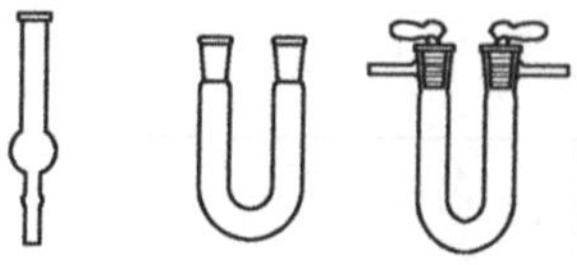 干燥管	球形： 有效长度(mm)100、150、200 U形： 高度(mm)100、150、200 U形带阀及支管	用于放置干燥剂以干燥气体	①干燥剂或吸收剂必须有效 ②球形管干燥剂置于球形部分，U形管干燥剂置于管中，在干燥剂面上填充棉花 ③两端大小不同的，大头进气，小头出气
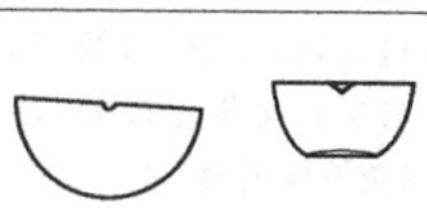 蒸发皿	平底与圆底；带柄与不带柄有瓷、石英、铂等制品 容积(mL)：30、60、100、250	用于蒸发或浓缩溶液，也可作反应器及灼烧固体	①能耐高温，但不宜骤冷 ②一般放在铁环上直接用火加热，但须在预热后再提高加热强度

续表

名称及图示	主要规格	一般用途	使用注意事项
 研钵	有玻璃、瓷、铁、玛瑙等材质制品 口径(mm):60、70、90、100、150、200	用于混合、研磨固体物质	①不能作反应容器,放入物质量不超过容积的 1/3 ②根据物质性质选用不同材质的研钵 ③易爆物质只能轻轻压碎,不能研磨
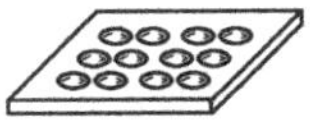 点滴板	上釉瓷板,分黑、白两种	进行点滴反应,观察沉淀生成或颜色	不可进行加热操作
 坩埚	有瓷、石墨、铁、镍、铂等材质制品 容积(mL):20、25、30、50	熔融或灼烧固体,高温处理样品	①根据灼烧物质性质选用不同材质的坩埚 ②耐高温,可直接火加热,但不宜骤冷 ③铂制品使用要遵守专门说明
 水浴锅/数显电热恒温水浴锅	有铜、铝等材质制品。数显电热恒温水浴锅又分为单列单孔/多孔、双列四孔/六孔/八孔 按功率分:300～2000W	用作水浴加热	①选择好圈环,使受热器皿浸入锅中 2/3 ②注意补充水,防止烧干 ③使用完毕,倒出剩余的水,擦干 ④控温系统是经过精心调校达到的,设有专用设备,用户不随意调动机内元件否则影响精度
 三脚架	铁制品,有大、小、高、低之分	放置加热器	①必须受热均匀的受热器应先垫上石棉网 ②保持平稳
 升降台	规格:100mm×100mm 150mm×150mm 200mm×200mm 250mm×250mm	可调性固定仪器的高度	
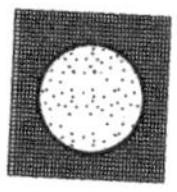 石棉网	由铁丝编成,涂上石棉层,有大小之分	承放受热容器,使加热均匀	①不要浸水或扭拉,以免损坏石棉 ②石棉有致癌作用,已逐渐用高温陶瓷代替

续表

名称及图示	主要规格	一般用途	使用注意事项
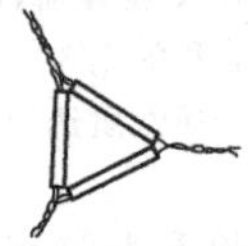 泥三角	由铁丝编成，上套耐热瓷管，有大小之分	直接加热时用以承放坩埚或小蒸发皿	①灼烧后不要沾上冷水，保护瓷管 ②选择泥三角的大小要使放在上面的坩埚露在上面的部分不超过本身高度的1/3
 坩埚钳	铁或铜合金制成，表面镀铬	夹取高温下的坩埚或坩埚盖	必须先预热再夹取
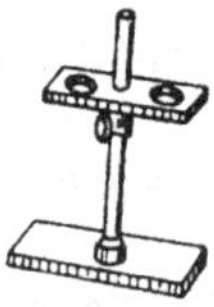 漏斗架	木制，由螺丝可调节固定上板的位置	过滤时上面放置漏斗，下面放置承接滤液容器	固定上板的螺丝必须拧紧
 止水夹	有铁、铜制品，常用的有弹簧夹和螺旋夹两种	夹在胶管上以沟通、关闭流体的通路，或控制调节流量	
 药匙	用牛角、塑料、不锈钢等材料制成	取固体试剂	①根据实际选用大小合适的药匙，取用量很少时，用小端 ②用完后洗净擦干，再去取另外一种药品
 毛刷	有试管刷、滴定管刷和烧杯刷等 规格以大小和用途表示	洗刷仪器	①刷毛不耐碱，不能浸在碱溶液中 ②洗刷仪器时，小心顶端戳破仪器

第二节 化学试剂

化学试剂是符合一定质量标准的纯度较高的化学物质，它是用于教学、科研和生产检验的重要物质，并可作为精细化学品生产的纯和特纯的功能材料与原料。化学试剂是无机及分析实验工作的物质基础，能否正确选择、使用化学试剂，将直接影响到实验的成败、准确度的高低及实验成本。

一、化学试剂的分类

化学试剂的门类很多，世界各国对化学试剂分类和分级的标准尚未一致，各国都有自己的国家标准及其他标准（行业标准、学会标准等）。国际标准化组织（ISO）已制定了多种化学试剂的国际标准，国际纯粹与应用化学联合会（IUPAC）对化学标准物质的分级也有了规定。我国化学试剂产品目前有国家标准（GB）、原化工部标准（HG）及企业标准（QB）三级，近年来部分化学试剂的国家标准不同程度地采用了国际标准和国外某些先进标准。在各类各级标准中，均明确规定了化学试剂的质量指标。

化学试剂的应用范围极广，随着科学技术的进步与生产的发展，新型化学试剂还将不断推出。虽然现在化学试剂还没有统一的分类方法，但根据质量标准及用途的不同，可将其大体分为标准试剂、普通试剂、高纯试剂和专用试剂四大类。

按规定，试剂瓶的标签上应标示试剂的名称、化学式、摩尔质量、级别、技术规格、产品标准号、生产许可证号（部分常用试剂）、生产批号、厂名等，危险品和毒品还应给出相应的标志。

1. 标准试剂

标准试剂是用于衡量其他物质化学量的标准物质（标准物质是指已确定其一种或几种特性，用于校准测量器具、评价测量方法或确定材料特性量值的物质），通常由大型试剂厂生产，并严格按国家标准规定的方法进行检验，其特点是主体成分含量高而且准确可靠。国产主要标准试剂见表 8-2。

表 8-2 主要国产标准试剂

类　别	主要用途
滴定分析第一基准试剂(C 级)	工作基准试剂的定值
滴定分析工作基准试剂(D 级)	滴定分析标准滴定溶液的定值
滴定分析标准滴定溶液	滴定分析法测定物质的含量
临床分析标准滴定溶液	临床化验
一级 pH 基准试剂	pH 基准试剂的定值和高精密度 pH 计的校准
pH 基准试剂	pH 计的校准(定位)
杂质分析标准溶液	仪器及化学分析中作为微量杂质分析的标准
热值分析试剂	热值分析仪的标定
色谱分析标准	气相色谱法进行定性和定量分析的标准
农药分析标准	农药分析
有机元素分析标准	有机物元素分析

滴定分析用标准试剂我国习惯称为基准试剂，它分作 C 级（第一基准）与 D 级（工作基准）两个级别。我国迄今共计有 6 种 C 级和 14 种 D 级基准试剂，主体成分的质量分数前者为 99.98%～100.02%，后者为 99.95%～100.05%。D 级基准试剂是滴定分析中的计量标准物质，D 级基准试剂见表 8-3。

基准试剂规定采用浅绿色瓶签。

表 8-3　D 级基准试剂

名　　称	国家标准代号	使用前的干燥方法	主要用途
邻苯二甲酸氢钾	GB 1257—1989	105～110℃干燥至恒重	标定 NaOH、$HClO_4$ 溶液
乙二胺四乙酸二钠	GB 12593—1990	硝酸镁饱和溶液恒湿器中放置 7 天	标定金属离子溶液
无水对氨基苯磺酸	GB 1261—1977	(120±2)℃干燥至恒重	标定 Na_2NO_2 溶液
无水碳酸钠	GB 1255—1990	270～300℃灼烧至恒重	标定 HCl、H_2SO_4 溶液
苯甲酸	GB 1259—1990	五氧化二磷干燥器减压干燥至恒重	标定甲醇钠溶液
氧化锌	GB 1260—1990	800℃灼烧至恒重	标定 EDTA 溶液
碳酸钙	GB 12596—1990	(110±2)℃干燥至恒重	标定 EDTA 溶液
氯化钠	GB 1253—1989	500～600℃灼烧至恒重	标定 $AgNO_3$ 溶液
硝酸银	GB 12595—1990	硫酸干燥器干燥至恒重	标定卤化物及硫氰酸盐溶液
草酸钠	GB 1254—1990	105～110℃干燥至恒重	标定 $KMnO_4$ 溶液
碘酸钾	GB 1258—1990	(180±2)℃干燥至恒重	标定 $Na_2S_2O_3$ 溶液
重铬酸钾	GB 1259—1989	(120±2)℃干燥至恒重	标定 $Na_2S_2O_3$、$FeSO_4$ 溶液
溴酸钾	GB 12594—1990	(180±2)℃干燥至恒重	标定 $Na_2S_2O_3$ 溶液
三氧化二砷	GB 1256—1990	硫酸干燥器干燥至恒重	标定 I_2 溶液

2. 普通试剂

普通试剂是实验室广泛使用的通用试剂（生化试剂、指示剂也属于普通试剂），国家和主管部门颁布质量指标的主要是 3 个级别，其规格和适用范围见表 8-4。

表 8-4　普通化学试剂

试剂级别	名称	英文名称	符号	标签颜色	适用范围
一级品	优级纯	guaranteed reagent	G. R.	深绿	主体成分含量最高，杂质含量最低，适用于精密分析及科学研究工作
二级品	分析纯	analytical reagent	A. R.	金光红	主体成分含量低于优级纯试剂，杂质含量略高，主要用于一般分析测试、科学研究工作
三级品	化学纯	chemical reagent	C. P.	中蓝	质量较分析纯试剂低，适用于教学或精度要求不高的分析测试工作和无机、有机化学实验

3. 高纯试剂

高纯试剂主体成分含量通常与优级纯试剂相当，但杂质含量很低，而且规定的杂质检测项目比优级纯或基准试剂多 1～2 倍，通常杂质量控制在 10^{-9}～10^{-6} 级的范围内。高纯试剂主要用于微量分析中试样的分解及试液的制备。

高纯试剂多属于通用试剂（如盐酸、高氯酸、氨水、碳酸钠、硼酸等），目前只有 8 种高纯试剂颁布了国家标准。其他产品一般执行企业标准，叫法也不统一，在产品的标签上常常标为“特优”、“超优”或“特纯”、“超纯”试剂，选用时应注意标示的杂质含量是否合乎实验要求。

4. 专用试剂

专用试剂是一类具有专门用途的试剂。该试剂主体成分含量高，杂质含量很低，它与高纯试剂的区别是：在特定的用途中干扰杂质成分只需控制在不致产生明显干扰的限度以下。

专用试剂种类颇多，如紫外及红外光谱纯试剂、色谱分析标准试剂、薄层分析试剂及气相色谱载体与固定液等。

二、化学试剂的选用

化学试剂的主体成分含量越高，杂质含量越少，即级别越高，则由于其生产或提纯过程越复杂而价格越高，如基准试剂和高纯试剂的价格要比普通试剂高数倍乃至数十倍。在进行实验时，应根据实验的性质、实验方法的灵敏度与选择性、待测组分的含量及对实验结果准确度的要求等，选择合适的化学试剂，既不超级别造成浪费，又不随意降低级别而影响实验结果。

选用化学试剂应注意以下几点。

① 一般无机化学教学实验使用化学纯试剂，提纯实验、配制洗液则可使用实验级试剂。

② 一般滴定分析常用标准滴定溶液，应采用分析纯试剂配制，再用 D 级基准试剂标定；而对分析结果要求不高的实验，则可用优级纯甚至分析纯试剂代替基准级试剂；滴定分析所用其他试剂一般为分析纯试剂。

③ 仪器分析实验中一般使用优级纯或专用试剂，测定微量或超微量成分时应选用高纯试剂。

④ 从很多试剂的主体成分含量看，优级纯与分析纯相同或很接近，只是杂质含量不同。如果所做实验对试剂杂质要求高，应选择优级纯试剂；如果只对主体含量要求高，则应选用分析纯试剂。

⑤ 如现有试剂的纯度不能满足某种实验的要求，或对试剂的质量有怀疑时，应将试剂进行一次或多次提纯后再使用。

⑥ 化学试剂的级别必须与相应的纯水以及容器配合。比如，在精密分析实验中常使用优级纯试剂，就需要以二次蒸馏水或去离子水及硬质硼硅玻璃器皿或聚乙烯器皿与之配合，只有这样才能发挥化学试剂的纯度作用，达到要求的实验精度。

⑦ 由于进口化学试剂的规格、标志与我国化学试剂现行等级标准不相同，使用时应参照有关化学手册加以区分。

第三节　实验室用水

水是一种使用最广泛的化学试剂，是最廉价的溶剂和洗涤液。进行化学实验时，洗涤仪器、配制溶液、溶解试样、冷却降温均需用水。自来水中常含有 Ca^{2+}、Mg^{2+}、Na^{+}、Fe^{3+}、Al^{3+}、Cl^{-}、SO_4^{2-}、HCO_3^{-} 等杂质，对化学反应会造成不同程度的干扰，只在仪器的初步洗涤或冷却时使用。自来水经纯化处理后所得纯水即化学实验室用水，方可作为精洗仪器用水、溶剂用水、分析用水及无机制备的后期用水等。

我国已制定了实验室用水的国家标准 GB/T 6682—1992《实验室用水规格》，其规定了实验室用水的技术指标、制备方法及检验方法。这一基础标准的制定，对规范我国化学实验室用水，提高化学实验的可靠性、准确性有着重要的作用。进行化学实验时，应根据具体任务和要求的不同，选用不同规格的实验室用水。

一、实验室用水的制备

制备实验室用水的原料水，通常多采用自来水。根据制备方法不同，一般将实验用水分为离子交换水（去离子水）、蒸馏水和电渗析水。由于制备方法不同，纯水的质量也有差异。

保存实验室用水应用塑料容器而不能用玻璃容器，以免玻璃中所含钠盐及其他杂质会慢慢溶于水使水的纯度降低。

1. 离子交换水的制备

化学实验室广泛采用离子交换树脂来分离出水中的杂质离子，这种方法叫离子交换法。因为溶于水的杂质离子已被除去，所以制得的纯水又称为去离子水，去离子水常温下的电阻率可达 $5\times10^6\Omega\cdot cm$ 以上。离子交换法制纯水具有出水纯度高、操作技术易掌握、产量大、成本低等优点，很适合于各种规模的化验室采用。该方法的缺点是设备较复杂，制备的水未除去非离子型杂质，含有微生物和某些微量有机物。

2. 蒸馏水的制备

蒸馏法制备纯水是根据水与杂质的沸点不同，将自来水（或其他天然水）用蒸馏器蒸馏而制得的。用这种方法制备纯水操作简单，不挥发的离子型和非离子型杂质均可除去，但不能除去易溶于水的气体。蒸馏一次所得蒸馏水仍含有微量杂质，只能用于一般化学实验，对洗涤洁净度高的仪器和进行精确的定量分析工作，则必须采用多次蒸馏而得到的二次、三次甚至更多次的高纯蒸馏水。该方法的缺点是极其耗能和费水且速度慢、产量低，一般纯度也不够高。

蒸馏器有多种类型，目前使用的蒸馏器一般是由玻璃、镀锡铜皮、铝皮或石英等材料制成的。由于微量的冷凝管材料成分也能带入蒸馏水中，蒸馏器的质材不同，带入蒸馏水中的杂质也不同，如用玻璃蒸馏器制得的蒸馏水会有 Na^+、SiO_3^{2-} 等离子；用铜蒸馏器制得的蒸馏水通常含有 Cu^{2+}。蒸馏水中通常还含在一些其他杂质，如二氧化碳及某些低沸物易挥发物质，能随水蒸气带入蒸馏水中；少量液态水成雾状逸出，直接进入蒸馏水中。制备高纯蒸馏水时，则须使用硬质玻璃蒸馏器或石英、银及聚四氟乙烯等蒸馏器。

一般水的纯度可用电阻率（或电导率）的大小来衡量，电阻率越高（或电导率越低），说明水越纯净。蒸馏水在室温时的电阻率可达约 $10^5\Omega\cdot cm$，而自来水一般约为$3\times10^3\Omega\cdot cm$。在某些实验（如精密分析化学实验等）中，往往要求使用更高纯度的水，这时可在蒸馏水中加入少量高锰酸钾和氢氧化钡，再次进行蒸馏，以除去水中极微量的有机杂质、无机杂质以及挥发性的酸性氧化物（如 CO_2），这种水称为重蒸水，电阻率可达 $10^6\Omega\cdot cm$。

3. 电渗析水的制备

这是在离子交换技术基础上发展起来的一种方法。它是在外电场的作用下，利用阴阳离子交换膜对溶液中离子的选择性透过而使杂质离子自水中分离出来从而制得纯水的方法。电渗析水纯度比蒸馏水低，未除去非离子型杂质，电阻率为 $10^3\sim10^4\Omega\cdot cm$。

4. 超纯水的制备

超纯水的制备，采用的是一种近几年发明的反渗透技术和离子交换技术相结合制备纯水的先进技术，其制备设备称作超纯水器。

超纯水器主要包括 PP 棉滤芯、增压泵、电磁阀、滤芯、R.O 反渗透膜（采用优质

R. O——交联芳香族聚酰胺复合膜）、高容量离子交换树脂、管路连接件、控制原件、紫外灯等。超纯水器使用的初级纤维过滤柱的孔径为 5μm，所以可以阻截更小的颗粒物，从而保证进水的清洁并延长下游部件的使用寿命。因为在水进入活性炭柱和 R. O 膜时，需要有一定压力，我们称为渗透压，所以在纤维柱出水口使用泵进行增压，让增压后的水进入活性炭柱，从活性炭吸附柱出来的水再进入 R. O 反渗透过滤器，反渗透膜的孔径一般为 10～100A 之间，在系统既定压力下，只能透水而不透过溶质。因此，能精密滤除水中的细菌、病毒、盐类及各种致癌物质，脱盐率为 99%。在“超纯水”终端出水口配有 0.22μm 精密过滤器，以保证离子交换柱的树脂残片不会随出水口流出，同时有效地过滤细菌。从而获得了高质量的纯水，它的出水电阻率一般均可达到 $1.8\times10^{7}\Omega\cdot cm$（$18M\Omega\cdot cm$）。

超纯水器采用微电脑单板机程序控制，水质检测自动显示，操作简单方便。

二、实验室常用水的级别

国家标准规定的实验室用水分为 3 级，其规格见表 8-5。

表 8-5　实验室常用水的级别及主要指标

指标名称	一级	二级	三级
pH 范围	—	—	5.0～7.5
电导率(25℃)/(mS/m)	≤0.01	≤0.10	≤0.50
吸光度(254nm,1cm 光程)	≤0.001	≤0.01	—
可氧化物质[以(O)计]/(mg/L)	—	≤0.08	≤0.4
蒸发残渣[(105±2)℃]/(mg/L)	—	≤1.0	≤2.0
可溶性硅(以 SiO_2 计)/(mg/L)	≤0.01	≤0.02	—

注：1. 由于在一级水、二级水的纯度下，难于测定其真实的 pH，因此，对一级水、二级水的 pH 范围不做规定。

2. 一级水、二级水的电导率需用新制备的水“在线”（即将测量电极安装在制水设备的出水管道内）测定。

3. 由于在一级水的纯度下，难于测定可氧化物质和蒸发残渣，对其限量不做规定，可用其他条件和制备方法来保证一级水的质量。

1. 一级水

一级水可用二级水经过石英设备蒸馏或离子交换混合床处理后，再经 0.2pm 微孔滤膜过滤来制取。一级水用于有严格要求的分析实验，包括对颗粒有要求的实验，如高压液相色谱分析用水。

2. 二级水

二级水可用多次蒸馏或离子交换等方法制取，其用于无机痕量分析等实验，如原子吸收光谱分析、电化学分析实验等。

3. 三级水

三级水可用蒸馏或离子交换等方法制取，它是最普遍使用的纯水，可用于一般无机及分析化学实验，还可用于制备二级水乃至一级水。

4. 超纯水

超纯水是水中电解质几乎全部去除，水中不溶解的胶体物质、微生物、微粒、有机物、溶解气体降至很低程度，都是经过碳吸附、膜过滤等终端精处理的水。超纯水已被广泛运用于电子、电力、化工、电镀、实验室及医药等众多领域。

目前，我国电子工业部把工业超纯水水质技术分为 5 个行业标准，分别为 $18M\Omega\cdot cm$、

15MΩ·cm、10MΩ·cm、2MΩ·cm、0.5MΩ·cm。

实验室用超纯水对水质大都要求比较高，主要用于有严格要求的分析试验，包括对颗粒有要求的试验。如高压液相色谱、等离子体质谱仪等分析用水，电阻率要求大于15MΩ·cm；如无机痕量分析（原子吸收光谱等）试验用水，电阻率要求大于10MΩ·cm。

为保证纯水的质量符合分析工作的要求，对于所制备的每一批纯水，都必须进行质量检查。国家标准（GB/T 6682—1992）中只规定了实验室用水质量的一般技术指标，在实际工作中，有些实验对水有特殊要求，还要进行其他有关项目的检查。

三、特殊纯水的制备

在一些分析化学实验中，要求使用不含某种指定物质的特殊纯水，常用几种特殊纯水的制备方法如下。

1. 无氧纯水

将普通纯水注入烧瓶中，煮沸1h后，立即用装有玻璃导管的胶塞塞紧瓶口，导管与盛有100g/L焦性没食子酸碱性溶液的洗瓶连接，放置冷却后即得无氧纯水。

2. 无二氧化碳纯水

将普通纯水注入烧瓶中，煮沸10min，立即用装有钠石灰管的胶塞塞紧瓶口，放置冷却后即得无二氧化碳纯水。

3. 无氨纯水

将普通纯水以3～5mL/min的流速通过离子交换柱即得无氨纯水。交换柱直径3cm、长50cm，依次填入2份强碱性阴离子交换树脂和1份强酸性阳离子树脂。

第四节 常用干燥剂、制冷剂与加热载体

一、干燥剂

凡是能吸收水分的物质，一般都可以称为干燥剂，它主要用于脱除气态或液态物质中的游离水分。干燥剂既要有易与游离水分结合的活性，又要有不破坏被干燥物质的惰性。实验室常用干燥剂主要有无机干燥剂与分子筛干燥剂两类，常用于气体和液体的无机干燥剂见表8-6、表8-7。

表8-6 用于气体的无机干燥剂

干燥剂	适用干燥的气体
氯化钙	氢、氧、氯化氢、氮、二氧化硫、甲烷、乙醚、烯烃、氯代烃、烷烃
氧化钙	氨、胺类
氧化铝	多数气体
硅胶	氨、胺类、氧、氮
浓硫酸	氢、二氧化碳、一氧化碳、氮、氯、烷烃
碱石灰	氨、胺类、氧、氮
氢氧化钾	氨、胺类
五氧化二磷	氢、氧、二氧化碳、一氧化碳、氮、二氧化硫、甲烷、乙烯、烷烃

表 8-7　用于液体的无机干燥剂

干燥剂	适用干燥的液体	不适用干燥的液体	干燥剂	适用干燥的液体	不适用干燥的液体
五氧化二磷	烃、卤代烃、二氧化硫	碱、酮、易聚合物	碳酸钾	碱、卤代物、酮	脂肪酸、酯
浓硫酸	饱和烃、卤代烃	碱、酮、醇、酚	硫酸铜	醚、醇	甲醇
氯化钙	醚、酮、卤代烷、硝基物	醇、酮、胺、酚、脂肪酸	钠	醚、饱和烃	醇、胺、酯
氢氧化钾	碱	酮、醛、脂肪酸、酸	硫酸钠	普通物质	

分子筛是人工合成的一种多水合晶体硅铝酸盐型超微孔吸附剂。其适合于多种气体（如空气、天然气、氢、氧、二氧化碳、硫化氢、乙炔等）和有机溶剂（如苯、乙醇、乙醚、丙酮、四氯化碳等）的干燥。分子筛种类很多，目前广为应用的是 A 型、X 型和 Y 型。各类分子筛的化学组成及特性见表 8-8。

表 8-8　各类分子筛干燥剂

类型	化学组成	水吸附量/%	特性和应用
A 型			
3A 或钾 A 型	$(0.75K_2O、0.25Na_2O):Al_2O_3:2SiO_2$	25	只吸附水，用于乙烷-乙烯馏分、二氧化碳、乙醇、丙烯的干燥等。
4A 或钠 A 型	$Na_2O:Al_2O_3:2SiO_2$	27.5	吸附水、甲醇、乙醇、硫化氢、二氧化硫、二氧化碳、乙烯、丙烯等
5A 或钙 A 型	$(0.75CaO、0.25Na_2O):Al_2O_3:2SiO_2$	27	用于空气、天然气、烷烃、氮气、惰性气体的干燥与净化；正异构烃类分离
X 型		—	
10X 或钙 X 型	$(0.75CaO、0.75Na_2O):Al_2O_3:(2.5\pm0.5)SiO_2$		用于芳烃类异构体分离及石蜡精制
13X 或钠 X 型	$Na_2O:Al_2O_3:(2.5\pm0.5)SiO_2$	39.5	主要用于空分装置原料气的净化和催化剂载体。可吸附水、二氧化碳、乙炔、硫化氢等
Y 型	$Na_2O:Al_2O_3:(3\sim6)SiO_2$	35.2	用于石油化工的催化剂和催化剂载体，也可做吸附剂，吸水性强

二、制冷剂

实验室进行低温操作，或使溶液的温度低于室温时，最简单的方法是采用制冷剂冷却。常用制冷剂的制冷最低温度见表8-9。

表 8-9　常用制冷剂

制　冷　剂	最低温度/℃	制　冷　剂	最低温度/℃
氯化铵＋水(30＋100)	－3	氯化钾＋冰雪(100＋100)	－30
氯化钙＋水(250＋100)	－8	六水氯化钙＋冰雪(125＋100)	－40
六水氯化钙＋冰雪(41＋100)	－9	六水氯化钙＋冰雪(150＋100)	－49
硝酸铵＋水(100＋100)	－12	六水氯化钙＋冰雪(500＋100)	－54
氯化铵＋冰雪(25＋100)	－15	干冰＋丙酮	－78
浓硫酸＋冰雪(25＋100)	－20	液氧	－183
氯化钠＋冰雪(33＋100)	－21	液氮	－195.8
硫氰酸钾＋水(100＋100)	－24	液氢	－252.8
氯化铵＋硝酸钾＋水(100＋100＋100)	－25	液氦	－268.9
硝酸钾＋硝酸铵＋冰雪(9＋74＋100)	－25		

三、加热载体

有些物质热稳定性较差，过热时会发生氧化、分解等作用或大量挥发丢失。此类物质不宜直接加热，而应采用间接加热法。

间接加热即通过传热介质以热浴的方式进行加热。其具有受热均匀、受热面积大、易控制温度和无明火等优点。热浴一般有水浴、油浴、沙浴和空气浴等，常用加热载体见表8-10。

表 8-10 常用加热载体 单位：℃

热浴名称	加热载体	极限温度	热浴名称	加热载体	极限温度
水浴	水	98	硫酸浴	硫酸	250
油浴	棉籽油	210	空气浴	空气	300
	甘油	220	石蜡浴	熔点为 30～60℃的石蜡	300
	石蜡油	220	沙浴	细沙	400
	58～62 号汽缸油	250	金属浴	铜或铅	500
	甲基硅油	250		锡	600
	苯基硅油	300		铝青铜(90%铜、10%铝合金)	700

注：1. 使用金属浴时，先在器皿底部涂上一层石墨，防止熔融金属黏附在器皿上；在金属凝固前将其移出金属浴。
2. 棉籽油初次使用，最高温度在 180℃以下，多次使用后温度方可升高至 210℃。

第五节 滤纸与试纸

一、滤纸

滤纸主要用于沉淀的分离和定量化学分析中的称量分析与色谱分析，它们通常是以高级棉为原料制成的一种纯洁度高、组织均匀并具有一定强度的纯棉纸张。滤纸有各种不同的类型，在实验过程中，应当根据实验要求和沉淀的性质、数量，合理地选用。

1. 滤纸的类型

化学实验室中常用滤纸分为定量滤纸和定性滤纸两种。用于称量分析的滤纸是定量滤纸。定量滤纸又称为无灰滤纸，生产过程中用稀盐酸和氢氟酸处理过，其中大部分无机杂质都已被除去，每张滤纸灼烧后的灰分不大于滤纸质量的 0.003%（小于或等于常量分析天平的感量），在称量分析法中可以忽略不计。定性滤纸主要用于一般沉淀的分离，不能用于称量分析。

按过滤速度和分离性能的不同，滤纸又可分为快速、中速和慢速三类，在滤纸盒上分别以白带、蓝带和红带作为标志。

2. 滤纸的规格与主要技术指标

滤纸外形有圆形和方形两种。常用的圆形滤纸有 7cm、9cm、11cm 等规格。方形滤纸都是定性滤纸，有 60cm×60cm、30cm×30cm 等规格。

国家标准《化学分析滤纸》（GB/T 1914—1993）对定量滤纸和定性滤纸产品的分类、型号和技术指标及试验方法等都有规定。滤纸产品按质量分为 A 等、B 等、C 等，A 等滤纸产品的主要技术指标见表 8-11。

表 8-11 A 等定性、定量滤纸产品的主要技术指标及规格

指标		快速	中速	慢速
过滤速度/s		≤35	≤70	≤140
型号	定性滤纸	101	102	103
	定量滤纸	201	202	203
分离性能(沉淀物)		氢氧化铁	碳酸锌	硫酸钡(热)
湿耐破度/mmH_2O		≥130	≥150	≥200
灰分/%	定性滤纸	≤0.13		
	定量滤纸	≤0.009		
铁含量(定性滤纸)/%		≤0.003		
定量/(g/m^2)		80.0±4.0		
圆形纸直径/cm		7、9、11、12.5、15、18、22		
方形纸尺寸/cm		60×60、30×30		

注：1. 过滤速度是指把滤纸折成60°角锥的圈形，将滤纸完全浸湿，取15mL水进行过滤，开始滤出的3mL不计时，然后用秒表计量滤出6mL水所需要的时间。

2. 定量是指规定面积内滤纸的质量，这是造纸工业术语。

3. $1mmH_2O=9.806375Pa$。

二、试纸

试纸是用滤纸浸渍了指示剂或试剂溶液后制成的干燥纸条，常用来定性检验一些溶液的性质或某些物质的存在。其具有操作简单、使用方便、反应快速等特点。各种试纸都应密封保存，以防被实验室中的气体或其他物质污染而变质、失效。

试纸的种类很多，这里仅介绍实验室中常用的几种试纸。

1. 酸碱性试纸

酸碱性试纸是用来检验溶液酸碱性的，常见的有 pH 试纸、刚果红试纸和石蕊试纸等。

(1) pH 试纸　pH 试纸用于检测溶液的 pH，有广泛 pH 试纸和精密 pH 试纸两种，均有商品出售。

广泛 pH 试纸用于粗略地检测溶液的 pH，其测试的 pH 范围较宽，pH 单位为 1，按变色 pH 范围又可分为 1～10、1～12、1～14、9～14 四种。最常用的是变色 pH 范围 1～14 的 pH 试纸，其颜色由红-橙-黄-绿至蓝色发生逐渐变化。溶液的 pH 不同，试纸的变色也不同，通常附有色阶卡，以便通过比较确定溶液的 pH 范围。

精密 pH 试纸种类很多，按变色 pH 范围可分为 0.5～5.0、2.7～4.7、3.8～5.4、5.4～7.0、6.8～8.4、8.2～10.0、9.5～13.0 等，可以根据不同的需求选用。精密 pH 试纸用于比较精确地检测溶液的 pH，其测定的 pH 单位小于 1。需要注意精密 pH 试纸很容易受空气中酸碱性气体的侵扰，要妥善保存。

(2) 刚果红试纸　刚果红试纸自身为红色，遇酸变为蓝色，遇碱又变成红色。

(3) 石蕊试纸　石蕊试纸分蓝色和红色两种，酸性溶液使蓝色石蕊试纸变红，碱性溶液使红色石蕊试纸变蓝。

2. 特种试纸

特种试纸具有专属性，通常是专门为检测某种（类）物质的存在而特殊制作的。常用特种试纸见表 8-12。

表 8-12 常用特种试纸

名称	制备方法	用途
乙酸铅试纸	将滤纸浸于100g/L乙酸铅溶液中，取出后在无硫化氢处晾干	检验痕量的硫化氢，作用时变成黑色
硝酸银试纸	将滤纸浸于250g/L的硝酸银溶液中，晾干后保存在棕色瓶中	检验硫化氢，作用时显黑色斑点
氯化汞试纸	将滤纸浸入30g/L氯化汞乙醇溶液中，取出后晾干	比色法测砷
氯化钯试纸	将滤纸浸入2g/L氯化钯溶液中，干燥后再浸于5%乙酸中，晾干	与一氧化碳作用呈黑色
溴化钾-荧光黄试纸	荧光黄0.2g、溴化钾30g、氢氧化钾2g及碳酸钠12g溶于100mL水中，将滤纸浸入溶液后，晾干	与卤素作用呈红色
乙酸联苯胺试纸	乙酸铜2.86g溶于1L水中，与饱和乙酸联苯胺溶液475mL及水525mL混合。将滤纸浸入后晾干	与氰化氢作用呈蓝色
碘化钾-淀粉试纸	于100mL新配制的5g/L淀粉溶液中，加入碘化钾0.2g，将滤纸放入该溶液中浸透，取出于暗处晾干，保存在密闭的棕色瓶中	检验氧化剂，作用时变蓝
	将碘酸钾1.07克溶于100mL 0.025mol/L硫酸中，加入新配制的5g/L淀粉溶液100mL，将滤纸浸入后晾干	检验一氧化氮、二氧化硫等还原性气体，作用时呈蓝色
玫瑰红酸钠试纸	将滤纸浸于2g/L玫瑰红酸钠溶液中，取出后晾干，使用前新制	检验锶，作用时生形成红色斑点
铁氰化钾及亚铁氰化钾试纸	将滤纸浸于饱和的铁氰化钾(或亚铁氰化钾)溶液中，取出后晾干	与亚铁离子(或铁离子)作用呈蓝色
电极试纸	1g酚酞溶于100mL乙醇中，5g氯化钠溶于100mL水中，将两溶液等体积混合。将滤纸浸入混合溶液中，取出干燥	将该试纸用水润湿，接在电池的两个电极上，电解一段时间，与电池负极相接处呈现红色

3. 试纸的使用

(1) 酸碱试纸的使用　使用酸碱试纸检验溶液的酸度时，先用镊子夹取一条试纸，放在干燥洁净的表面皿中，再用玻璃棒蘸取少量待检溶液滴在试纸上，观察试纸颜色的变化。若使用pH试纸，则需与色阶卡的标准色阶进行比较，以确定溶液的pH。注意不能将试纸投入溶液中进行检测。

(2) 专用试纸的使用　使用专用试纸检验气体时，先将试纸润湿后粘在玻璃棒的一端，然后悬放在盛有待测物质的试管口的上方，观察试纸颜色的变化，以确定某种气体是否存在。注意不能将试纸伸入试管中进行检测。

使用试纸时还应做到以下几点。

① 无论哪种试纸，都不要直接用手拿用，以免手上不慎带有的化学品污染试纸。

② 从容器中取出试纸后，应立即盖严容器，以防止容器内试纸受到空气中某些气体的污染。

③ 使用试纸时，每次用一小块即可，用过的试纸应投入废物箱中。

第六节 化学实验室安全防护

在无机与分析实验室的工作中，要接触到不少易燃、易爆、具有腐蚀性或毒性（甚至有剧毒）的化学危险品，还要使用燃气，各种易破碎的玻璃仪器与电器设备等。如缺乏安全知识，实验室内缺少必备的防护设施，极易引起中毒、着火、爆炸、触电、割伤、烫伤等及仪器设备的损坏等各种事故。所以，实验人员应具备一定的安全防护知识，尽量避免事故的发生并熟悉各种事故的紧急处理措施，以减少伤害与损失。

一、常见化学毒物

进行化学实验离不开化学试剂，包括无机试剂和有机试剂，其中很多试剂是有毒性的。在实验操作过程中反应所产生的新的化学物质，包括某些气体或烟雾，也有许多是有毒的。这些毒物能通过呼吸道吸入、皮肤渗透及误食等途径进入人体而导致中毒。所以，对常见毒物应有一定的了解，以便做好中毒预防及对环境保护工作。

化学实验室部分常见的我国优先控制的有毒化学品见表 8-13；国际癌症研究中心（IARC）公布的致癌化学物质见表 8-14。

表 8-13　化学实验室部分常见毒物

序号	名　称	序号	名　称	序号	名　称
1	二氯甲烷	15	甲苯	29	邻苯二甲酸二丁酯
2	三氯甲烷	16	二甲苯	30	邻苯二甲酸二辛酯
3	四氯化碳	17	乙苯	31	二硫化碳
4	溴甲烷	18	甲醇	32	砷化合物
5	1,2-二氯乙烷	19	环氧乙烷	33	氰化钠
6	1,1,2-三氯乙烷	20	甲醛	34	铅
7	氯乙烯	21	乙醛	35	镉
8	1,1-二氯乙烯	22	丙酮	36	石棉
9	三氯乙烯	23	乙酸	37	汞
10	四氯乙烯	24	苯酚	38	亚硝酸钠
11	氯苯	25	2,3-二硝基苯	39	液氨
12	萘	26	酚	40	苯
13	蒽	27	4-硝基苯酚		
14	苯胺	28	硝基苯		

表 8-14　对人类致癌或可能致癌的化学物质

序号	致癌的化学物质	序号	可能致癌的化学物质
1	4-氨基联苯	1	硫酸二甲酯
2	2-萘胺	2	黄曲霉毒素类
3	联苯胺	3	四氯化碳
4	*N*,*N*-双(2-氯乙基)-2-萘胺(氯萘吖嗪)	4	苯丁酸氮芥
5	苯	5	环磷酰胺
6	双氯甲醚和工业品级氯甲醚	6	环氧乙烷
7	氯乙烯	7	三乙烯硫代膦酰胺(噻替哌)
8	己烯雌酚	8	丙烯腈
9	米尔法兰(左旋苯丙氨酸氮芥)	9	阿米脱(氨基三唑)
10	芥子气	10	金胺
11	铬和某些铬化合物 *	11	二甲基氨基甲酰氯
12	烟炱、焦油和矿物油类 *	12	右旋糖酐铁
13	砷和某些砷化合物	13	羟甲烯龙
14	石棉	14	非那西丁
		15	多氯联苯类
		16	铍和某些铍化合物 *
		17	镍和某些镍化合物 *
		18	镉和某些镉化合物 *

注：表中带“*”者为尚不能确切指明可能对人类产生致癌作用的特定化合物。

二、意外事故的处置

实验过程中如不慎发生了意外事故，应及时采取救护措施，受伤严重者应立即送医院医治。以下是一些常见事故的现场处置方法。

1. 误食毒物

误食毒物应立即服用肥皂液、蓖麻油，或服用一杯含5～10mL硫酸铜溶液（50g/L）的温水，并用手指伸入咽喉部，以促使呕吐，然后立即送医院治疗。

2. 吸入刺激性气体或有毒气体

不慎吸入了溴、氯、氯化氢等气体时，可吸入少量酒精和乙醚的混合蒸气以解毒。若吸入了硫化氢、煤气而感到不适时，应立即到室外呼吸新鲜空气。

3. 玻璃割伤

若伤口内有玻璃碎片，应先取出，再用消毒棉棒擦净伤口，涂上红药水、紫药水或贴上创可贴，必要时撒上消炎粉或敷上消炎膏，并用纱布包扎。如伤口较大，应立即就医。

4. 酸或碱溅到皮肤上

酸或碱溅到皮肤上应立即用大量水冲洗，再用饱和碳酸氢钠溶液（或2%醋酸溶液）冲洗，然后用水冲洗，最后涂敷氧化锌软膏（或硼酸软膏）。

5. 酸或碱溅入眼内

酸或碱溅入眼内应立即用大量水冲洗，再用20g/L硼砂溶液（或30g/L硼酸溶液）冲洗眼睛，再用水冲洗。

6. 溴灼伤

溴灼伤先用乙醇或100g/L硫代硫酸钠溶液洗涤伤口，再用水冲洗干净，然后涂覆甘油。

7. 白磷灼伤

先用10g/L硝酸银溶液、10g/L硫酸铜溶液或浓高锰酸钾溶液洗涤伤口，然后用浸过硫酸铜溶液的绷带包扎。

8. 烫伤

烫伤是操作者身体直接触及高温、过冷物品（低温引起的冻伤，其性质与烫伤类似）所造成的。如皮肤被烫伤，切勿用水冲洗，更不要把烫起的水泡挑破。可在烫伤处用高锰酸钾溶液擦洗或涂上黄色的苦味酸溶液、烫伤膏或万花油。严重者应立即送医院治疗。

9. 触电

不甚触电时，立即切断电源。必要时进行人工呼吸。

10. 火灾

火灾发生时应根据起火原因立即采取相应的灭火措施。

三、防火与灭火

化学实验室所用试剂很多是易燃或助燃的，实验中也经常要使用燃气和电器进行加热操作，因此必须树立防火意识，采取必要的防火措施，并熟悉一些基本的灭火方法。

① 实验室中，使用或处理易燃试剂时，应远离明火。

② 不能用敞口容器盛放乙醇、乙醚、石油醚和苯等低沸点、易挥发、易燃液体，更不

能用明火直接加热。

③ 某些易燃或可发生自燃的物质如红磷、五硫化磷、黄（白）磷及二硫化碳等，不宜在实验室内大量存放，少量的也要密闭存放于阴凉避光和通风处，并远离火源、电源和暖气等。

④ 实验剩余的易挥发、易燃物质，不可随意乱倒，应专门回收处理。

⑤ 要注意偶然着火的可能性，准备适用于各种情况的灭火材料包括消火沙、石棉布和各种灭火器。消火沙要经常保持干燥、干净。

⑥ 实验过程中起火时，应立即用湿抹布或石棉布熄灭并拔去电炉插头，关闭总电闸。易燃液体和固体有机物着火时，不能用水去浇，因为除甲酸、乙酸等少数化合物外，大多数有机物密度小于水，例如燃着的油能浮在水面上继续燃烧并逐渐扩大面积。因此除了小范围可用湿抹布覆盖外，要立即用消火沙、泡沫灭火器或干粉灭火器扑灭。精密仪器则应用四氯化碳灭火器灭火。

⑦ 电线起火时须立即关闭总电闸，切断电流。再用四氯化碳灭火器熄灭已燃烧的电线，不可用水或泡沫灭火器熄灭燃烧的电线，还要及时通知电气管理人员。

⑧ 衣服着火时，应立即以毯子或厚的外衣之类，淋湿后蒙盖在着火者身上使火熄灭，较严重时应就地打滚（以免火焰烧向头部），同时用水冲淋将火熄灭。切忌惊慌失措、四处奔跑，否则会加强气流流向燃烧着的衣服，使火焰加大。

常用灭火器及适用范围见表 8-15。

表 8-15 常用灭火器及适用范围

类型	药液主要成分	适用范围
1211	二氟一氯一溴甲烷	主要应用于油类有机溶剂、高压电气设备、精密仪器等失火，灭火效果好
泡沫式	硫酸铝、碳酸氢钠	适用于扑灭油类及苯、香蕉水、松香水、凡立水等易燃液体的失火，而不适用于在丙酮、甲醇、乙醇等易溶于水的液体失火
高倍泡沫	脂肪醇、硫酸钠 加稳定剂、抗燃剂	适用于火源集中，泡沫容易堆积等场合的火灾，大型油池、室内仓库、油类、木材纤维等失火
干粉	主要由碳酸氢钠、硬脂酸铝、云母粉、滑石粉、石英粉等混合配成	适用于扑救油类、可燃气体、电器设备、精密仪器、纸质文件和遇水燃烧等物品的初起火灾
二氧化碳	液体二氧化碳	适用于电器（包括精密仪器、电子设备）失火
酸碱式	硫酸、碳酸氢钠	适用于非油类及切断了电路的电器失火等一般火灾，不适用于忌酸性的化学药品（如氰化钠等）和忌水的化工产品（如钾、钠、镁、电石等）失火

四、废弃物的无害化处理

化学实验中会产生各种有毒有害的废气、废液和废渣，其中有些是剧毒物质和致癌物质，如果直接排放，就会污染环境，造成公害，而且“三废”中的贵重和有用的成分也应回收利用。所以尽管实验过程中产生的废液、废气、废渣少而且复杂，仍须经过无害化处理才能排放。

实验室废弃物的无害化处理的基本方法见表 8-16。

表 8-16　化学实验室废弃物无害化处理的基本方法

处理方法	操作步骤
稀释法	实验中产生的大量废液，其中大部分是无毒无害的，可采用稀释的方法处理
吸附法	选用适当的吸附剂，便可消除一些有害气体的外逸和释放。对于难以燃烧的或可燃性低浓度有机废液，可选用具有良好吸附性的物质，使废液被充分吸收后，与吸附剂一起焚烧
中和法	对于那些酸性或碱性较强的气体，可选用适当的碱或酸进行中和吸收。对于含酸或碱类物质的废液，如浓度较大时，可利用废碱或废酸相互中和，再用 pH 试纸检验，若废液的 pH 在 5.8～8.6 之间，且其中不含其他有害物质，则可加水稀释至含盐浓度在 5%以下排出
燃烧法	部分有害的可燃性气体，只需在排放口点火燃烧即可消除污染。对于化学实验中废弃的有机溶剂，大部分可加以回收利用，少部分可以燃烧处理掉，某些在燃烧时可能产生有害气体的废物，必须用配有洗涤有害废气的装置燃烧
溶解法	在水或其他溶剂中溶解度特别大或比较大的气体，只要找到合适的溶剂，就可以把它们完全或大部分溶解掉
氧化法	一些具有还原性或还原性较强的物质，可选用适当的氧化剂进行处理
分解法	含氰化物废液，可将废液调至成碱性（pH＞10）后，通入氯气和加入次氯酸钠（漂白粉），使氰化物分解成氮气和二氧化碳
水解法	对于有机酸或无机酸的酯类，以及部分有机磷化物等容易发生水解的物质，可加入氢氧化钠或氢氧化钙，在室温或加热条件下进行水解。水解后，若废液无毒时，将其中和，稀释后即可排放
沉淀法	这种方法一般用于处理含有害金属离子的无机类废液。处理方法是：在废液中加入合适的试剂，使金属离子（特别是高价重金属离子要还原成低价重金属离子）转化为难溶性的沉淀物，然后进行过滤，将滤出的沉淀物妥善保存，检查滤液，确证其中不含有毒物质后，才可排放
萃取法	对于含水的低浓度有机废液，用与水不相混的正己烷之类挥发性溶剂进行萃取，分离出溶剂后，把它进行焚烧
蒸馏法	有机溶剂废液应尽可能采用蒸馏方法加以回收利用。若无法回收，可分批少量加以焚烧处理。切忌直接倒入实验室的水槽中
离子交换法	对于某些无机类废液，可采用离子交换法处理。例如，含 Pb^{2+} 的废液，使用强酸性阳离子交换树脂，几乎能把它们完全除去。若要处理铁的含氰配合物废液，也可采用离子交换法
生化法	对于含有乙醇、乙酸、动植物性油脂、蛋白质及淀粉等稀溶液，可用活性污泥之类东西并吹入空气进行处理。因为上述物质易被微生物分解，其稀溶液经用水稀释后即可排放

五、实验室规则与一般安全知识

1. 化学实验室规则

实验人员应该具有严肃认真的工作态度，科学严谨、精密细致、实事求是的工作作风，整齐、清洁的实验习惯，并注意培养良好的职业道德。为了保证正常的实验环境和秩序，使实验顺利地进行并取得预期的效果，应严格遵守以下实验室规则。

① 实验前要做好充分的准备，认真预习实验教材。要明确实验目的、任务、要求，领会实验原理，熟悉仪器结构和使用方法，了解实验操作步骤和注意事项。要做到心中有数，避免边做实验边翻书的“照方抓药”式的实验。

② 遵守纪律，不迟到、不早退，保持实验室安静，不做与实验无关的事情，不得嬉戏喧哗。

③ 实验中要严格按照规范操作，仔细观察，认真思考，及时记录，遇到问题要深入分析，找出原因并采取有效措施解决。实验中如发生事故，应沉着冷静、妥善处理，并如实报告指导教师。

④ 爱护试剂，取用药品试剂后，要及时盖好瓶盖，并放回原处。不得将瓶盖盖错、滴

管乱放，以免污染试剂。所有配制的试剂都要贴上标签，注明名称、浓度、日期及配制者姓名。

⑤ 所用的仪器、药品摆放要合理、有序，实验台面要清洁、整齐，实验过程中要随时整理。实验中洒落在实验台上的试剂要及时清理干净，火柴头、废纸片、碎玻璃等应投入废物箱中。清洗仪器或实验过程中的废酸、废碱等，应小心倒入废液缸内。切勿往水槽中乱抛杂物，以免淤塞和腐蚀水槽及水管。

⑥ 节约水、电、燃气、药品等，爱护实验室的仪器设备。损坏仪器应及时报告、登记、补领。

⑦ 使用精密仪器时，应严格遵守操作规程，不得任意拆装和搬动。如发现仪器有故障，应立即停止使用，并及时报告指导老师以排除故障。用毕应做好登记。

⑧ 实验完毕，做好结束工作。要擦拭实验台，清洗仪器，整理药品，将仪器、工具、药品放回指定的位置，并摆放整齐，要打扫、整理实验室，进行安全检查。经教师认定合格后，方可离开实验室。

2. 化学实验室安全守则

为保证实验人员人身安全和实验工作的正常进行，应注意遵守以下实验室安全守则。

① 必须熟悉实验室中水、电、燃气的开关、消防器材、急救药箱等的位置和使用方法，一旦遇到意外事故，即可采取相应措施。

② 一切试剂均应贴有标签，绝不能用容器盛装与标签不相符的物质，严禁任意混合各种化学药品。对于有可能发生危险的实验，应在防护屏后面进行或使用防护眼镜、面罩和手套等防护用具。

③ 倾注试剂，开启易挥发液体（如乙醚、丙酮、浓盐酸、硝酸、氨水等）的试剂瓶及加热液体时，不要俯视容器口，以防液体溅出或气体冲出伤人。夏天取用浓氨水时，应先将试剂瓶放在自来水中冷却数分钟后再开启。

④ 加热试管中的液体时，切不可将管口冲人。不可直接对着瓶口或试管口嗅闻气体的气味，而应用手把少量气体轻轻煽向鼻孔进行嗅闻。

⑤ 使用浓酸、浓碱、溴、铬酸洗液等具有强腐蚀性的试剂时，切勿溅在皮肤和衣服上。如溅到身上应立即用水冲洗，溅到实验台上或地上时，要先用抹布或拖把擦净，再用水冲洗干净。

⑥ 稀释浓硫酸时，必须在烧杯或耐热容器中进行，且只能将浓硫酸在不断搅拌的同时缓缓注入水中，温度过高时应冷却降温后再继续加入。配制氢氧化钠等浓溶液时，也必须在耐热容器中溶解。如需将浓酸或浓碱中和则必须先进行稀释。

⑦ 使用盐酸、硝酸、硫酸、高氯酸等浓酸的操作及能产生刺激性气体和有毒气体（如氰化氢、硫化氢、二氧化硫、氯、溴、二氧化氮、一氧化碳、氨等）的实验，均应在通风橱内进行。

⑧ 使用易燃性有机试剂（如乙醇、乙醚、苯、丙酮等）时，要远离火源，用后盖紧瓶塞，置阴凉处保存。加热易燃试剂时，必须使用水浴、油浴、沙浴或电热套等。

⑨ 灼热的物品不能直接放置在实验台上，其与各种电加热器及其他温度较高的容器都应放在隔热板上。

⑩ 进行回流或蒸馏操作时，必须加入沸石或碎瓷片，以防液体暴沸而冲出伤人或引起火灾。要防止易燃有机物的蒸气外逸，切勿将易燃有机溶剂倒入废液缸中，更不能用开口容

器（如烧杯等）盛放有机溶剂。

⑪ 一切有毒药品（如氰化物、砷化物、汞盐、铅盐、钡盐、六价铬盐等），使用时应格外小心，并采取必要的防护措施！严防进入口内或接触伤口，剩余的药品或废液切不可倒入下水道或废液桶中，要倒入回收瓶中，并及时加以处理。处理有毒药品时，应戴护目镜和橡皮手套。装过有毒、强腐蚀性、易燃、易爆物质的器皿，应由操作者亲自洗净。

⑫ 强氧化剂（如氯酸钾）和某些混合物（如氯酸钾与红磷、碳和硫等的混合物）易发生爆炸，保存和使用这些药品要注意安全；银氨溶液放久后会变成氮化银而引起爆炸，用剩的银氨溶液，必须酸化以便回收；钾、钠不要与水接触或暴露在空气中，应将其保存在煤油中，使用时用镊子取用；白磷在空气中能自燃，应保存在水中，使用时在水下切割，用镊子夹取。白磷还有剧毒，能灼伤皮肤，切勿与人体接触。

⑬ 某些容易爆炸的试剂如浓高氯酸、有机过氧化物、芳香族化合物、多硝基化合物、硝酸酯、干燥的重氮盐等要防止受热和敲击，以防爆炸。

⑭ 将玻璃棒、玻璃管、温度计插入或拔出胶塞或胶管时，应垫有垫布，旋转式插入或拔出，且不可强行插入或拔出。切割玻璃管、玻璃棒，装配或拆卸玻璃仪器装置时，要防止造成刺伤。

⑮ 试剂瓶的磨口塞粘固打不开时，严禁用重物敲击，以防瓶子破裂。可将瓶塞在实验台边缘轻轻磕碰使其松动；或用电吹风稍许加热瓶颈部分使其膨胀；也可在粘连的缝隙间加入几滴渗透力强的液体（如乙酸乙酯、煤油、稀盐酸、水等）以便开启。

⑯ 使用电器设备时，要注意防止触电，不可用湿手或湿物接触电闸和电器开关。凡是漏电的仪器设备都不要使用，以免触电。使用完毕后应及时切断电源。

⑰ 高压钢瓶、电器设备、精密仪器等，在使用前必须熟悉使用方法和注意事项，严格按要求使用。

⑱ 使用燃气灯时，应先将空气调小后，再点燃火柴或打火机，然后开启燃气阀点火并调节好火焰。燃气阀门应经常检查，燃气灯和橡皮管在使用前也要仔细检查，保持完好。禁止用火焰在燃气管道上查找漏气处，而应该用肥皂水检查。如发现漏气，立即熄灭室内所有火源，打开门窗。

⑲ 实验室严禁饮食、吸烟或存放餐具，一切化学药品禁止入口，严禁用实验器皿作餐具使用。

⑳ 进行实验时，不得擅自离开岗位，实验完毕要认真洗手。离开实验室时，要关好水、电、燃气阀门和门窗等。

第七节　实验记录与实验报告

在化学实验中，不仅要仔细地观察实验现象、精确地测量有关物理量，还要正确地报出实验结果、提交实验报告。因此，应按照以下要求做好实验记录、进行数据处理和书写实验报告。

一、实验记录

① 学生应有专门的实验预习与记录本，并标上页码数，不得撕去其中任何一页。更不允许将实验结果记在单页纸片上或随意记在其他地方。

② 将每一个实验项目设计成表格形式的预习报告，其中要包括实验名称、日期、实验步骤、实验记录表（实验现象和数据）、实验结果处理方法和其他与实验有关的信息。用钢笔或圆珠笔记录，文字应简单、明了、清晰、工整。如记录有误，应在记错的文字上画2～3条横线，并将正确的文字写在旁边，不得涂改、刀刮或补贴。

③ 实验过程中所得到的实验现象、数据与结论都应及时、准确、清楚记录下来。要有严谨的科学态度，实事求是，切忌夹杂主观因素，不得随意拼凑和编造数据。

④ 实验过程中涉及特殊仪器的型号和溶液的浓度、室温、气压等，也应及时准确地记录下来。

⑤ 实验过程中记录测量数据时，其数字的准确度应与分析仪器的准确度相一致。如用万分之一分析天平称量时，要求记录至0.0001g；常量滴定管、移液管的读数应记录至0.01mL。

⑥ 实验所得每一个数据都是测量的结果，平行测定中即使得到完全相同的数据也应如实记录下来。

二、实验报告

实验完成后，应以原始记录为依据，认真分析实验现象，处理实验数据，总结实验结果，并探讨实验中出现的问题，这些工作都需通过书写实验报告来训练和完成。独立地书写实验报告，是提高学生学习能力和信息加工能力的不可缺少的环节，也是一名实验人员必须具备的能力和基本功。

实验报告应内容准确、逻辑严密、文字简明、字迹工整、格式规范。由于实验类型的不同，对实验报告的要求也不尽相同，但基本内容大体如下。

① 实验名称

② 实验日期

③ 实验目的

④ 实验原理　例如滴定分析实验原理应包括反应式、滴定方式、测定条件、指示剂及其颜色变化等。

⑤ 实验现象分析或数据处理　要求根据观察到的实验现象归纳出实验结论；对于制备与合成类实验，要求有理论产量计算、实际产量及产率计算；对于滴定分析法和称量分析法实验，要求写出测定数据、计算公式和计算过程、计算结果平均值、平均偏差等；对于化学物理参数的测定，要有必要的计算公式和计算过程。

⑥ 实验结果　根据实验现象分析或数据处理报出实验结论或实验结果。

⑦ 实验问题及误差分析　对实验中遇到的问题、异常现象进行探讨，分析原因，提出解决办法；对实验结果进行误差计算和分析，对实验提出改进措施。

⑧ 实验思考题　为促进学生对实验方法的理解掌握，培养其分析问题和解决问题的能力，对预习中思考的问题及教材中的思考题，要作出回答，并写入实验报告中。这也便于教师对学生学习情况的了解，及时解决学习中出现的问题。

习　　题

1. 化学试剂分为哪几种类型，进行无机化学实验和分析化学实验分别使用何种类别试剂？
2. 选用化学试剂应注意注意什么问题？

3. 储存化学试剂主要应注意什么问题？
4. 玻璃仪器主要分为几种类型，试举几例说明。
5. 实验室中可以加热的仪器有哪些，不可以加热的仪器又有哪些？
6. 试管、烧杯、锥形瓶有哪些用处？
7. 自来水为什么不能直接用于化学实验？
8. 实验室常用水有几种级别？普通化学分析实验是否应该使用一级水，为什么？
9. 实验室常用洗涤剂有哪些，各适合在何种情况下使用？
10. 玻璃仪器洗净的标志是什么？
11. 简述玻璃仪器洗涤的一般过程。
12. 精密玻璃量器的干燥应采用何种方法？
13. 实验室常用于气体和液体的干燥剂有哪些，其各自适用于干燥哪些物质？
14. 哪类物质应采用间接加热法，常用热浴有哪几种？
15. 滤纸有何用途，称量分析中应选用何种滤纸？
16. 试纸有哪些类型，各有什么用途？
17. 测定溶液的酸碱性应选择何种试纸，较精确地测定溶液的 pH 又应选择何种试纸？
18. 鉴定硫化氢、砷化氢气体应选择何种试纸，各有何现象出现？
19. 使用各种试纸时应注意些什么？
20. 分析试样为何必须具有代表性？
21. 固体试样制备的步骤主要有哪些？
22. 试样分解可采用哪些方法？
23. 在做过的实验中，你接触过的有毒物质有哪些？
24. 当误吸入硫化氢气体、手被玻璃割伤、浓硫酸沾在手上应如何处置？
25. 在实验中，有毒的废弃物应如何进行无害化处理？
26. 化学实验室安全守则和规则有哪些。
27. 对实验记录有哪些基本要求？
28. 什么是有效数字，有效数字位数如何进行判断？
29. 有效数字修约与运算规则有哪些？
30. 实验报告包括哪些基本内容？

第九章 无机化学实验

【学习目标】

1. 能正确洗涤、干燥化学实验常用仪器。
2. 熟知无机化学实验基本知识与技能。
3. 能熟练进行无机化学实验基本操作。

第一节 无机化学实验基本操作

一、玻璃仪器的洗涤

在化学实验中，仪器的洗涤是决定实验成功与否及准确度高低的首要环节。实验要求不同，仪器不同，污物的性质和沾污的程度不同，采用的洗涤剂与洗涤方法也不同。

1. 常用洗涤剂

(1) 洗衣粉（合成洗涤剂） 洗衣粉是以十二烷基苯磺酸钠为主要成分的阴离子表面活性剂，可配成较浓的溶液使用，亦可用毛刷直接蘸取洗衣粉刷洗仪器。洗衣粉洗涤高效、低毒，既能溶解油污，又能溶于水，对玻璃器皿的腐蚀性小，不会损坏玻璃，是洗涤一般玻璃器皿的较好选择。

洗衣粉适合于洗涤油污及有机物沾染的仪器。

(2) 铬酸洗液 配制：称取研细的重铬酸钾 5g 置于 250mL 烧杯中，加水 10mL，加热使之溶解，冷却后，于不断搅拌下缓缓加入 80mL 浓硫酸。待溶液冷却后，储于具磨口塞试剂瓶中备用。

铬酸洗液用于洗涤除去仪器上的残留油污及有机物。用铬酸洗液洗涤时，必须先将器皿用自来水洗涤，倾尽器皿内水，以免洗液被水稀释降低洗液的效率。洗液可重复使用，用过的洗液不能随意乱倒，应返回原瓶，以备下次再用。若其颜色由深褐色变绿时即为失效，表明已失掉去污力，要倒入废液缸内另行处理，绝不能乱倒入下水道。

因铬酸洗液为强氧化剂，腐蚀性强，易灼伤皮肤，烧坏衣服，而且铬有毒害作用，使用时应注意采取防护措施。

(3) 餐具洗涤剂 餐具洗涤剂是一种以非离子表面活性剂为主要成分的中性洗涤剂，可配成 1%～2%的溶液使用。

餐具洗涤剂是铬酸洗液的良好代用品。

(4) 氢氧化钠-乙醇洗涤液 配制：称取 120g 氢氧化钠溶于 120mL 水中，再以 95%乙醇稀释至 1L。

氢氧化钠-乙醇洗涤液亦适于洗涤油污及有机物沾染的器皿。但由于碱的腐蚀作用，玻璃器皿不能用该洗涤液长期浸泡。

(5) 硝酸-乙醇洗涤液　硝酸-乙醇洗涤液适用于一般方法难以除去的油污、有机物及残炭沾染仪器的洗涤。洗涤时，在器皿内加入不多于2mL的乙醇与10mL浓硝酸湿润浸泡一段时间即可，必要时可小心进行加热。该洗涤液作用时反应激烈，放出大量热及有毒气体二氧化氮，必须在通风橱中操作，并应注意采取防护措施。

硝酸-乙醇洗涤液不能事先配制。

(6) 还原性洗涤液

① 草酸洗涤液　配制：称取5～10g草酸溶于100mL水中，加入数滴浓盐酸。草酸洗涤液多用于洗涤除去沉积在器壁上的二氧化锰，该洗涤液亦可加热使用。

② 碘-碘化钾洗涤液　配制：1g碘和2g碘化钾溶于少量水中，加水稀至100mL。碘-碘化钾洗液用于洗涤硝酸银沾污的器皿和白瓷水槽。

(7) 强酸洗液　盐酸(1+1)、硫酸(1+1)、硝酸(1+1)或浓硝酸与浓硫酸混酸溶液(1+1)均可作为强酸洗液，用于清洗碱性物质或无机物沾污的仪器。

(8) 有机溶剂　有机溶剂如乙醇、丙酮、乙醚、二氯乙烷等，可洗去油污及可溶性有机物。有机溶剂价格较高，只有碱性洗液或合成洗涤剂难以洗涤干净的仪器以及无法用毛刷洗刷的小型或特殊的仪器才用有机溶剂洗涤。

使用这类有机溶剂时，注意其毒性及可燃性。

2. 洗涤方法

用于无机化学实验所需的器皿必须洗涤干净，玻璃仪器洗净的标志是：壁面能被水均匀地润湿成水膜而不挂水珠。洗涤方法一般有下列几种。

(1) 冲洗法　冲洗法是利用水把可溶性污物溶解而除去。洗涤时往仪器中注入少量水，用力振荡后倒掉，依此重复数次。

(2) 刷洗法　仪器内壁有不易冲洗掉的污物，可用毛刷刷洗。先用水湿润仪器内壁，再用毛刷蘸取少量洗涤剂进行刷洗。刷洗时要选用大小合适的毛刷，不能用力过猛，以免损坏仪器。

(3) 浸泡法　对不溶于水、刷洗也不能除掉的污物，可利用洗涤液与污物反应转化成可溶性物质而除去。洗涤时先把仪器中的水沥尽，再倒入少量洗涤液，旋转使仪器内壁全部润湿，再将洗涤液倒入洗液回收瓶中。如用洗涤液浸泡一段时间效果更好。

无论何种器皿，通常总是先用水洗涤，然后再用洗涤剂洗涤。以洗涤剂洗涤完毕，应用自来水冲净，再用纯水润洗3次。纯水润洗时应按少量多次的原则，即每次用少量水，分多次冲洗，每次冲洗应充分振荡后，倾倒干净，再进行下一次冲洗。

一般容器和普通量器，可用毛刷蘸上洗涤剂刷洗，但精密量器和不宜使用毛刷刷洗的及难以刷洗干净的仪器，则须采用相应的洗涤液浸泡洗涤。

试管、烧杯、锥形瓶、试剂瓶、量筒、量杯等，可用毛刷蘸上肥皂或洗衣粉刷洗，若有明显油污可用毛刷蘸取餐具洗涤剂刷洗或用铬酸洗涤液洗涤。如使用铬酸洗涤液，可用其浸泡数分钟至数十分钟。若使用温热洗涤液则效果会更好。

滴定管如无明显油污时，可直接用自来水冲洗。有油污时可用滴定管刷蘸上肥皂、洗衣粉水或餐具洗涤剂刷洗（精密实验用滴定管或校准过的滴定管不能用毛刷刷洗）。如用铬酸洗液洗涤，酸式滴定管则可倒入适量铬酸洗液，把滴定管横过来，两手平端滴定管转动直至洗液布满全管来润洗；碱式滴定管则可倒置在洗液瓶中，用洗耳球吸入洗涤液洗涤（切勿吸至胶管部分）。污染严重的滴定管可直接倒入或吸入铬酸洗涤液浸泡洗涤。

容量瓶用自来水冲洗后，如仍不干净，可用餐具洗涤剂或铬酸洗涤液涮洗或浸泡。容量瓶在任何情况下均不得使用毛刷刷洗。

吸管用水洗不干净时，可吸取餐具洗涤剂或铬酸洗涤液进行涮洗，即用洗耳球吸取四分之一管洗涤液，再把吸管横过来使洗涤液布满全管并旋转。若污染严重则可放在大量筒内用餐具洗涤剂或铬酸洗涤液浸泡。

各类仪器洗涤一般不要使用去污粉，因其细粒易划伤器壁，且不宜冲洗干净。

3. 仪器的干燥

某些无机及分析化学实验须在无水的条件下进行，要求使用干燥的仪器。玻璃仪器的干燥一般常采用下列几种方法。

（1）自然风干　将使用的仪器洗净后倒置在干燥架或格栅板上，使其自然风干。但若仪器洗涤不太干净时，器壁上水珠不易流下来，干燥比较缓慢。

（2）烤干　烤干是通过加热使仪器中的水分迅速蒸发而干燥的方法，烤干法一般只适于急需用的试管的干燥。干燥时可用试管夹夹住试管，管口应略向下倾斜，用灯焰从管底处依次向管口烘烤移动加热，直至除去水珠后再将管口向上赶尽水汽。

（3）吹干　将仪器倒置沥去水分，用电吹风或气流烘干器（图 9-1）的热风吹干。对急需使用或不适合烘干的仪器，如欲快速干燥，可在洗净的仪器内加入少量易挥发且能与水互溶的有机溶剂（如丙酮、乙醇等），转动仪器使仪器内壁湿润后，倒出溶剂（回收），然后冷风吹干。此操作应在通风橱中进行，以保安全。

图 9-1　玻璃仪器气流烘干器

图 9-2　电热恒温干燥箱

（4）烘干　将洗净的仪器沥去水分，放在电热恒温干燥箱（图 9-2）的搁板上，在 105～110℃烘干。烘干时间一般为 1h 左右。注意干燥厚壁仪器及实心玻璃塞时，要缓慢升温，以防炸裂。

一些不耐热的仪器（如比色皿等）不能用加热方法干燥；精密量器也不能用加热方法干燥（玻璃的胀缩滞后性会造成量器容积变化），否则会影响仪器的精度，其可采用自然风干晾干、冷风吹干的方法干燥。

二、溶液的配制

溶液的配制是指将固态试剂溶于溶剂配制成溶液；或者将液态试剂（或浓溶液）加入溶剂稀释制成溶液。

用固态试剂配制溶液时，一般先称取一定量的固体试剂，置于容器中，加适量溶剂搅拌溶解，再稀释至一定体积，即得所配制的溶液。必要时可加热或采用其他方法加速溶解。

用液态试剂（或浓溶液）稀释配制溶液时，一般量取一定量的液态试剂（或浓溶液），加入所需的溶剂混合均匀即可。

试剂溶解时若有较大的热效应（或需加热促其溶解），应在烧杯中配制溶液，待溶液冷却或放置至室温后，再转入试剂瓶中。溶液配好后，应立即贴上标签，注明溶液的名称、浓度和配制日期。配制溶液时需注意以下几点。

① 配制易水解的盐溶液时（如氯化亚锡、三氯化铁、三氯化铝、三氯化锑、硫化钠等），必须将它们先溶解在相应的酸或碱中（如盐酸、硝酸、氢氧化钠），以抑制水解，再进行稀释。

② 配制饱和溶液时，取用溶质的量应稍多于计算量，加热使之溶解后，冷却，待结晶析出后，取用上层清液以保证溶液饱和。

③ 配制易被氧化或还原的溶液时，常在使用前临时配制，也可采取适当措施，防止其被氧化或还原，如配制硫酸亚铁、氯化亚锡溶液时，不仅需要酸化溶液，还需加入金属铁或金属锡，以增加溶液的稳定性。

④ 配好的溶液，应选择适当的容器储存。易侵蚀玻璃的溶液，不能盛放在玻璃瓶内，应放在聚乙烯瓶中，如强碱溶液、氟化物溶液；盛放碱性溶液的玻璃瓶不能用玻璃塞，要用橡皮塞或塑料塞；见光易分解和易挥发的溶液，应盛放在棕色瓶中并避光保存。经常使用的大量溶液，可先配制成比使用浓度高 10 倍的储备液，使用时再取储备液稀释。

⑤ 配制指示剂溶液时，指示剂的用量一般很少，这时可用电子天平称量，但只要称准至小数点后两位数即可。

三、试剂的取用

通常固体试剂装在广口瓶内，液体试剂则盛在细口瓶或滴瓶中。取用试剂前，一定要核对标签，确认无误后才能取用。取下瓶塞后，应将瓶塞倒置在桌面上，防止其受到污染。取完试剂后应盖好瓶塞（绝不可盖错），并将试剂瓶放回原处，注意使标签应朝外放置。试剂取用量要合适，多取的试剂不能倒回原瓶，以免污染试剂，有回收价值的，可收集在回收瓶中。任何化学试剂都不得用手直接取用。

1. 固体试剂的取用

① 取用固体试剂要用洁净干燥的药匙，它的两端分别是大小两个匙，取大量固体时用大匙，取少量固体时，则用小匙。应做到专匙专用，用过的药匙必须洗净干燥后存放在洁净的器皿中。

② 取用一定质量的固体试剂时，可用托盘天平或电子天平等进行称量。称量时，将固体试剂放在洁净的称量纸或其他容器中，对于腐蚀性或易潮解的固体，则必须放在表面皿、小烧杯或称量瓶内称量。称量时应遵守天平使用规则。

当固体试剂的用量不要求很准确时，则不必使用天平称取，而用肉眼粗略估计即可。如要求取试剂少许或米粒、绿豆粒、黄豆粒大小等，根据其要求取相当量的试剂即可。

③ 向试管（特别是湿试管）中加入粉末状固体时，可用药匙或将试剂放在对折的纸槽中，伸入平放的试管中约 2/3 处，然后竖直试管，使试剂落入试管底部，如图 9-3 所示。

用块状固体时，应将试管横放，将块状药品放入管口，再使其沿管壁缓慢滑下。不得垂直悬空投入，以免碰破管底，如图 9-4 所示。

固体颗粒较大时，则应放入洁净而干燥的研钵中，研磨碎后再取用，放入的固体量不得超过钵容量的 1/3。

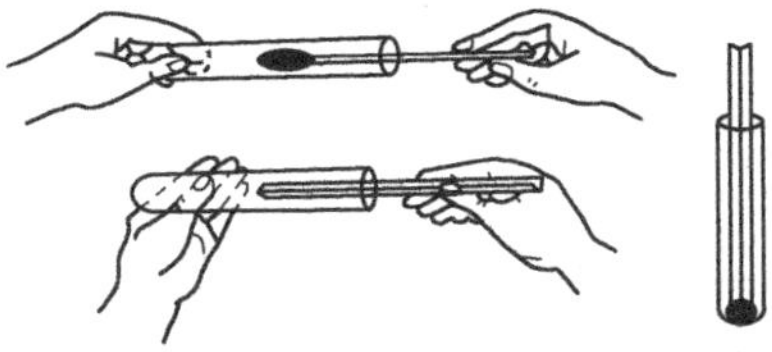

图 9-3　向试管中加入粉末状固体

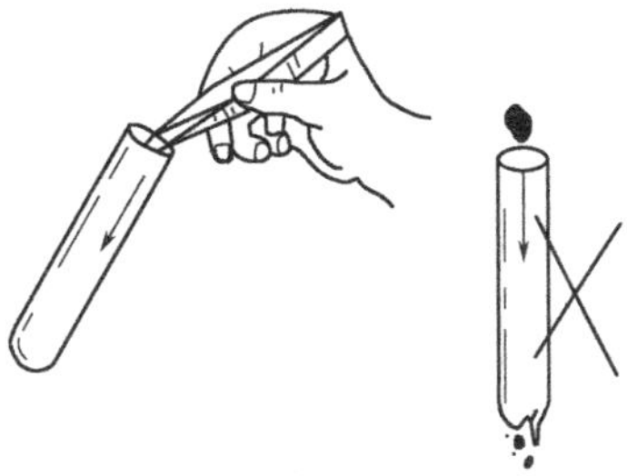

图 9-4　块状固体加入法

④ 向烧杯、烧瓶中加入粉末状固体时，可用药匙将试剂直接放置在容器底部，尽量不要撒在器壁上，注意勿使药匙接触器壁。

⑤ 有毒药品要在教师指导下取用。

2. 液体试剂的取用

(1) 从滴瓶中取用液体试剂　从滴瓶中取用液体试剂要使用滴瓶中固定的滴管，不得用其他滴管代替。滴管必须保持垂直，避免倾斜，尤忌倒立，否则试剂将流入橡皮头内而被沾污。向试管中滴加试剂时，只能将滴管下口放在试管上方滴加（图 9-5），禁止将滴管伸入试管内或与管器壁接触，以免沾污滴管。滴加完毕滴管立即插回原瓶，并将滴管中剩余液体挤回原滴瓶，不能将充有试剂的滴管放置在滴瓶中。

当液体试剂用量不必十分准确时，可以估计液体量。如一般滴管的 20 滴约为 1mL；10mL 的试管中试液约占其容积的 1/5 时，则试液约为 2mL。

(2) 从细口瓶中取用液体试剂　当取用的液体试剂不需定量时，一般用左手拿住容器（试管、量筒等），右手握住试剂瓶，让试剂瓶的标签朝向手心，倒出所需量试剂后（图 9-6），应将试剂瓶口在容器口边靠一下，再缓慢竖起试剂瓶，避免液滴沿瓶外壁流下。

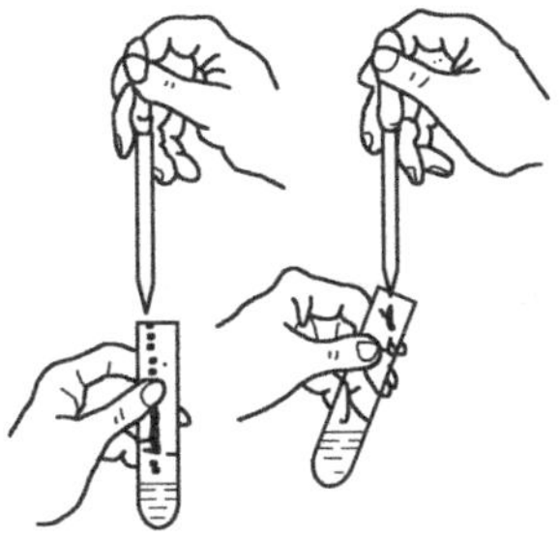

图 9-5　往试管中滴加液体试剂

图 9-6　往试管倒液体试剂

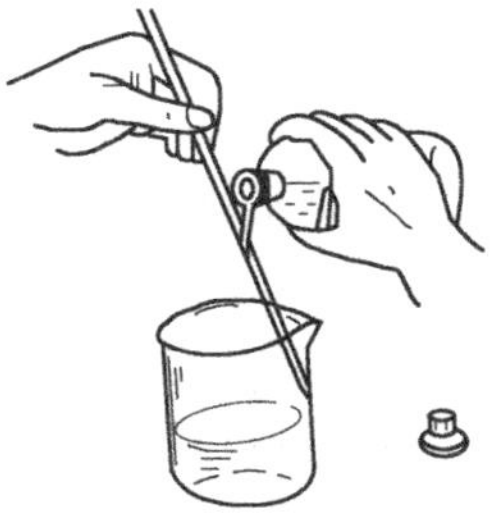

图 9-7　往烧杯倒液体试剂

如盛接容器是烧杯，则应用右手握瓶，左手拿玻璃棒，使棒的下端斜靠烧杯内壁，将瓶口靠在玻璃偏下处使液体沿着玻璃棒流下（图 9-7）。取完试剂后，应将瓶口顺玻璃棒向上提一下再离开玻璃棒，使瓶口残留的溶液沿着玻璃棒流入烧杯。悬空将液体试剂倒入试管或烧杯中都是错误的。

(3) 用量筒（杯）定量取用液体试剂　当以量筒或量杯取用一定量的液体试剂时，应如图 9-8 所示量取。读数时，如图 9-9 所示，视线应与量筒内溶液弯月面最低处水平相切，偏高、偏低都不会准确。

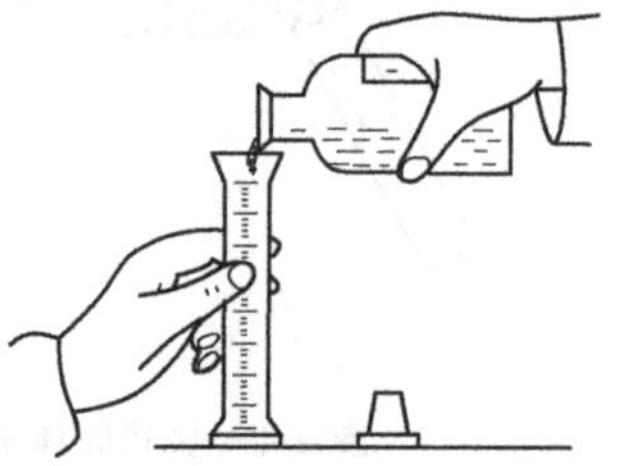

图 9-8 用量筒量取液体

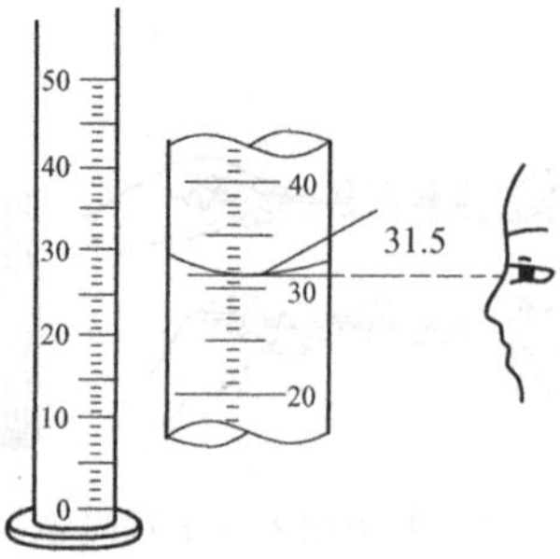

图 9-9 对量筒内液体体积的读数

四、加热器具与加热操作

在化学实验中，许多物质的溶解、混合物的分离与提纯以及化学反应的发生，都需要在加热的情况下进行。因此，选择适当的加热器具和加热方法、正确进行加热操作往往也是决定实验成败的关键之一。

1. 加热器具

无机化学实验室中常用的加热器具有酒精灯、酒精喷灯、燃气喷灯和电加热器等。

（1）酒精灯　酒精灯的构造（图 9-10），其加热温度为 400～500℃。灯焰分为外焰、内焰和焰心三部分（图 9-11），其中外焰的温度较高，内焰的温度较低，焰心的温度最低。

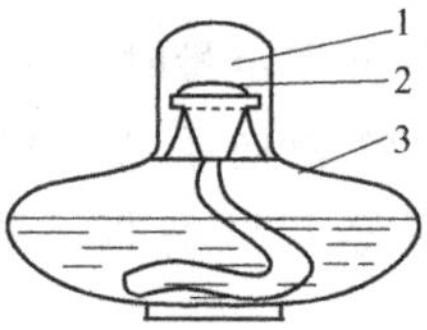

图 9-10 酒精灯的构造

1—灯帽；2—灯芯；3—灯壶

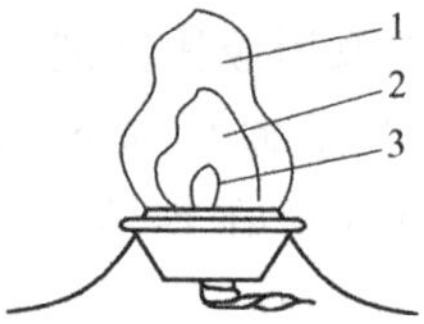

图 9-11 酒精灯的灯焰

1—外焰；2—内焰；3—焰心

使用酒精灯时，应注意以下几点。

① 点燃酒精灯前首先要检查灯壶内酒精的量，并用漏斗向灯壶内添加酒精至总容量的 2/3 处。

② 点燃酒精灯前要检查灯芯，将灯芯烧焦和不齐的部分修剪掉。

③ 点燃酒精灯，需用点燃的火柴或打火机，严禁用一个燃着的酒精灯点燃另一盏酒精灯，更也不允许在灯焰燃烧时添加酒精，以免引起火灾。

④ 加热时，要用灯焰的外焰部分。

⑤ 加热完毕，应盖上灯帽，以防酒精挥发。严禁用嘴吹灭酒精灯。火焰熄灭后将灯帽开启通一下气再盖上，以免下次打不开。

（2）电加热器

① 电炉　电炉（图 9-12）是实验室最常用的加热器具之一，主要由电阻丝、炉盘、金属盘座三部分组成，按功率不同分为 500W、800W、1000W、1500W、2000W 等规格。电炉常与调压器配套使用，以调节电压控制电炉的温度。加热时金属容器不能触及电阻丝，否则会造成短路，发生触电事故。电炉的耐火砖炉盘不耐碱，切勿把碱撒落在炉盘上，要及时

清除炉盘内的灼烧焦糊物质，保证炉丝传热良好，以延长电炉使用寿命。

② 电热板　电热板（即封闭型电炉，图 9-13）。外壳用薄钢板和铸铁制成，具有夹层，内装绝热材料。发热体装在壳体内部，由镍铬合金电炉丝制成，其底部和四周充有玻璃纤维等绝热材料，热量全部由铸铁平板向上散发。电热板的电阻丝排列均匀，热均匀性更好，特别适用于烧杯、锥形瓶等平底容器加热。

图 9-12　电炉

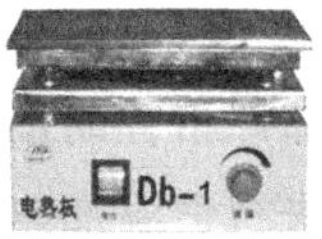

图 9-13　电热板

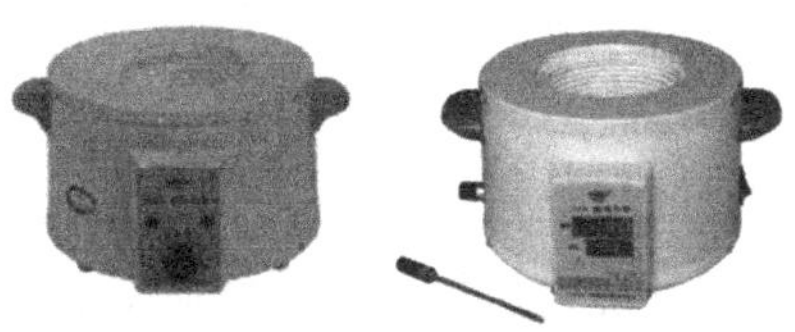

图 9-14　电热套

③ 电热套　电热套是专为加热圆底容器（如烧瓶等）而设计的，实际上也是封闭型电炉（图 9-14）。它的电阻丝包在玻璃纤维内，为非明火加热，常用调压器调节温度，使用较为方便、安全。电热套按容积有 50mL、100mL、250mL、500mL 等规格。使用时，受热容器应悬置在加热套的中央，不得接触内壁，形成一个均匀加热的空气浴，温度可达 450～500℃。切勿将化学药品溅入套内，也不能加热空容器。

除以上加热器具外，在化学实验中进行热处理，还可以采用红外灯、电热恒温干燥箱、高温炉（马弗炉）、微波炉等仪器设备。

2. 加热操作

加热操作的选择，取决于加热的容器、待加热物质的性质、质量和加热程度等。试管、烧杯、烧瓶、蒸发皿、坩埚等是实验室常用的加热容器，其可以承受一定的温度，但不能骤热和骤冷。因此，加热前应将容器的外壁擦干，加热后不能突然与水或湿物接触。

(1) 直接加热操作　对于热稳定性较强的液体（或溶液）、固体可采用直接加热操作。

① 直接加热试管中的液体或固体　加热时应该用试管夹夹在距试管口 1/3 或 1/4 处。加热液体时，试管口应稍微向上倾斜（图 9-15），液体量不能超过试管高度的 1/3，管口不能朝向人，以免溶液沸腾时溅出，造成烫伤。要先加热液体的中部，再慢慢向下移动，然后不时地上下移动使液体各部分受热均匀。不要集中加热某一部分，以免造成局部过热而迸溅。加热固体时，管口应略向下倾（图 9-16），以防从固体中释放出的水蒸气冷凝成水珠后倒流到试管的灼热处导致试管炸裂。加热前期应先将整个试管预热，一般是使灯焰从试管内固体试剂的前部缓慢向后部移动，然后在有固体物质的部位加强热。

图 9-15　加热试管中的液体

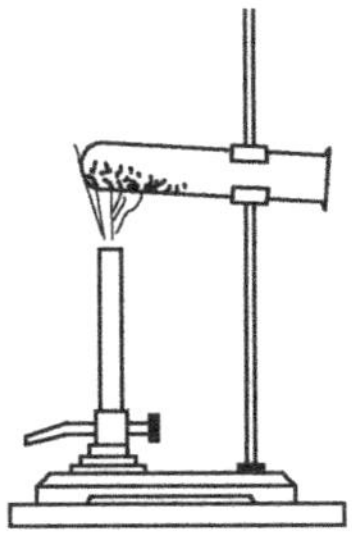

图 9-16　加热试管中的固体

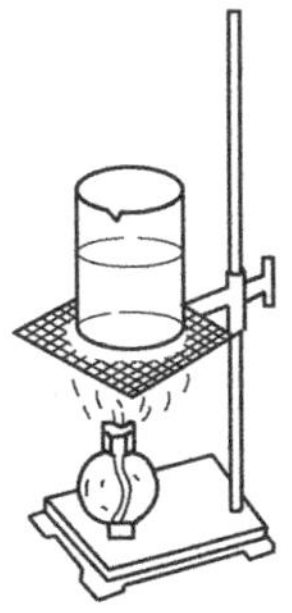

图 9-17　加热烧杯中的液体

② 加热烧杯中的液体　加热烧杯中的液体时，应如图 9-17 所示将烧杯放在石棉网上，所盛液体不超过烧杯容量的 1/2，并不断搅拌以防暴沸。

③ 灼烧　当需要在高温下加热固体时，可将固体放在坩埚中用氧化焰灼烧（图 9-18），不要让还原焰接触坩埚底部，以免坩埚底部结炭，致使坩埚破裂。开始时要先用小火使坩埚受热均匀，然后逐渐加大火焰。灼烧完毕，应使用洁净的坩埚钳夹取坩埚，坩埚钳事先应在火焰上预热一下其尖端。使用后应将坩埚钳的尖端向上平放于石棉网上，以保证尖端不被沾污。

（2）间接加热操作　对于受热易分解及需严格控制加热温度的液体，只能采取间接加热操作，它可使被加热容器或物质受热均匀，进行恒温加热。

① 水浴加热　加热物质要求受热均匀，而温度又不超过 100℃时，可用水浴加热（图 9-19）。水浴是在浴锅内盛水（一般不超过 2/3），将要加热的容器浸入水中，在一定温度下加热。也可将容器不浸入水中，而是通过水蒸气来加热，称之为水蒸气浴。

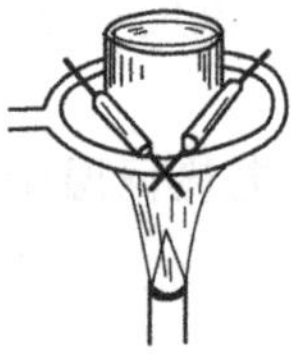

图 9-18　灼烧坩埚中的固体

图 9-19　水浴加热

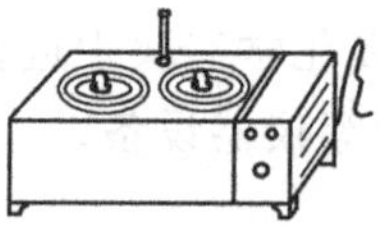

图 9-20　电热恒温水浴

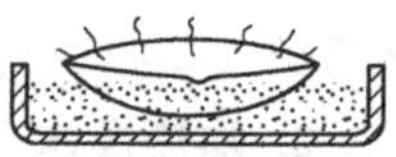

图 9-21　沙浴加热

电热恒温水浴（图 9-20）可根据需要在 37～100℃范围内自动控制恒温。使用时必须先加好水，箱内水位应保持在 2/3 高度处（严禁水位低于电热管），然后通电加热。

② 油浴加热　适用于 100～250℃的加热，加热时将容器浸入油锅中，并在油浴锅内悬挂温度计，以便调节加热温度。常用的油浴物质有甘油、植物油、石蜡、硅油等。使用时要小心控制加热温度，当油的冒烟情况严重时，应停止加热。

③ 沙浴加热　热温度高于 100℃时，也可用沙浴加热。沙浴是将细沙盛在平底铁盘内，将加热容器放在热沙上（图 9-21）。

④ 空气浴加热　实验室中广为使用的电热套加热就是一种空气浴加热。它适用于对圆底容器进行加热，用调压器可调节加热温度，最高可达 500℃。

除水浴、油浴、沙浴和空气浴外，还有金属（合金）浴、盐浴等加热方法。

五、冷却

有些反应需要在低温下进行；还有些反应放出大量的热量需要除去过剩的热量；结晶时，也需要通过降温使晶体析出，以上过程都需要进行冷却。在化学实验中，可以根据不同的要求，选用适宜的冷却方法。

1. 自然冷却

这是一种最简单的冷却方法，即将热溶液等在空气中放置一段时间，使其自然冷却至室温。

2. 吹风冷却和流水冷却

需冷却到室温的溶液，可用此法。将盛有热溶液的容器直接用流动的自来水中冲淋或用吹风机吹冷风冷却。

3. 冷冻剂冷却

当溶液需冷却到室温以下时，可用冷冻剂冷却。常用的冷冻剂有冰水、冰盐溶液（温度可降至－20℃）、干冰与有机物的混合物（温度可降至－78℃）、液氮（温度可降至－190℃）等。为了保持冷却的效率，也要选择绝热较好的容器，如杜瓦瓶等。

必须注意：温度低于－38℃时，不能用水银温度计（水银在－38.87℃凝固），应改用内装有机液体的低温温度计。

六、过滤

过滤是固液分离最常用的操作，借助于过滤器，可使过滤物中的溶液部分通过过滤器进入接受器，固体沉淀物（或晶体）部分则留在过滤器上。过滤的方法有常压过滤、减压过滤和热过滤等。

1. 常压过滤（普通过滤）

在常温常压下，使用漏斗过滤的方法称为常压过滤。过滤时，沉淀在过滤器内，而溶液则通过过滤器进入容器中，所得到的溶液称为滤液，此法简捷方便，但过滤速度较慢。

常压过滤多使用普通漏斗加滤纸做过滤器。所用滤纸根据实验要求选择，一般固液分离选用定性滤纸，定量分析中选用定量滤纸。若过滤强氧化剂，则应选用玻璃纤维等。

（1）滤纸的折叠和漏斗的准备　把滤纸对折再对折（暂不折死）。然后展开成圆锥体后，放入漏斗中（图 9-22），若滤纸圆锥体与漏斗不密合，可改变滤纸折叠的角度，直到与漏斗密合为止（这时可把滤纸折死）。为了使滤纸三层的那边能紧贴漏斗，常把这三层的外边两层撕去一角（撕下来的纸角保存起来，以备擦烧杯或漏斗中残留的沉淀用）。用手指按住滤纸三层的一边，以少量的水润湿滤纸，使它紧贴在漏斗壁上。轻压滤纸，赶走气泡。加水至滤纸边缘使之形成水柱（即漏斗颈中充满水）。若不能形成完整的水柱，可一边用手指堵住漏斗下口，一边稍掀起三层那一边的滤纸，用洗瓶在滤纸和漏斗之间加水，使漏斗颈和锥体的大部分被水充满，然后一边轻轻按下掀起的滤纸，一边断续放开堵在出口处的手指，即可形成水柱（确保快速过滤）。将其放在准备好的漏斗架上，下面放一只洁净的烧杯承接滤液，使漏斗出口长的一边紧靠杯壁（防止滤液溅出），漏斗和烧杯上均盖好表面皿，备用。

（2）过滤　过滤分为三步。

第一步：用倾析法把清液倾入滤纸中留下沉淀。其方法（图 9-23），在漏斗上方将玻璃棒从烧杯中慢慢取出并直立于漏斗中，下端对着三层滤纸的那一边并尽可能靠近，但不要碰到滤纸。将上层清液沿着玻璃棒倾入漏斗，要保持漏斗中的液面至少低于滤纸边缘 5mm，以免少量沉淀因毛细管作用越过滤纸上缘而损失。当最后一滴上层清液流完，倾析暂停时，小心把烧杯扶正，将玻璃棒收回放入烧杯中（此时玻璃棒不要靠在烧杯嘴处，因为烧杯嘴处可能沾有少量沉淀），然后将烧杯从漏斗上方移开，用 10～15mL 洗涤液吹洗玻璃棒和烧杯

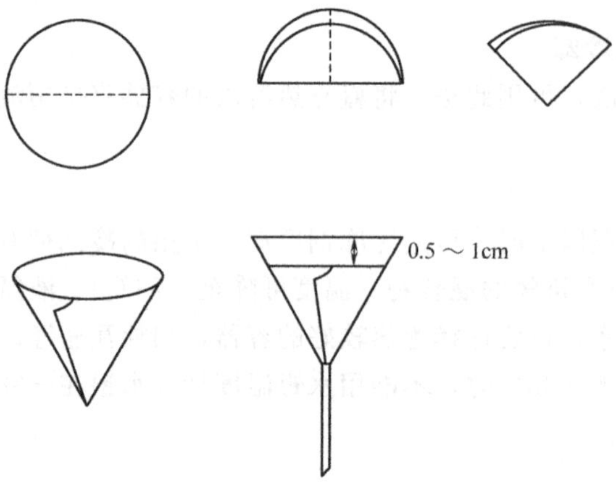

图 9-22　滤纸的折叠与安放

壁并进行搅拌，放置澄清后，再用倾析法滤去清液。如此反复用洗液洗涤 3～6 次（依据沉淀类型确定次数），完成沉淀的初步洗涤。

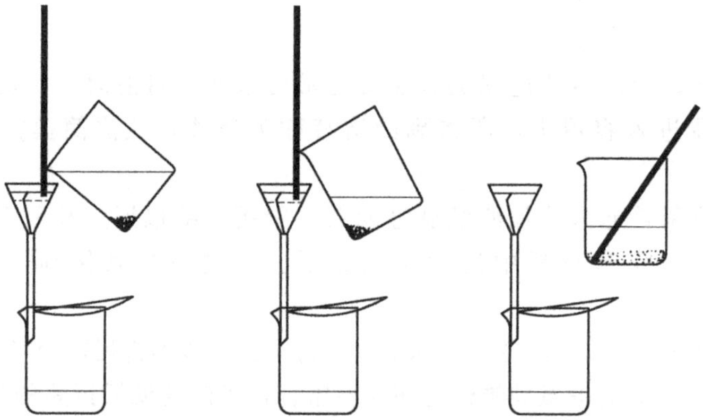

图 9-23　过滤

第二步：把沉淀转移到滤纸上。为此先用洗涤液冲下杯壁和玻璃棒上的沉淀，再把沉淀搅起，将悬浮液小心转移到滤纸上，每次加入的悬浮液不得超过滤纸锥体高度的 2/3 的量。如此反复几次，尽可能地将沉淀转移到滤纸上。烧杯中残留的少量沉淀，可按图 9-24 所示用左手将烧杯倾斜放在漏斗上方，杯嘴朝向漏斗。用左手食指按住架在烧杯嘴上的玻璃棒上方，其余手指拿住烧杯，杯底略朝上，玻璃棒下端对准三层滤纸处，右手拿洗瓶冲洗杯壁上所黏附的沉淀，使沉淀和洗液一起顺着玻璃棒流入漏斗中（注意勿使溶液溅出）。

第三步：洗涤烧杯和洗涤沉淀。粘着在烧杯壁上和玻璃棒上的沉淀可用淀帚（图 9-25）自上而下刷至杯底，再转移到滤纸上。最后在滤纸上将沉淀洗至无杂质。洗涤时应先使洗瓶出口管充满液体后，用细小缓慢的洗涤液流从滤纸上部沿漏斗壁螺旋向下吹洗（图 9-26），决不可骤然浇在沉淀上。待上一次洗液流完后，再进行下一次洗涤。洗涤沉淀一般采用“少量多次”的方法，这样既可提高洗涤效率，又可减少沉淀的损失。对于晶形沉淀一般要洗涤 10 次左右，而胶状沉淀要洗涤 15 次左右。在滤纸上洗涤沉淀的主要目的是洗去杂质并将黏附在滤纸上部的沉淀冲洗之下部。

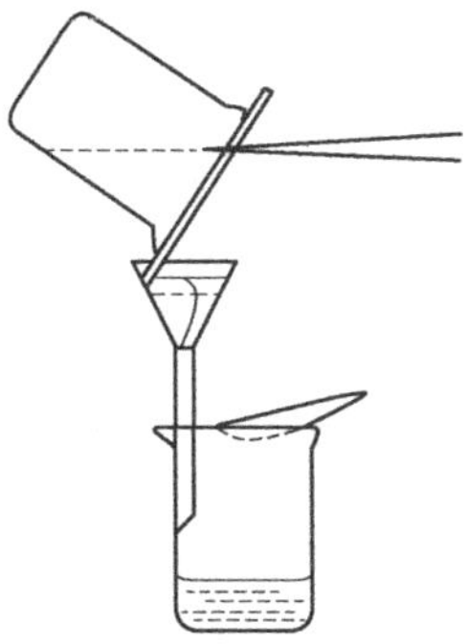
图 9-24 沉淀的转移

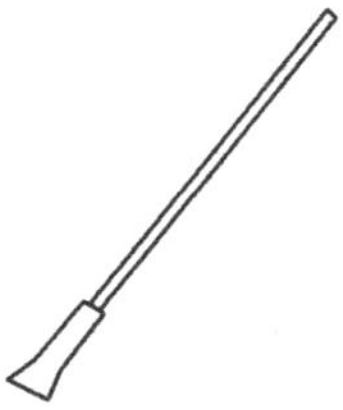
图 9-25 淀帚

图 9-26 沉淀的洗涤

2. 减压过滤

减压过滤也称吸滤或抽滤。此方法过滤速度快，沉淀抽得较干，适合于大量溶液与沉淀的分离，但不宜过滤颗粒太小的沉淀和胶体沉淀，因颗粒太小的沉淀易堵塞滤纸或滤板孔，而胶体沉淀易穿滤。

(1) 减压过滤装置 过滤装置（图 9-27），它由吸滤瓶、过滤器、安全瓶和减压系统几部分组成。

① 过滤器和吸滤瓶 过滤器为布氏漏斗或玻璃砂芯滤器。布氏漏斗是瓷质的，耐腐蚀，耐高温，底部有很多小孔，使用时需衬滤纸或滤膜，且必须置于橡皮垫或装在橡皮塞上。吸滤瓶用于承接滤液。玻璃砂芯滤器常用于烘干后需要称量的沉淀的过滤。不适合用于碱性溶液，因为碱会与玻璃作用而堵塞砂心的微孔。

② 安全瓶 安全瓶安装在减压系统与吸滤瓶之间，防止在关闭泵后，压力的改变引起自来水倒吸入吸滤瓶中，沾污滤液。

③ 减压系统 一般为小水泵或油泵。小水泵多安装在实验室的自来水龙头上。当减压系统将空气抽走时，吸滤瓶中形成负压，造成布氏漏斗的液面与吸滤瓶内具有一定的压力差，使滤液快速滤过。

目前实验室常用小型循环水真空泵（图 9-28），其使用简单方便、过滤速度快，又能节约用水。

(2) 减压过滤操作方法

① 按图 9-27 安装好抽滤装置。注意将布氏漏斗插入吸滤瓶时，漏斗下端的斜面要对着吸滤瓶侧面的支管，以便吸滤。

② 将滤纸剪成较布氏漏斗内径略小的圆形，以全部覆盖漏斗小孔为准。把滤纸放入布

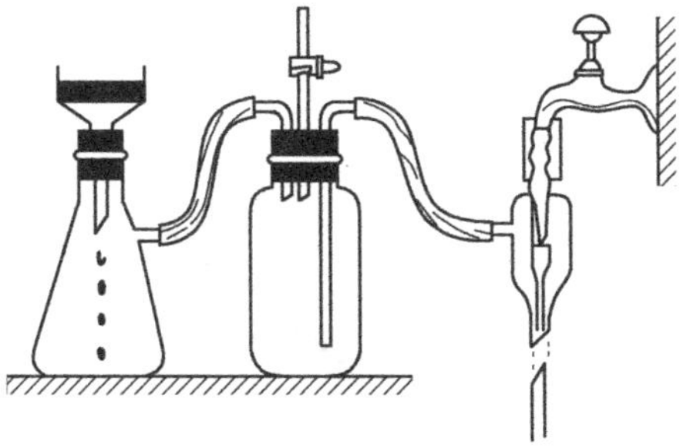
图 9-27 减压过滤装置

图 9-28 台式循环水真空泵

氏漏斗内，用少量蒸馏水湿润滤纸，微开与水泵相连的水龙头（或开启循环水真空泵开关），滤纸便吸紧在漏斗的底部。

③ 缓慢将水龙头开大（或开启循环水真空泵开关），然后进行过滤。过滤时，也可采用倾泻法，即先将上层清液过滤后再转移沉淀。抽滤过程中要注意：溶液加入量不得超过漏斗总容量的 2/3；吸滤瓶中的滤液要在其支管以下，否则滤液将被水泵抽出；不得突然关闭水泵，如欲停止抽滤，应先将吸滤瓶支管上的橡皮管拔下，再关水龙头（或关闭循环水真空泵开关），否则水将倒灌入安全瓶中。

④ 洗涤沉淀时，先拔下吸滤瓶上的橡皮管，关上水龙头，加入洗涤液湿润沉淀，再微开水龙头接上橡皮管，让洗涤液缓慢透过沉淀。最后开大水龙头抽干。重复上述操作，洗至达到要求为止。洗涤晶体时，若滤饼过实，可加溶剂至刚好覆盖滤饼，用玻璃棒搅松晶体（不要把滤纸捅破），使晶体完全湿润。为了更好地抽干漏斗上的晶体，可用清洁的平顶玻璃塞在布氏漏斗上挤压晶体，再抽气把溶剂抽干。

⑤ 过滤结束后，应先将吸滤瓶上的橡皮管拔下，关闭水龙头（或关闭循环水真空泵开关），再取下漏斗倒扣在清洁的滤纸或表面皿上，轻轻敲打漏斗边缘，或用洗耳球向漏斗下口吹气，使滤饼脱离漏斗而倾入滤纸或表面皿上。

⑥ 将滤液从吸滤瓶的上口倒入洁净的容器中，不可从侧面的支管倒出，以免污染滤液。

当溶液中溶质的溶解度随温度变化不太显著并且热溶液的温度不是太高时，为了加快过滤速度也可用减压过滤。操作时要在抽滤前用热水将布氏漏斗预热，然后快速按图 9-27 安装好抽滤装置、转移热溶液进行抽滤。

七、离心分离

离心分离法是固液分离的方法之一，它是使用离心机来使少量溶液与沉淀进行分离，此法操作简单而迅速。

实验室用离心机有手摇式和电动式两种，电动离心机的结构如图 9-29 所示。离心分离时，先将盛有固液混合物的离心试管放入电动离心机的试管套内，并放置对称。用一支试管进行离心分离时，在与之相对称的试管套内也要装入一支盛有相同体积水的试管，以保证离心机旋转时平衡稳定。离心机开始启动要缓慢，并逐渐加速，转速的大小和旋转时间视沉淀的性质而定，离心结束时旋转钮旋至停止挡，使其自然停止转动。注意在任何情况下，都不能猛力启动离心机，或用外力强制其停止转动，否则离心机很容易损坏，甚至造成事故。

离心完毕，取出试管。由于离心作用，沉淀紧密地聚集于离心试管的底部，上层则是澄清的溶液，可用吸管小心地吸出上层清液（图 9-30），注意吸管管尖不要接触沉淀。也可用倾泻法将其倾出。

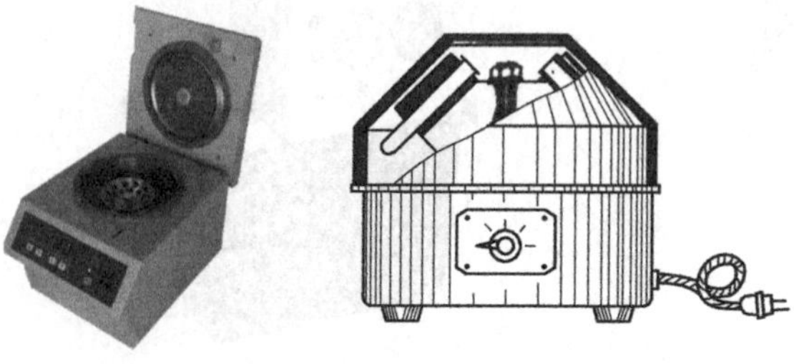

图 9-29　电动离心机

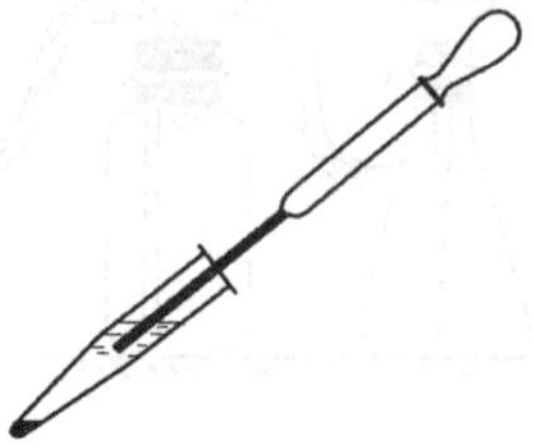

图 9-30　用吸管吸取上层清液

完成分离操作后，如沉淀需要洗涤，则加少量水或洗涤液，用玻璃棒搅拌后，再离心分离，吸出上层清液，如此反复 2～3 次即可。

八、结晶和重结晶

1. 结晶

结晶是指溶液达到过饱和后，从溶液中析出晶体的过程。通常结晶有两种方法，一种是恒温加热蒸发，减少溶剂，使溶液达到过饱和而析出晶体，它适用于溶解度随温度变化不大，其溶解度曲线比较平坦的物质，如氯化钠、氯化钾等。另一种是通过降温使溶液达到过饱和而析出晶体，此法适用于溶解度随温度的降低而显著减小，即溶解度曲线很陡的物质，如硝酸钾、草酸等。

形成的晶体颗粒大小与结晶条件有关。当溶液浓度较高、溶质溶解度较小、冷却速度较快、有某些诱导因素（如剧烈搅拌、投放晶体）时，较易析出细小的晶体；反之，则易得到颗粒较大的晶体。有时，某些物质的溶液已达到一定的过饱和程度，仍不析出晶体，则可用搅拌、摩擦器壁、投入“晶种”等方法促使结晶析出。

2. 重结晶

合成所得的固体产物、或一次结晶后所得到的晶体其纯度仍不符合要求时，可采用重结晶对其进行提纯。重结晶一般适用于杂质含量小于 5% 的固体物质的提纯。重结晶的原理是：利用被提纯物质及杂质在溶剂中的溶解度不同，将被提纯物质溶解在热的溶剂中达到饱和，冷却时被提纯物质从溶液中析出结晶，杂质则全部或大部分留在溶液中（或杂质在热溶液中不溶而趁热过滤除去），从而达到提纯的目的。

重结晶操作主要步骤如下。

（1）选择合适的溶剂　选择合适的溶剂是重结晶操作的关键，所用溶剂必须符合下列条件。

① 不与被提纯物质起化学反应。

② 在高温时，被提纯物质在溶剂中的溶解度较大，而在低温时，溶解度应该很小。

③ 杂质在溶剂中的溶解度很大（结晶时留在母液中）或很小（趁热过滤即可除去）。

④ 溶剂沸点应低于被提纯物质的熔点。

⑤ 溶剂的沸点不可太高，以便于重结晶之后的干燥操作。

当有几种溶剂符合上述条件时，则应根据结晶的回收率、操作的难易、溶剂的毒性、安全程度、价格以及溶剂回收等因素进行比较选择。常用的重结晶溶剂见表 9-1。

表 9-1　常用的重结晶溶剂

溶　剂	沸点/℃	凝固点/℃	密度/(g/mL)	与水互溶性①	易燃性②
水	100	0	1.0	+	0
甲醇	64.7	<0	0.79	+	+
95%乙醇	78.1	<0	0.81	+	+
乙酸	118	16.1	1.05	+	+
丙酮	56.5	<0	0.79	+	+++
乙醚	34.6	<0	0.71	—	++++
石油醚	35～65	<0	0.63	—	++++
苯	80.1	5	0.88	—	++++
二氯甲烷	41	<0	1.34	—	0
四氯化碳	76.6	<0	1.59	—	0
氯仿	61.2	<0	1.48	—	0

① “+”表示混溶；“—”表示不混溶。

② “0”表示不燃；“+”表示易燃，“+”号越多，表示易燃程度越大。

当难以选择一种适宜的溶剂时，可考虑使用混合溶剂。混合溶剂是由两种或两种以上能互溶的溶剂（如水-乙醇、乙醇-乙醚等）按一定比例配制而成。被提纯物质往往易溶于其中一种溶剂，而难溶于另一种溶剂。常用的重结晶混合溶剂见表 9-2。

表 9-2 常用的重结晶混合溶剂

水-乙醇	乙醚-甲醇	石油醚-苯	氯仿-乙醇	乙醚-丙酮	吡啶-水
水-丙酮	甲醇-乙醚	乙醇-丙酮	乙醇-乙醚	乙醚-石油醚	乙酸-水

（2）配制热饱和溶液　在烧杯或圆底烧瓶中加入比理论量稍少的溶剂，加入粗产品，加热煮沸（根据溶剂的性质，选择适当的加热方式），继续滴加溶剂，直至固体刚好完全溶解，配制成热饱和溶液。考虑到溶剂的挥发及温度下降而过早析出结晶，溶剂要适当过量，一般再补加 15%～20%的溶剂。注意用易挥发的有机溶剂加热溶解时，应在回流操作下进行。

（3）活性炭脱色及热过滤　若粗产品溶解后溶液中含有一些有色杂质，或溶液中存在少量树脂状物质及极细的不溶性杂质时，可在溶液稍冷后，加入少量活性炭（用量一般为粗产品质量的 1%～5%），搅拌，然后再加热煮沸 5～10min。脱色后应趁热迅速进行热过滤，除去活性炭。活性炭在水溶液和极性有机溶剂中脱色效果较好，但在非极性溶剂中，脱色效果较差。

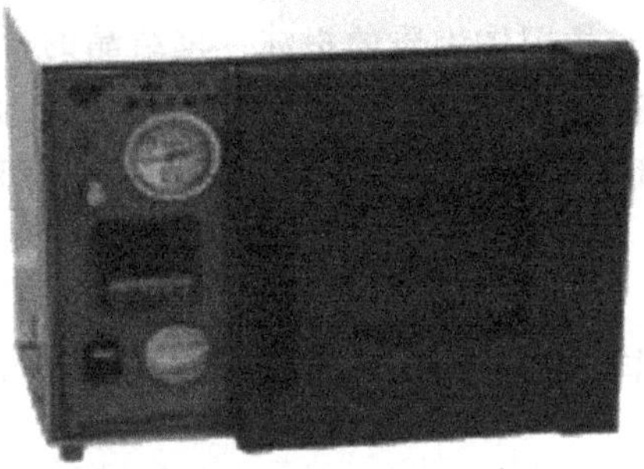
图 9-31　真空恒温干燥器

（4）冷却结晶　将过滤后的滤液静置，自然冷却，使晶体析出。注意不要将滤液放入冷水或冰水中快速冷却，也不要用玻璃棒剧烈搅动，这样会使晶体颗粒过细，晶体表面易吸附杂质，难以洗涤。若滤液冷至室温，仍无晶体析出，可用玻璃棒摩擦器壁或投入该化合物的晶体作为“晶种”，以促使晶体析出。

（5）减压抽滤及干燥　待结晶完全析出后，减压抽滤。晶体用少量溶剂洗涤 1～2 次后，取出，进行干燥。如溶剂沸点较低时，可在室温下自然风干；若溶剂的沸点较高，可用红外灯烘干；对易吸水的晶体应采用真空恒温干燥器（图 9-31）干燥。

实验一　仪器的认知和洗涤

一、实验目的

1. 能熟知实验室规则和安全知识与防护。
2. 能熟知实验室常用仪器名称、规格、用途和使用注意事项。
3. 能正确洗涤和干燥常用玻璃仪器。

二、实验原理

化学实验中使用的玻璃仪器常黏附有化学试剂等污物，既有可溶性物质，也有灰尘和其他不溶性物质及油污等有机物，为了使实验得到正确的结果，实验仪器必须是洁净的，否则会影响实验效果，甚至导致实验失败。常见的洗涤方法有：①水洗和刷洗法；②合成洗涤剂法；③铬酸洗液（或其他洗液）法；④通过试剂的相互作用将附在器壁上的物质转化为水溶性物质。

实验时所用的仪器，除必须洗涤外，有时还要求干燥，干燥的方法有：①自然风干；②吹干；③烘干；④烤干；⑤用有机溶剂干燥。

三、仪器、试剂与材料

1. 试剂与材料：浓硫酸；重铬酸钾；去污粉；洗涤剂；丙酮，无水乙醇。

2. 仪器：化学实验常用仪器一套，见表9-3。

表9-3　仪器清单

仪器名称	规格	数量	备注
烧杯	600mL	1个	
	100mL	2个	
	250mL	1个	
锥形瓶	300mL	3个	
试剂瓶	1000mL	4个	白3个;棕1个
容量瓶	250mL	1个	
量筒	250mL	1个	
	25mL	1个	
	10mL	1个	
滴管		2支	
试管及架		1套	
酒精灯		1盏	
表面皿	120mm	1个	
蒸发皿	250mL	1个	
玻璃棒		1支	
吸滤瓶	250mL	1个	
布氏漏斗	80mm	1个	
三脚架		1个	
泥三角		1个	
石棉网		1个	
电炉		1台	

四、实验步骤

1. 观看多媒体教学课件，了解化学实验基本知识。

2. 熟悉实验室内水、电等线路的走向，了解实验室规则及安全知识。

3. 认领仪器：按实验室提供仪器清单认领仪器；并填写仪器清单。

4. 熟悉仪器的名称、规格、用途、性能及其使用方法与注意事项。

5. 洗涤仪器。

6. 干燥仪器。

五、思考题

1. 洗涤玻璃仪器时应注意什么？如何判断玻璃仪器是否洗涤干净？

2. 比较玻璃仪器不同洗涤方法的使用范围和优缺点。

3. 烤干试管时应如何操作？

4. 配制溶液时为何要用纯水？一般溶液配制时，应注意些什么？

5. 取用固体试剂和液体试剂时应注意什么问题？

6. 间接加热有哪些方法？冷却有哪些方法？

7. 使用酒精灯应注意什么问题？

8. 减压过滤时，有哪些注意事项？

9. 重结晶操作选择的溶剂应具备什么条件？使用易燃的有机溶剂重结晶时，应如何操作？

第二节 无机化学制备实验

【学习目标】

1. 学习利用化学反应制备和提纯无机化合物的方法。
2. 练习称量、过滤、加热、浓缩、蒸发、结晶及减压过滤等基本操作技术。
3. 熟悉产品纯度的检验方法。

物质的制备技术是化学实验中较重要的内容之一，它是由较简单的无机物或有机物通过化学反应得到的较复杂的无机物和有机物的过程，通过物质的制备，可进一步地了解怎样以最基本的原料得到生产和日常生活中所必需的化工产品。因此物质的制备技术在化工生产中具有重要的意义。

物质制备的步骤：明确实验目标→理解实验原理→确定合理的制备路线→选择反应装置→物质制备反应条件的设计→粗产品的后处理。

实验二　硫酸亚铁铵的制备

一、实验目的

1. 掌握硫酸亚铁铵的制备原理和方法。

2. 能较熟练的进行水浴加热、蒸发、结晶、减压抽滤等基本操作。

3. 会用目视比色法检验产品质量。

二、实验原理

硫酸亚铁铵，俗称摩尔盐，是一种复盐，为浅蓝绿色透明晶体，溶于水，不溶于乙醇，存放时不易被空气中的氧气氧化，比一般的亚铁盐稳定，由于制造工艺简单，容易得到较纯净的晶体，而且价格低廉，因此其应用广泛，工业上常用作废水处理的混凝剂，在农业上既是农药又是肥料，硫酸亚铁铵是实验室中常用的试剂，在定量分析中常用它来制备亚铁离子的标准溶液。

本实验以废铁粉为原料，将其溶于稀硫酸得到硫酸亚铁，再用等物质的量的硫酸铵溶液与之混合，经蒸发、冷却、结晶后得到溶解度比硫酸亚铁和硫酸铵都小的硫酸亚铁铵。反应式如下：

$$Fe + H_2SO_4 \rightleftharpoons FeSO_4 + H_2\uparrow$$

$$FeSO_4 + (NH_4)_2SO_4 + 6H_2O \rightleftharpoons (NH_4)_2SO_4 \cdot FeSO_4 \cdot 6H_2O$$

像所有复盐一样，硫酸亚铁铵在水中的溶解度比组成它的任何一种组分 $FeSO_4$ 或 $(NH_4)_2SO_4$ 的溶解度都要小，见表 9-4。因此从 $FeSO_4$ 或 $(NH_4)_2SO_4$ 溶于水所制得的浓混合溶液中，很容易得到结晶的摩尔盐。

由于 $FeSO_4$ 在弱酸性溶液中容易发生水解和氧化，所以在制备过程中应使溶液保持较强的酸性并控制反应温度。

硫酸亚铁铵产品的纯度可用氧化还原滴定法进行测定。硫酸亚铁铵产品中的杂质主要是 Fe^{3+}，产品的等级也常以 Fe^{3+} 含量的多少来确定。本实验采用目视比色法对 Fe^{3+} 含量进行限量分析，将式样溶液分别与硫酸亚铁铵标准溶液作对比，以确定杂质 Fe^{3+} 含量范围。这种检定方法，通常称为限量分析。

表 9-4　三种盐的溶解度　　单位：g/（100gH_2O）

盐	0℃	10℃	20℃	30℃	40℃	50℃	70℃
$FeSO_4 \cdot 7H_2O$	15.6	20.5	26.5	32.9	40.2	48.6	56.0
$(NH_4)_2SO_4$	70.6	73.0	75.4	78.0	81.6	84.5	91.9
$(NH_4)_2SO_4 \cdot FeSO_4 \cdot 6H_2O$	12.5	17.2	21.2	24.5	33.0	40.0	38.5

三、试剂与仪器

1. 试剂

（1）铁粉。

（2）硫酸溶液：$c(H_2SO_4)$ ＝3mol/L。

（3）浓硫酸：化学纯试剂。

（4）盐酸溶液：$c(HCl)$ ＝2mol/L。

（5）硫氰酸钾溶液：$c(KSCN)$ ＝1mol/L。

（6）硫酸铵：化学纯试剂。

（7）无水乙醇：化学纯试剂。

（8）十二水硫酸亚铁铵：分析纯试剂。

2. 仪器

台秤、分析天平、电炉、水浴锅、抽滤瓶、布氏漏斗、水循环真空泵、100mL 烧杯、250mL 锥形瓶、量筒、500mL 容量瓶、蒸发皿、表面皿、比色架、25mL 比色管、pH 试纸。

四、实验步骤

1. 硫酸亚铁的制备

称取 4g 铁粉，放入 250mL 锥形瓶中，分三次缓慢加入 30mL 硫酸溶液[$c(H_2SO_4)=3$mol/L]，反应片刻，待气泡减少后，置于水浴中加热。加热 5min 后加入 10～15mL 蒸馏水（加水的目的是保持原体积，防止水蒸发后硫酸亚铁晶体析出；水不要一次加入，最好分次加入），整个加热过程保持 10min。然后，趁热减压抽滤。并将滤液转移至蒸发皿中。

2. 硫酸亚铁铵的制备

根据反应式，计算溶液中硫酸亚铁理论产量，再按关系式 $n[(NH_4)_2SO_4]:n(FeSO_4)=1:1$，计算出所需硫酸铵的质量。在搅拌下将硫酸铵加入硫酸亚铁溶液中，搅拌直至硫酸铵完全溶解。水浴加热，蒸发浓缩至液体表面出现晶膜为止（切记！不能蒸干）。让溶液自然冷却至室温，将有硫酸亚铁铵晶体析出，然后减压抽滤，用无水乙醇洗涤晶体两次，尽量抽干，将晶体转移至表面皿晾干，观察晶体的颜色和形状。称其质量，按下式计算产率：

$$产率=\frac{硫酸亚铁铵实际产量}{硫酸亚铁铵理论产量}\times 100\%$$

3. Fe^{3+}限量分析

称取 1.0g 产品于 25mL 比色管中，用 15mL 无氧纯水溶解，加入 2mL 盐酸溶液 [$c(HCl)=2mol/L$]和 1mL 硫氰酸钾溶液 [$c(KSCN)=1mol/L$]，再加无氧纯水至 25mL 刻度，摇匀后将所呈现的红色和标准色阶比较，确定 Fe^{3+} 含量（试剂等级）。

标准色阶的配制如下。

称取 0.4317g 十二水硫酸亚铁铵溶于少量水中，加入 1.3mL 浓硫酸，定量移入 500mL 容量瓶中，稀释至刻度，摇匀。此即 0.10mg/mL Fe^{3+} 标准溶液。

取 3 支 25mL 比色管，按顺序编号，依次加入 Fe^{3+} 标准溶液 0.5mL、1.0mL、2.0mL。分别加入 2mL 盐酸溶液 [$c(HCl)=2mol/L$] 和 1mL 硫氰酸钾溶液 [$c(KSCN)=1mol/L$]，再加无氧纯水至 25mL 刻度，摇匀。

一级标准含 Fe^{3+} 0.05mg、二级标准含 Fe^{3+} 0.10mg、三级标准含 Fe^{3+} 0.20mg。

五、实验提要

1. 通过用眼睛观察，比较溶液颜色深浅来确定物质含量的方法叫做目视比色法。其中最常用的是标准色阶法，它是将被测试样溶液和一系列已知浓度的标准溶液在相同条件下显色，当试液与某一标准溶液的厚度相等、颜色深浅度相同时，二者的浓度相等。

2. 铁粉与硫酸溶液的反应，开始时反应剧烈，要控制温度不宜过高，以防反应液溅出。

3. 制备硫酸亚铁铵时，切忌用直火加热，宜采用水浴加热。否则 Fe^{2+} 易被氧化，生成大量 Fe^{3+}，而使溶液变成棕红色。

六、思考题

1. 在制备硫酸亚铁时，如何计算硫酸亚铁的理论产量？制备硫酸亚铁铵时，为什么要按理论量配比？

2. 能否将最后产物硫酸亚铁铵直接放在蒸发皿内加热干燥，为什么？

3. 为什么制备硫酸亚铁铵晶体时，溶液必须呈酸性？蒸发浓缩时是否需要搅拌？

4. 分析产品中杂质 Fe^{3+} 的含量，为什么要使用不含氧的纯水？

实验三　五水合硫酸铜的制备

一、实验目的

1. 了解不活泼金属与酸作用制备盐的方法。

2. 进一步提高学生加热、浓缩、过滤等基本操作技能。

3. 学会提纯、结晶的基本操作及原理。

二、实验原理

Cu 属于不活泼金属，不能溶于非氧化性酸中，但其氧化物在稀酸中极易溶解。因此，工业上制备胆矾（$CuSO_4\cdot 5H_2O$）时先 Cu 把转化成 CuO（灼烧或加氧化剂），然后与适量

浓度的 H_2SO_4 作用生成 $CuSO_4$。本实验采用 H_2O_2 作氧化剂，用废铜屑与稀 H_2SO_4、H_2O_2 作用来制备 H_2SO_4。反应式为：

$$Cu+H_2SO_4+H_2O_2 \rightleftharpoons CuSO_4+2H_2O$$

废铜屑中常混有铁屑及其他的一些杂质如泥沙等，所以，反应液中除含生成的 $CuSO_4$ 外，还含有一些以 Fe^{3+} 和 Fe^{2+} 的盐类为主的可溶性杂质和不溶性杂质。因此制备过程中还需要经过溶解、除杂质、结晶才能得到纯的 $CuSO_4 \cdot 5H_2O$。

三、试剂与仪器

1. 试剂

(1) 铜屑。

(2) 硫酸溶液：3mol/L、1mol/L。

(3) H_2O_2：30%、3%。

(4) $NH_3 \cdot H_2O$：2mol/L。

(5) Na_2CO_3 溶液：10%。

2. 仪器

台秤、蒸发皿、表面皿、烧杯（150mL，100mL）、量筒（100mL，10mL）、布氏漏斗、抽滤瓶、水循环真空泵、滤纸、电炉。

四、实验步骤

1. 废铜屑预处理

称取 2.0g 铜屑放于 150mL 烧杯中，加入 10% Na_2CO_3 溶液 10mL，加热煮沸，除去表面油污，倾析法除去碱液，用水洗净。

2. $CuSO_4 \cdot 5H_2O$ 粗品的制备

在盛有处理过的 2g 铜屑烧杯中加入 12mL 3mol/L 的 H_2SO_4，缓慢滴加 3～4mL 30% 的 H_2O_2，然后水浴加热（反应温度保持在 40～50℃），反应完全后（若有过量铜屑，补加稀 H_2SO_4 和 H_2O_2 至铜屑完全反应）加热煮沸 2min，冷却抽滤除去不溶性杂质，滤液转移至洁净的蒸发皿中，水浴加热浓缩至液面出现晶膜，取下蒸发皿，冷却至室温，减压抽滤，得 $CuSO_4 \cdot 5H_2O$ 粗品。

3. 精制 $CuSO_4 \cdot 5H_2O$

将制得的粗 $CuSO_4 \cdot 5H_2O$ 晶体放入小烧杯中，按 $CuSO_4 \cdot 5H_2O : H_2O = 1:3$（质量比）加入蒸馏水，加热溶解。搅拌下滴加 2mL 3% 的 H_2O_2 溶液，水浴加热片刻（40～50℃），然后滴加 2mol/L 的 $NH_3 \cdot H_2O$，直到 pH＝4，再多加 1～2 滴，水浴加热片刻，静置，使生成的 $Fe(OH)_3$ 及不溶物沉降。抽滤，滤液转移至洁净的蒸发皿中，滴加 1mol/L 的 H_2SO_4 溶液，调 pH 为 1～2，加热浓缩至液面出现晶膜，取下蒸发皿，冷却至室温，抽滤（尽量抽干），取出结晶，放在两层滤纸中间挤压，以吸干水分，称重，计算产率，并与理论产率对比。

五、思考题

1. 粗制硫酸铜中的杂质 Fe^{2+} 为什么要氧化成 Fe^{3+} 后再除去？除 Fe^{3+} 时，为什么要调节溶液的 pH 为 3.5～4？pH 太大或太小有什么影响？

2. $KMnO_4$、K_2CrO_4、Br_2、H_2O_2 都可以氧化 Fe^{2+}，试分析选用那一种氧化剂比较合适，为什么？

3. 精制 $CuSO_4 \cdot 5H_2O$ 中，蒸发前时为什么要将溶液的 pH 调至 1～2？

六、课后作业

将回收的母液置小烧杯中留作培养大晶体，并观察硫酸铜的晶型。

实验四 碳酸钠的制备

一、实验目的

1. 掌握利用盐的溶解度差异、复分解反应原理来制备无机化合物的方法。

2. 掌握温控、灼烧、抽滤及洗涤等基本操作。

二、实验原理

碳酸钠俗称纯碱，其工业制法称联合法，系将氨和二氧化碳通入氯化钠溶液中，生成碳酸氢钠。经过高温灼烧，碳酸氢钠失去二氧化碳和水，生成碳酸钠，主要反应方程式为：

$$NH_3+CO_2+H_2O+NaCl \rightleftharpoons NaHCO_3+NH_4Cl$$

$$2NaHCO_3 \rightleftharpoons Na_2CO_3+CO_2\uparrow+H_2O$$

本实验是直接利用碳酸氢铵和氯化钠发生复分解反应来制取碳酸氢钠，反应方程式为：

$$NH_4HCO_3+NaCl \rightleftharpoons NaHCO_3+NH_4Cl$$

反应体系是一个复杂的由碳酸氢铵、氯化钠、碳酸氢钠和氯化铵组成的四元交互体系，这些盐在水中的溶解度互相发生影响。必须根据其在水中不同温度下的溶解度差异，选择最佳操作条件。

由表9-5可以看出，在4种盐混合溶液中，各种温度下，碳酸氢钠的溶解度都是最小的。当温度超过35℃会引起碳酸氢铵的分解，故反应不可超过35℃温度；温度过低又会影响碳酸氢铵的溶解，从而影响碳酸氢钠的生成，故反应温度又不宜低于30℃。因此控制温度在30～35℃条件下反应制备碳酸氢钠是比较适宜的。

表9-5 4种盐在不同温度下的溶解度（g/100g H_2O）

溶质	0℃	10℃	20℃	30℃	40℃	50℃	60℃	70℃
NaCl	35.7	35.8	36.0	36.3	36.6	37.0	37.3	37.8
NH_4HCO_3	11.9	15.8	21.0	27.0	—	—	—	—
NH_4Cl	29.4	33.3	37.2	41.4	45.8	50.4	55.2	60.2
$NaHCO_3$	6.9	8.2	9.6	11.1	12.7	14.5	16.4	—

三、试剂和仪器

1. 试剂

（1）氯化钠：化学纯试剂。

（2）碳酸氢铵：化学纯试剂。

2. 仪器

400mL烧杯、量筒、恒温水浴、布氏漏斗、抽滤瓶、水循环真空泵、研钵、蒸发皿、调温电炉、台秤、分析天平、滴定分析常用仪器。

四、实验步骤

碳酸钠的制备如下。

（1）中间产物碳酸氢钠制备 称取28g氯化钠于400mL烧杯中，加水100mL溶解后，置于恒温水浴上加热，温度控制在30～35℃之间。同时称取研磨成细粉末的固体碳酸氢铵

40g，在不断搅拌下分几次慢慢加入到氯化钠溶液中，然后继续充分搅拌并保持在此温度下反应 20min。静置 5min 后减压抽滤，得到碳酸氢钠晶体，用少量的水淋洗以除去表面吸附的铵盐，再尽量抽干母液。

(2) 碳酸钠制备　将中间产物碳酸氢钠放在蒸发皿中，置于调温电炉上加热，同时用玻璃棒不断翻搅，使固体受热均匀并防止结块。开始加热时可适当采用低温，5min 后改用高温，灼烧 30min 左右，即可制得干燥的白色细粉末状碳酸钠。冷却到室温，在台秤上称量并记录产品的质量。

碳酸钠产品的产率按下式计算：

$$\text{产率}=\frac{m(Na_2CO_3)\times 2M(NaCl)}{m(NaCl)M(Na_2CO_3)}\times 100\%$$

式中　$m(Na_2CO_3)$ ——碳酸钠产品的质量，g；

$m(NaCl)$ ——氯化钠原料的质量，g；

$M(Na_2CO_3)$ ——碳酸钠的摩尔质量，g/mol[$M(Na_2CO_3)=105.99$]；

$M(NaCl)$ ——氯化钠的摩尔质量，g/mol[$M(NaCl)=58.44$]。

实验五　三草酸根合铁(Ⅲ)酸钾的制备

一、目的要求

1. 了解三草酸根合铁（Ⅲ）酸钾的制备，用化学平衡原理指导配合物的制备，加深对三价铁和二价铁化合物性质的了解。

2. 试验三草酸根合铁（Ⅲ）酸钾的光化学性质。

二、原理

三草酸根合铁（Ⅲ）酸钾 $K_3[Fe(C_2O_4)_3]\cdot 3H_2O$ 是一种绿色的单斜晶体，溶于水（0℃时 4.7g/100g 水；100℃时 117.7g/100g 水）而不溶于乙醇。本实验为了制备纯的三草酸根合铁（Ⅲ）酸钾晶体，首先利用硫酸亚铁铵与草酸反应制备出草酸亚铁：

$$(NH_4)_2Fe(SO_4)_2\cdot 6H_2O+H_2C_2O_4 \longrightarrow FeC_2O_4\cdot 2H_2O+(NH_4)_2SO_4+H_2SO_4+4H_2O$$

然后在草酸根离子的存在下，用过氧化氢将草酸亚铁氧化为草酸高铁化合物，加入乙醇后，它便从溶液中形成 $K_3[Fe(C_2O_4)_3]\cdot 3H_2O$ 晶体析出，反应式可写为：

$$2FeC_2O_4\cdot 2H_2O+H_2O_2+3K_2C_2O_4+H_2C_2O_4 \longrightarrow 2K_3[Fe(C_2O_4)_3]\cdot 3H_2O$$

三草酸根合铁（Ⅲ）酸钾极易感光，室温下光照变黄色，进行下列光化学反应：

$$2[Fe(C_2O_4)_3]^{3-} \longrightarrow 2FeC_2O_4+3C_2O_4^{2-}+2CO_2$$

它在日光直射或强光下分解生成的 FeC_2O_4 遇铁氰化钾生成滕士蓝，反应为：

$$3FeC_2O_4+2K_3[Fe(CN)_6] \longrightarrow Fe_3[Fe(CN)_6]_2+3K_2C_2O_4$$

因此，在实验室中可做成感光纸，进行感光实验。另外，由于它具有光化学活性，能定量进行光化学反应，常用作化学光量计。

三、仪器与试剂

1. 试剂

(1) $(NH_4)_2Fe(SO_4)_2\cdot 6H_2O$：固体。

(2) 硫酸：3mol/L。

(3) 草酸溶液：1mol/L。

(4) 饱和草酸钾溶液。

(5) 95%乙醇。

(6) H_2O_2 溶液：3%。

(7) 铁氰化钾溶液：3.5%。

2. 仪器

台秤、烧杯、锥形瓶、量筒、布氏漏斗、抽滤瓶、水循环真空泵、水浴钠、表面皿。

四、实验步骤

1. 草酸亚铁的制备

称取 5.0g $(NH_4)_2Fe(SO_4)_2 \cdot 6H_2O$ 固体放入 200mL 烧杯中，加入 20mL 蒸馏水和 5 滴 3mol/L H_2SO_4，加热使其溶解。然后加入 25mL 1mol/L $H_2C_2O_4$ 溶液，加热至沸不断搅拌，便得黄色晶体 $FeC_2O_4 \cdot 2H_2O$，静置沉降后用倾析法弃去上层溶液。往沉淀上加 20mL 蒸馏水，搅拌并温热，静置，再弃去清液（尽可能把清液倾干净些）。

2. 三草酸根合铁（Ⅲ）酸钾的制备

在上述沉淀中加入 15mL $K_2C_2O_4$ 饱和溶液，水浴加热至约 40℃，用滴管慢慢加 20mL 3%H_2O_2 溶液，不断搅拌并保持温度在 40℃左右，此时会产生氢氧化铁沉淀。将溶液加热至沸，不断搅拌，一次加入 5mL 1mol/L $H_2C_2O_4$ 溶液，然后再滴加 $H_2C_2O_4$ 溶液，并保持接近沸腾的温度，直至体系变成绿色透明溶液。稍冷后，向溶液中加入 10mL 95%乙醇，继续冷却，即有晶体析出，减压过滤，产品在 70～80℃干燥，称重。也可将棉线绳搭人加入 10mL95%乙醇的清液中，用表面皿盖住烧杯暗处放置到第二天，即有晶体在棉线绳上析出，用倾析法分离出晶体，干燥，称重。

3. 三草酸根合铁（Ⅲ）酸钾的性质

(1) 将少许产品放在表面皿上，在日光下观察颜色变化，与放在暗处的晶体比较。

(2) 制感光纸：按三草酸根合铁（Ⅲ）酸钾 0.3g、铁氰化钾 0.4g，加水 5mL 的比例配成溶液，涂在纸上即成观光纸（黄色）。附上图案，在日光下直射数秒，曝光部分呈深蓝色，被遮盖的没有曝光部分即显影出图案来。

(3) 配感光液：取 0.3～0.5g 三草酸根合铁（Ⅲ）酸钾，加水 5mL 配成溶液，用滤纸条做成感光纸。同上操作去掉图案，用约 3.5%铁氰化钾溶液湿润或漂洗即显影出图案来。

五、思考题

1. 制备步骤中，向最后的溶液中加乙醇的作用是什么？能否用蒸发浓缩或蒸干溶液的方法来提高产率？

2. $FeSO_4$ 为原料合成 $K_3[Fe(C_2O_4)_3] \cdot 3H_2O$，也可用 HNO_3 代替 H_2O_2 作氧化剂，你认为用哪个作氧化剂较好，为什么？

实验六　海带中提取碘

一、实验目的

1. 练习海带中提取碘的方法。

2. 掌握灰化、浸取、浓缩、升华操作。

二、实验原理

碘有极其重要的生理作用，人体中的碘主要存在与甲状腺内。甲状腺内的甲状腺球蛋白是一种含碘的蛋白质，是人体的碘库。一旦人体需要时，甲状腺球蛋白就很快水解为由生物活性的甲状腺素，并通过血液到达人体的各个组织。甲状腺素是一种含碘的氨基酸，它具有促进体内物质和能量代谢、促进身体生长发育、提高精神系统的兴奋性等生理功能。人体中如果缺碘，甲状腺就得不到足够的碘，甲状腺素的合成就会受到影响，使得甲状腺组织产生代偿性增生，形成甲状腺肿（即大脖子病）。碘缺乏病给人类的智力与健康造成了极大的损害，对婴幼儿的危害尤其严重。因为严重缺碘的妇女，容易生出患有克汀病和智力底下的婴儿，克汀病的患儿身体矮小、智力低下、发育不全，甚至痴呆，即使轻症患儿也多有智力低下的表现。人体一般每日摄入0.1～0.2mg碘就可以满足需要。在正常情况下，人们通过食物、饮水及呼吸即可摄入。但在一些地区，由于各种原因，水和土壤中缺碘，食物中含碘量也较少，造成人体摄碘量少，有的地区由于在食物中含有阻碍人体吸收碘的某些物质，也会造成人体缺碘。有人称海带为“碘之王”，在每100g海带中含碘量为240mg，常吃海带可纠正由缺乏碘而引起的甲状腺肿，促进新陈代谢，使甲状腺能维持正常功能。海带所含碘化物内服吸收后，还能促进病理产物和渗出物被吸收，并能使病变的组织崩溃和溶解，可纠正缺碘而引起的甲状腺机能不足，对癌症有一定的抑制作用，同时也可以暂时抑制甲状腺功能亢进的新陈代谢。

三、试剂与仪器

1. 试剂

(1) 硫酸：1mol/L。

(2) 重铬酸钾：固。

(3) 淀粉溶液。

(4) 氯水。

原料：海带丝。

2. 仪器

台秤、烧杯、试管、铁架台、坩埚、蒸发皿、布氏漏斗、抽滤瓶、真空循环水泵、电炉。

四、实验步骤

1. 定性检验

将一根海带用适量温水浸泡数小时后，取浸泡后清液200mL，稍加过滤，取其滤液3～5mL于试管中，滴加几滴熟淀粉溶液后，再滴加氯水，即可见试管中溶液立即变蓝（$Cl_2+2I^- \longrightarrow I_2+2Cl^-$）。实验证明海带中富含碘离子。

2. 海带中提取碘

(1) 称取10g干燥的海带丝，剪碎，研磨，再放在坩埚中灼烧，多次研磨、灼烧，使海带完全灰化。

(2) 将海带灰倒在烧杯中，依次加入25mL、25mL蒸馏水熬煮几分钟后，每次熬煮后，抽滤。最后用少量水洗涤滤渣，将滤液合并在一起。

(3) 往滤液里加1mol/L硫酸酸化至pH显中性。(海带灰里含有碳酸钾，酸化使其呈中性或弱酸性对下一步氧化析出碘有利。但硫酸加多了则易使碘化氢氧化出碘而损失)。

(4) 把酸化后的滤液在蒸发皿中蒸发，炒至糊状调pH约为1，然后尽量炒干，研细，并且加入0.5g研细的重铬酸钾固体与之混合均匀。

(5) 将上述混合物放入干燥的蒸发皿中，上盖一有约20针空的滤纸，长颈漏斗（颈口处塞一棉花）放在滤纸上（图9-32）。加热

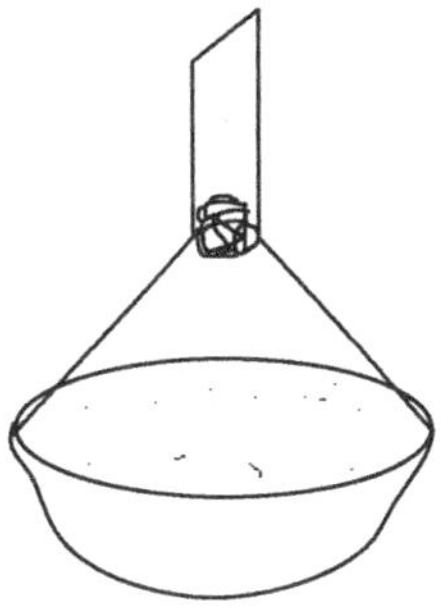

图9-32　碘升华装置

蒸发皿使生成的碘升华。碘蒸气在滤纸底部凝聚，并在漏斗中看到紫色碘蒸气。当再无紫色碘蒸气产生时，停止加热。取下滤纸，将凝聚的固体碘刮到小称量瓶中，称重。计算海带中碘的百分含量。将新得到的碘回收在棕色试剂瓶中。

五、思考题

1. 哪些因素影响产率？

2. 重铬酸钾能用其他氧化剂代替吗？

附　　录

附录1 弱酸弱碱在水中的解离常数（298.15K）

1. 弱酸

名称	化学式	酸解离常数 K_a	pK_a
醋酸	HAc	$K_a=1.76\times10^{-5}$	4.75
碳酸	H_2CO_3	$K_{a1}=4.30\times10^{-7}$	6.37
		$K_{a2}=5.61\times10^{-11}$	10.25
草酸	$H_2C_2O_4$	$K_{a1}=5.90\times10^{-2}$	1.23
		$K_{a2}=6.40\times10^{-5}$	4.19
亚硝酸	HNO_2	$K_{a1}=5.13\times10^{-4}$	3.29
磷酸	H_3PO_4	$K_{a1}=7.5\times10^{-3}$	2.12
		$K_{a2}=6.31\times10^{-8}$	7.20
		$K_{a3}=4.36\times10^{-13}$	12.36
亚硫酸	H_2SO_3	$K_{a1}=1.26\times10^{-2}$	1.90
		$K_{a2}=6.31\times10^{-8}$	7.20
硫酸	H_2SO_4	$K_{a2}=1.20\times10^{-2}$	1.92
硫化氢	H_2S	$K_{a1}=1.32\times10^{-7}$	6.88
		$K_{a2}=1.2\times10^{-13}$	12.92
氢氰酸	HCN	$K_a=6.17\times10^{-10}$	9.21
硼酸	H_3BO_3	$K_a=5.8\times10^{-10}$	9.24
铬酸	H_2CrO_4	$K_{a1}=1.8\times10^{-1}$	0.74
		$K_{a2}=3.20\times10^{-7}$	6.49
氢氟酸	HF	$K_a=6.61\times10^{-4}$	3.18
过氧化氢	H_2O_2	$K_a=2.4\times10^{-12}$	11.62
次氯酸	HClO	$K_a=3.02\times10^{-8}$	7.52
次溴酸	HBrO	$K_a=2.06\times10^{-9}$	8.69
次碘酸	HIO	$K_a=2.3\times10^{-11}$	10.64
碘酸	HIO_3	$K_a=1.69\times10^{-1}$	0.77
砷酸	H_3AsO_4	$K_{a1}=6.31\times10^{-3}$	2.20
		$K_{a2}=1.02\times10^{-7}$	6.99
		$K_{a3}=6.99\times10^{-12}$	11.16
亚砷酸	H_3AsO_3	$K_a=6.0\times10^{-10}$	9.22
铵离子	NH_4^+	$K_a=5.56\times10^{-10}$	9.25
质子化六亚甲基四胺	$(CH_2)_6N_4H^+$	$K_a=7.1\times10^{-6}$	5.15
甲酸	HCOOH	$K_a=1.77\times10^{-4}$	3.75
氯乙酸	$ClCH_2COOH$	$K_a=1.40\times10^{-3}$	2.85
质子化氨基乙酸	$^+NH_3CH_2COOH$	$K_{a1}=4.5\times10^{-3}$	2.35
		$K_{a2}=1.67\times10^{-10}$	9.78
邻苯二甲酸	$C_6H_4(COOH)_2$	$K_{a1}=1.12\times10^{-3}$	2.95
		$K_{a2}=3.91\times10^{-6}$	5.41

续表

名称	化学式	酸解离常数 K_a	pK_a
d-酒石酸	HOOC(OH)CH-CH(OH)COOH	$K_{a1}=9.1\times10^{-4}$	3.04
		$K_{a2}=4.3\times10^{-5}$	4.37
柠檬酸	$(HOOCCH_2)_2C(OH)COOH$	$K_{a1}=7.1\times10^{-4}$	3.15
		$K_{a2}=1.68\times10^{-5}$	4.77
		$K_{a3}=4.0\times10^{-7}$	6.40
苯酚	C_6H_5OH	$K_a=1.2\times10^{-10}$	9.92
对氨基苯磺酸	$H_2NC_6H_4SO_3H$	$K_{a1}=2.6\times10^{-1}$	0.59
		$K_{a2}=7.6\times10^{-4}$	3.12
琥珀酸	$H_2C_4H_4O_4$	$K_{a1}=6.5\times10^{-5}$	4.19
		$K_{a2}=2.7\times10^{-6}$	5.57
乙二胺四乙酸(EDTA)	H_6Y^{2+}	$K_{a1}=1.3\times10^{-1}$	0.89
	H_5Y^{+}	$K_{a2}=3.0\times10^{-2}$	1.52
	H_4Y	$K_{a3}=1.0\times10^{-2}$	2.00
	H_3Y^{-}	$K_{a4}=2.1\times10^{-3}$	2.68
	H_2Y^{2-}	$K_{a5}=6.9\times10^{-7}$	6.16
	HY^{3-}	$K_{a6}=5.5\times10^{-11}$	10.26

2. 弱碱

名称	化学式	碱解离常数 K_b	pK_b
氨水	$NH_3\cdot H_2O$	$K_b=1.79\times10^{-5}$	4.75
联胺	N_2H_4	$K_b=8.91\times10^{-7}$	6.05
羟氨	NH_2OH	$K_b=9.12\times10^{-9}$	8.04
氢氧化铅	$Pb(OH)_2$	$K_{b1}=9.6\times10^{-4}$	3.02
		$K_{b2}=3\times10^{-8}$	7.52
氢氧化锂	LiOH	$K_b=6.31\times10^{-1}$	0.20
氢氧化铍	$Be(OH)_2$	$K_{b1}=1.78\times10^{-6}$	5.75
	$BeOH^{+}$	$K_{b2}=2.51\times10^{-9}$	8.60
氢氧化铝	$Al(OH)_3$	$K_{b1}=5.01\times10^{-9}$	8.30
	$Al(OH)^{2+}$	$K_{b2}=1.99\times10^{-10}$	9.70
氢氧化锌	$Zn(OH)_2$	$K_b=7.94\times10^{-7}$	6.10
乙二胺	$H_2NC_2H_4NH_2$	$K_{b1}=8.5\times10^{-5}$	4.07
		$K_{b2}=7.1\times10^{-8}$	7.15
六亚甲基四胺	$(CH_2)_6N_4$	$K_b=1.4\times10^{-9}$	8.85
尿素	$CO(NH_2)_2$	$K_b=1.5\times10^{-14}$	13.82

附录 2 相对分子质量

化合物	相对分子质量	化合物	相对分子质量	化合物	相对分子质量
AgBr	187.78	$Al_2(SO_4)_3$	342.15	CaO	56.08
AgCl	143.32	$BaCl_2\cdot 2H_2O$	244.28	CaC_2O_4	128.10
AgI	234.77	$BaCO_3$	197.34	$Ca(OH)_2$	74.09
$AgNO_3$	169.87	BaC_2O_4	225.34	CO_2	44.01
Al_2O_3	101.96	$BaCrO_4$	253.32	$CaCl_2$	110.98
As_2O_3	197.84	BaO	153.34	CaF_2	78.08
Ag_2CrO_4	331.73	$Ba(OH)_2\cdot 8H_2O$	351.36	$CaSO_4$	136.14
$AlCl_3$	133.34	$BaSO_4$	233.40	$Ca_3(PO_4)_2$	310.17
$Al(OH)_3$	78.00	$CaCO_3$	100.09	CH_3COOH	60.05

续表

化合物	相对分子质量	化合物	相对分子质量	化合物	相对分子质量
CH_3OH	32.04	NO	30.01	$KClO_3$	122.55
CH_3COCH_3	58.08	NO_2	46.01	$KClO_4$	138.55
C_6H_5COOH	122.12	NH_3	17.03	KCN	65.12
C_6H_5COONa	144.11	NH_4Cl	53.49	$KSCN$	97.18
CH_3COONH_4	77.08	$NH_3 \cdot H_2O$	35.05	$NaHCO_3$	84.01
CH_3COONa	82.03	Fe_2O_3	159.69	$Na_2C_2O_4$	134.00
C_6H_5OH	94.11	$Fe(OH)_3$	106.87	Na_2O	61.98
$CO(NH_2)_2$(尿素)	60.05	FeS	87.91	$NaOH$	40.00
$C_9H_8O_4$(乙酰水杨酸)	180.2	$FeSO_4$	151.91	K_2CrO_4	194.20
$(CH_2)_6N_4$(六亚甲基四胺)	140.2	$FeSO_4 \cdot 7H_2O$	278.01	$K_2Cr_2O_7$	294.19
CCl_4	152.82	$FeSO_4 \cdot (NH_4)_2SO_4 \cdot 6H_2O$	392.13	Na_2SO_4	142.04
CuO	79.84	H_3BO_3	61.83	Na_2S	78.04
Cu_2O	143.09	HBr	80.91	$Na_2S_2O_3$	158.10
$CuCl_2$	134.45	HCN	27.03	$Na_2S_2O_3 \cdot 5H_2O$	248.17
CuI	190.45	$HCOOH$	46.03	$PbCl_2$	278.11
$CuSO_4 \cdot 5H_2O$	249.68	H_2CO_3	62.02	$PbCrO_4$	323.19
FeO	71.85	$H_2C_2O_4$	90.04	PbI_2	461.01
KH_2PO_4	136.09	$H_2C_2O_4 \cdot 2H_2O$	126.06	KOH	56.11
$KHSO_4$	136.16	HCl	36.46	$(NH_4)_2SO_4$	132.13
KI	166.00	HF	20.01	NH_4SCN	76.12
KIO_3	214.00	HI	127.91	$(NH_4)_3PO_4 \cdot 12MoO_3$	1876.35
$KIO_3 \cdot HIO_3$	389.91	$HClO_4$	100.46	$Na_2B_4O_7$	201.22
$KMnO_4$	158.03	HNO_3	63.01	$Na_2B_4O_7 \cdot 10H_2O$	381.37
KNO_2	85.10	HNO_2	47.01	$NaBr$	102.89
KNO_3	101.10	H_2O	18.02	$NaCl$	58.44
K_2O	94.20	H_2O_2	34.01	Na_2CO_3	105.99
K_2SO_4	174.25	H_3PO_4	98.00	PbO	223.20
K_2PtCl_6	486.00	H_2S	34.08	PbO_2	239.20
$KHC_8H_4O_4$(邻苯二钾酸氢钾)	204.44	H_2SO_4	98.08	PbS	239.26
$KHC_4H_4O_6$(酒石酸氢钾)	188.18	H_2SO_3	82.07	P_2O_5	141.95
$MgCO_3$	84.31	$HgCl_2$	271.50	SO_2	64.06
$MgCl_2$	95.21	Hg_2Cl_2	472.09	SO_3	80.06
$MgCl_2 \cdot 6H_2O$	203.30	HgO	216.59	SiO_2	60.08
MgC_2O_4	112.33	HgS	232.65	$ZnCO_3$	125.39
$MgSO_4 \cdot 7H_2O$	246.47	$HgSO_4$	296.65	$ZnCl_2$	136.29
$MgNH_4PO_4 \cdot 6H_2O$	245.41	$KAl(SO_4)_2 \cdot 12H_2O$	474.38	ZnO	81.38
MgO	40.30	KBr	119.00	ZnS	97.44
$Mg(OH)_2$	58.32	$KBrO_3$	167.00	$ZnSO_4$	161.44
MnO_2	86.94	K_2CO_3	138.21	$ZnSO_4 \cdot 7H_2O$	287.55
MnS	87.00	KCl	74.55		
$MnSO_4$	151.00				

附录3 一些常见难溶化合物的溶度积常数（298.15K）

化合物	溶度积 K_{sp}	化合物	溶度积 K_{sp}	化合物	溶度积 K_{sp}
醋酸盐		氢氧化物		CdS	8.0×10^{-27}
AgAc	1.94×10^{-3}	AgOH	2.0×10^{-8}	CoS(α-型)	4.0×10^{-21}
卤化物		$Al(OH)_3$(无定形)	1.3×10^{-33}	CoS(β-型)	2.0×10^{-25}
AgBr	5.0×10^{-13}	$Be(OH)_2$(无定形)	1.6×10^{-22}	Cu_2S	2.5×10^{-48}
AgCl	1.8×10^{-10}	$Ca(OH)_2$	5.5×10^{-6}	CuS	6.3×10^{-36}
AgI	8.3×10^{-17}	$Cd(OH)_2$	5.27×10^{-15}	FeS	6.3×10^{-18}
BaF_2	1.84×10^{-7}	$Co(OH)_2$(粉红色)	1.09×10^{-15}	HgS(黑色)	1.6×10^{-52}
CaF_2	5.3×10^{-9}	$Co(OH)_2$(蓝色)	5.92×10^{-15}	HgS(红色)	4×10^{-53}
CuBr	5.3×10^{-9}	$Co(OH)_3$	1.6×10^{-44}	MnS(晶形)	2.5×10^{-13}
CuCl	1.2×10^{-6}	$Cr(OH)_2$	2×10^{-16}	NiS	1.07×10^{-21}
CuI	1.1×10^{-12}	$Cr(OH)_3$	6.3×10^{-31}	PbS	8.0×10^{-28}
Hg_2Cl_2	1.3×10^{-18}	$Cu(OH)_2$	2.2×10^{-20}	SnS	1×10^{-25}
Hg_2I_2	4.5×10^{-29}	$Fe(OH)_2$	8.0×10^{-16}	SnS_2	2×10^{-27}
HgI_2	2.9×10^{-29}	$Fe(OH)_3$	4×10^{-38}	ZnS	2.93×10^{-25}
$PbBr_2$	6.60×10^{-6}	$Mg(OH)_2$	1.8×10^{-11}	磷酸盐	
$PbCl_2$	1.6×10^{-5}	$Mn(OH)_2$	1.9×10^{-13}	Ag_3PO_4	1.4×10^{-16}
PbF_2	3.3×10^{-8}	$Ni(OH)_2$(新制备)	2.0×10^{-15}	$AlPO_4$	6.3×10^{-19}
PbI_2	7.1×10^{-9}	$Pb(OH)_2$	1.2×10^{-15}	$CaHPO_4$	1×10^{-7}
SrF_2	4.33×10^{-9}	$Sn(OH)_2$	1.4×10^{-28}	$Ca_3(PO_4)_2$	2.0×10^{-29}
碳酸盐		$Sr(OH)_2$	9×10^{-4}	$Cd_3(PO_4)_2$	2.53×10^{-33}
Ag_2CO_3	8.45×10^{-12}	$Zn(OH)_2$	1.2×10^{-17}	$Cu_3(PO_4)_2$	1.40×10^{-37}
$BaCO_3$	5.1×10^{-9}	草酸盐		$FePO_4\cdot2H_2O$	9.91×10^{-16}
$CaCO_3$	3.36×10^{-9}	$Ag_2C_2O_4$	5.4×10^{-12}	$MgNH_4PO_4$	2.5×10^{-13}
$CdCO_3$	1.0×10^{-12}	BaC_2O_4	1.6×10^{-7}	$Mg_3(PO_4)_2$	1.04×10^{-24}
$CuCO_3$	1.4×10^{-10}	$CaC_2O_4\cdot H_2O$	4×10^{-9}	$Pb_3(PO_4)_2$	8.0×10^{-43}
$FeCO_3$	3.13×10^{-11}	CuC_2O_4	4.43×10^{-10}	$Zn_3(PO_4)_2$	9.0×10^{-33}
Hg_2CO_3	3.6×10^{-17}	$FeC_2O_4\cdot2H_2O$	3.2×10^{-7}	其他盐	
$MgCO_3$	6.82×10^{-6}	$Hg_2C_2O_4$	1.75×10^{-13}	$[Ag^+][Ag(CN)_2^-]$	7.2×10^{-11}
$MnCO_3$	2.24×10^{-11}	$MgC_2O_4\cdot2H_2O$	4.83×10^{-6}	$Ag_4[Fe(CN)_6]$	1.6×10^{-41}
$NiCO_3$	1.42×10^{-7}	$MnC_2O_4\cdot2H_2O$	1.70×10^{-7}	$Cu_2[Fe(CN)_6]$	1.3×10^{-16}
$PbCO_3$	7.4×10^{-14}	PbC_2O_4	8.51×10^{-10}	AgSCN	1.03×10^{-12}
$SrCO_3$	5.6×10^{-10}	$SrC_2O_4\cdot H_2O$	1.6×10^{-7}	CuSCN	4.8×10^{-15}
$ZnCO_3$	1.46×10^{-10}	$ZnC_2O_4\cdot2H_2O$	1.38×10^{-9}	$AgBrO_3$	5.3×10^{-5}
铬酸盐		硫酸盐		$AgIO_3$	3.0×10^{-8}
Ag_2CrO_4	1.12×10^{-12}	Ag_2SO_4	1.4×10^{-5}	$Cu(IO_3)_2\cdot H_2O$	7.4×10^{-8}

续表

化合物	溶度积 K_{sp}	化合物	溶度积 K_{sp}	化合物	溶度积 K_{sp}
$Ag_2Cr_2O_7$	2.0×10^{-7}	$BaSO_4$	1.1×10^{-10}	$KHC_4H_4O_6$(酒石酸氢钾)	3×10^{-4}
$BaCrO_4$	1.2×10^{-10}	$CaSO_4$	9.1×10^{-6}	Al(8-羟基喹啉)$_3$	5×10^{-33}
$CaCrO_4$	7.1×10^{-4}	Hg_2SO_4	6.5×10^{-7}	$K_2Na[Co(NO_2)_6]\cdot H_2O$	2.2×10^{-11}
$CuCrO_4$	3.6×10^{-6}	$PbSO_4$	1.6×10^{-8}	$Na(NH_4)_2[Co(NO_2)_6]$	4×10^{-12}
Hg_2CrO_4	2.0×10^{-9}	$SrSO_4$	3.2×10^{-7}	Ni(丁二酮肟)$_2$	4×10^{-24}
$PbCrO_4$	2.8×10^{-13}	硫化物		Mg(8-羟基喹啉)$_2$	4×10^{-16}
$SrCrO_4$	2.2×10^{-5}	Ag_2S	6.3×10^{-50}	Zn(8-羟基喹啉)$_2$	5×10^{-25}

附录4 标准电极电势表(298.15K)

1. 在酸性溶液中

电　对	电　极　反　应	$\varphi^{\ominus}$/V
Li^+/Li	$Li^++e^-\rightleftharpoons Li$	−3.0401
K^+/K	$K^++e^-\rightleftharpoons K$	−2.931
Ba^{2+}/Ba	$Ba^{2+}+2e^-\rightleftharpoons Ba$	−2.912
Sr^{2+}/Sr	$Sr^{2+}+2e^-\rightleftharpoons Sr$	−2.89
Ca^{2+}/Ca	$Ca^{2+}+2e^-\rightleftharpoons Ca$	−2.868
Na^+/Na	$Na^++e^-\rightleftharpoons Na$	−2.71
Mg^{2+}/Mg	$Mg^{2+}+2e^-\rightleftharpoons Mg$	−2.372
H^+/H_2	$H_2(g)+2e^-\rightleftharpoons 2H^+$	−2.23
Al^{3+}/Al	$Al^{3+}+3e^-\rightleftharpoons Al$	−1.662
TiO_2/Ti	$TiO_2+4H^++4e^-\rightleftharpoons Ti+2H_2O$	−0.86
Zn^{2+}/Zn	$Zn^{2+}+2e^-\rightleftharpoons Zn$	−0.7618
Cr^{3+}/Cr	$Cr^{3+}+3e^-\rightleftharpoons Cr$	−0.744
$CO_2/H_2C_2O_4$	$2CO_2+2H^++2e^-\rightleftharpoons H_2C_2O_4$	−0.49
Fe^{2+}/Fe	$Fe^{2+}+2e^-\rightleftharpoons Fe$	−0.447
Cd^{2+}/Cd	$Cd^{2+}+2e^-\rightleftharpoons Cd$	−0.4030
PbI_2/Pb	$PbI_2+2e^-\rightleftharpoons Pb+2I^-$	−0.365
$PbSO_4/Pb$	$PbSO_4+2e^-\rightleftharpoons Pb+SO_4^{2-}$	−0.3588
Co^{2+}/Co	$Co^{2+}+2e^-\rightleftharpoons Co$	−0.28
$PbCl_2/Pb$	$PbCl_2+2e^-\rightleftharpoons Pb+2Cl^-$	−0.2675
Ni^{2+}/Ni	$Ni^{2+}+2e^-\rightleftharpoons Ni$	−0.257
V^{3+}/V^{2+}	$V^{3+}+e^-\rightleftharpoons V^{2+}$	−0.255
AgI/Ag	$AgI+e^-\rightleftharpoons Ag+I^-$	−0.15224
Sn^{2+}/Sn	$Sn^{2+}+2e^-\rightleftharpoons Sn$	−0.1375

续表

电　对	电极反应	$\varphi^{\ominus}/V$
Pb^{2+}/Pb	$Pb^{2+}+2e^- \rightleftharpoons Pb$	−0.1262
Hg_2I_2/Hg	$Hg_2I_2+2e^- \rightleftharpoons 2Hg+2I^-$	−0.0405
Fe^{3+}/Fe	$Fe^{3+}+3e^- \rightleftharpoons Fe$	−0.037
H^+/H_2	$2H^++2e^- \rightleftharpoons H_2$	0.0000
$AgBr/Ag$	$AgBr+e^- \rightleftharpoons Ag+Br^-$	0.07133
$S_4O_6^{2-}/S_2O_3^{2-}$	$S_4O_6^{2-}+2e^- \rightleftharpoons 2S_2O_3^{2-}$	0.08
TiO^{2+}/Ti^{3+}	$TiO^{2+}+2H^++e^- \rightleftharpoons Ti^{3+}+H_2O$	0.1
S/H_2S	$S+2H^++2e^- \rightleftharpoons H_2S(aq)$	0.142
Sn^{4+}/Sn^{2+}	$Sn^{4+}+2e^- \rightleftharpoons Sn^{2+}$	0.151
Cu^{2+}/Cu^+	$Cu^{2+}+e^- \rightleftharpoons Cu^+$	0.153
SO_4^{2-}/H_2SO_3	$SO_4^{2-}+4H^++2e^- \rightleftharpoons H_2SO_3+H_2O$	0.172
$AgCl/Ag$	$AgCl+e^- \rightleftharpoons Ag+Cl^-$	0.22233
Hg_2Cl_2/Hg	$Hg_2Cl_2+2e^- \rightleftharpoons 2Hg+2Cl^-$(饱和 KCl)	0.26808
Cu^{2+}/Cu	$Cu^{2+}+2e^- \rightleftharpoons Cu$	0.3419
Ag_2CrO_4/Ag	$Ag_2CrO_4+2e^- \rightleftharpoons 2Ag+CrO_4^{2-}$	0.4470
Cu^+/Cu	$Cu^++e^- \rightleftharpoons Cu$	0.521
I_2/I^-	$I_2+2e^- \rightleftharpoons 2I^-$	0.5355
I_3^-/I^-	$I_3^-+2e^- \rightleftharpoons 3I^-$	0.536
$HgCl_2/Hg_2Cl_2$	$2HgCl_2+2e^- \rightleftharpoons Hg_2Cl_2+2Cl^-$	0.63
$[PtCl_6]^{2-}/[PtCl_4]^{2-}$	$[PtCl_6]^{2-}+2e^- \rightleftharpoons [PtCl_4]^{2-}+2Cl/$	0.68
O_2/H_2O_2	$O_2+2H^++2e^- \rightleftharpoons H_2O_2$	0.695
$[PtCl_4]^{2-}/Pt$	$[PtCl_4]^{2-}+2e^- \rightleftharpoons Pt+4Cl^-$	0.755
Fe^{3+}/Fe^{2+}	$Fe^{3+}+e^- \rightleftharpoons Fe^{2+}$	0.771
Ag^+/Ag	$Ag^++e^- \rightleftharpoons Ag$	0.7996
Hg^{2+}/Hg	$Hg^{2+}+2e^- \rightleftharpoons Hg$	0.851
Cu^{2+}/CuI	$Cu^{2+}+I^-+e^- \rightleftharpoons CuI$	0.86
Hg^{2+}/Hg_2^{2+}	$2Hg^{2+}+2e^- \rightleftharpoons Hg_2^{2+}$	0.920
Pd^{2+}/Pd	$Pd^{2+}+2e^- \rightleftharpoons Pd$	0.951
HIO/I^-	$HIO+H^++2e^- \rightleftharpoons I^-+H_2O$	0.987
IO_3^-/I^-	$IO_3^-+6H^++6e^- \rightleftharpoons I^-+3H_2O$	1.085
Br_2/Br^-	$Br_2(aq)+2e^- \rightleftharpoons 2Br^-$	1.0873
ClO_3^-/ClO_2	$ClO_3^-+2H^++e^- \rightleftharpoons ClO_2+H_2O$	1.152
Pt^{2+}/Pt	$Pt^{2+}+2e^- \rightleftharpoons Pt$	1.18
ClO_4^-/ClO_3^-	$ClO_4^-+2H^++2e^- \rightleftharpoons ClO_3^-+H_2O$	1.189

续表

电对	电极反应	$\varphi^{\ominus}/V$
IO_3^-/I_2	$2IO_3^- + 12H^+ + 10e^- \rightleftharpoons I_2 + 6H_2O$	1.195
$ClO_3^-/HClO_2$	$ClO_3^- + 3H^+ + 2e^- \rightleftharpoons HClO_2 + H_2O$	1.214
MnO_2/Mn^{2+}	$MnO_2 + 4H^+ + 2e^- \rightleftharpoons Mn^{2+} + 2H_2O$	1.224
O_2/H_2O	$O_2 + 4H^+ + 4e^- \rightleftharpoons 2H_2O$	1.229
$ClO_2/HClO_2$	$ClO_2 + H^+ + e^- \rightleftharpoons HClO_2$	1.277
$Cr_2O_7^{2-}/Cr^{3+}$	$Cr_2O_7^{2-} + 14H^+ + 6e^- \rightleftharpoons 2Cr^{3+} + 7H_2O$	1.33
$HBrO/Br^-$	$HBrO + H^+ + 2e^- \rightleftharpoons = Br^- + H_2O$	1.331
$HCrO_4^-/Cr^{3+}$	$HCrO_4^- + 7H^+ + 3e^- \rightleftharpoons Cr^{3+} + 4H_2O$	1.350
Cl_2/Cl^-	$Cl_2(g) + 2e^- \rightleftharpoons 2Cl^-$	1.35827
ClO_4^-/Cl^-	$ClO_4^- + 8H^+ + 8e^- \rightleftharpoons Cl^- + 4H_2O$	1.389
ClO_4^-/Cl_2	$ClO_4^- + 8H^+ + 7e^- \rightleftharpoons 1/2Cl_2 + 4H_2O$	1.39
BrO_3^-/Br^-	$BrO_3^- + 6H^+ + 6e^- \rightleftharpoons Br^- + 3H_2O$	1.423
HIO/I_2	$2HIO + 2H^+ + 2e^- \rightleftharpoons I_2 + 2H_2O$	1.439
ClO_3^-/Cl^-	$ClO_3^- + 6H^+ + 6e^- \rightleftharpoons Cl^- + 3H_2O$	1.451
PbO_2/Pb^{2+}	$PbO_2 + 4H^+ + 2e^- \rightleftharpoons Pb^{2+} + 2H_2O$	1.455
ClO_3^-/Cl_2	$ClO_3^- + 6H^+ + 5e^- \rightleftharpoons 1/2Cl_2 + 3H_2O$	1.47
$HClO/Cl^-$	$HClO + H^+ + 2e^- \rightleftharpoons Cl^- + H_2O$	1.482
BrO_3^-/Br_2	$BrO_3^- + 6H^+ + 5e^- \rightleftharpoons 1/2Br_2 + 3H_2O$	1.482
Au^{3+}/Au	$Au^{3+} + 3e^- \rightleftharpoons Au$	1.498
MnO_4^-/Mn^{2+}	$MnO_4^- + 8H^+ + 5e^- \rightleftharpoons Mn^{2+} + 4H_2O$	1.507
Mn^{3+}/Mn^{2+}	$Mn^{3+} + e^- \rightleftharpoons Mn^{2+}$	1.5415
$HClO_2/Cl^-$	$HClO_2 + 3H^+ + 4e^- \rightleftharpoons Cl^- + 2H_2O$	1.570
$HBrO/Br_2$	$HBrO + H^+ + e^- \rightleftharpoons 1/2Br_2(aq) + H_2O$	1.574
$HClO/Cl_2$	$HClO + H^+ + e^- \rightleftharpoons 1/2Cl_2 + H_2O$	1.611
MnO_4^-/MnO_2	$MnO_4^- + 4H^+ + 3e^- \rightleftharpoons MnO_2 + 2H_2O$	1.679
$PbO_2/PbSO_4$	$PbO_2 + SO_4^{2-} + 4H^+ + 2e^- \rightleftharpoons PbSO_4 + 2H_2O$	1.6913
Au^+/Au	$Au^+ + e^- \rightleftharpoons Au$	1.692
H_2O_2/H_2O	$H_2O_2 + 2H^+ + 2e^- \rightleftharpoons 2H_2O$	1.776
Co^{3+}/Co^{2+}	$Co^{3+} + e^- \rightleftharpoons Co^{2+}$ (2mol・$L^{/1}$ H_2SO_4)	1.83
Ag^{2+}/Ag^+	$Ag^{2+} + e^- \rightleftharpoons Ag^+$	1.980
$S_2O_8^{2-}/SO_4^{2-}$	$S_2O_8^{2-} + 2e^- \rightleftharpoons 2SO_4^{2-}$	2.010
O_3/O_2	$O_3 + 2H^+ + 2e^- \rightleftharpoons O_2 + H_2O$	2.076
F_2/F^-	$F_2 + 2e^- \rightleftharpoons 2F^-$	2.866

2. 在碱性溶液中

电　对	电 极 反 应	φ/V
$Ca(OH)_2/Ca$	$Ca(OH)_2+2e^- \rightleftharpoons Ca+2OH^-$	−3.02
$Ba(OH)_2/Ba$	$Ba(OH)_2+2e^- \rightleftharpoons Ba+2OH^-$	−2.99
$Mg(OH)_2/Mg$	$Mg(OH)_2+2e^- \rightleftharpoons Mg+2OH^-$	−2.690
$Mn(OH)_2/Mn$	$Mn(OH)_2+2e^- \rightleftharpoons Mn+2OH^-$	−1.56
$Cr(OH)_3/Cr$	$Cr(OH)_3+3e^- \rightleftharpoons Cr+3OH^-$	−1.48
$[Zn(CN)_4]^{2-}/Zn$	$[Zn(CN)_4]^{2-}+2e^- \rightleftharpoons Zn+4CN^-$	−1.26
$Zn(OH)_2/Zn$	$Zn(OH)_2+2e^- \rightleftharpoons Zn+2OH^-$	−1.249
ZnO_2^{2-}/Zn	$ZnO_2^{2-}+2H_2O+2e^- \rightleftharpoons Zn+4OH^-$	−1.215
CrO_2^-/Cr	$CrO_2^-+2H_2O+3e^- \rightleftharpoons Cr+4OH^-$	−1.2
PO_4^{3-}/HPO_3^{2-}	$PO_4^{3-}+2H_2O+2e^- \rightleftharpoons HPO_3^{2-}+3OH^-$	−1.05
$[Zn(NH_3)_4]^{2+}/Zn$	$[Zn(NH_3)_4]^{2+}+2e^- \rightleftharpoons Zn+4NH_3$	−1.04
SO_4^{2-}/SO_3^{2-}	$SO_4^{2-}+H_2O+2e^- \rightleftharpoons SO_3^{2-}+2OH^-$	−0.93
H_2O/H_2	$2H_2O+2e^- \rightleftharpoons H_2+2OH^-$	−0.8277
$Ni(OH)_2/Ni$	$Ni(OH)_2+2e^- \rightleftharpoons Ni+2OH^-$	−0.72
Ag_2S/Ag	$Ag_2S+2e^- \rightleftharpoons 2Ag+S^{2-}$	−0.691
$SO_3^{2-}/S_2O_3^{2-}$	$2SO_3^{2-}+3H_2O+4e^- \rightleftharpoons S_2O_3^{2-}+6OH^-$	−0.58
$Fe(OH)_3/Fe(OH)_2$	$Fe(OH)_3+e^- \rightleftharpoons Fe(OH)_2+OH^-$	−0.56
S/S^{2-}	$S+2e^- \rightleftharpoons S^{2-}$	−0.47627
$[Co(NH_3)_6]^{2+}/Co$	$[Co(NH_3)_6]^{2+}+2e^- \rightleftharpoons Co+6NH_3$	−0.422
Cu_2O/Cu	$Cu_2O+H_2O+2e^- \rightleftharpoons 2Cu+2OH^-$	−0.360
$[Ag(CN)_2]^-/Ag$	$[Ag(CN)_2]^-+e^- \rightleftharpoons Ag+2CN^-$	−0.31
$Cu(OH)_2/Cu$	$Cu(OH)_2+2e^- \rightleftharpoons Cu+2OH^-$	−0.222
O_2/HO_2^-	$O_2+H_2O+2e^- \rightleftharpoons HO_2^-+OH^-$	−0.076
$AgCN/Ag$	$AgCN+e^- \rightleftharpoons Ag+CN^-$	−0.017
NO_3^-/NO_2^-	$NO_3^-+H_2O+2e^- \rightleftharpoons NO_2^-+2OH^-$	0.01
$Pd(OH)_2/Pd$	$Pd(OH)_2+2e^- \rightleftharpoons Pd+2OH^-$	0.07
HgO/Hg	$HgO+H_2O+2e^- \rightleftharpoons Hg+2OH^-$	0.0977
$[Co(NH_3)_6]^{3+}/[Co(NH_3)_6]^{2+}$	$[Co(NH_3)_6]^{3+}+e^- \rightleftharpoons [Co(NH_3)_6]^{2+}$	0.108
$Co(OH)_3/Co(OH)_2$	$Co(OH)_3+e^- \rightleftharpoons Co(OH)_2+OH^-$	0.17
PbO_2/PbO	$PbO_2+H_2O+2e^- \rightleftharpoons PbO+2OH^-$	0.247
IO_3^-/I^-	$IO_3^-+3H_2O+6e^- \rightleftharpoons I^-+6OH^-$	0.26
ClO_3^-/ClO_2^-	$ClO_4^-+H_2O+2e^- \rightleftharpoons ClO_3^-+2OH^-$	0.33
Ag_2O/Ag	$Ag_2O+H_2O+2e^- \rightleftharpoons 2Ag+2OH^-$	0.342
$[Fe(CN)_6]^{3-}/[Fe(CN)_6]^{4-}$	$[Fe(CN)_6]^{3-}+e^- \rightleftharpoons [Fe(CN)_6]^{4-}$	0.358
ClO_4^-/ClO_3^-	$ClO_4^-+H_2O+2e^- \rightleftharpoons ClO_3^-+2OH^-$	0.36

续表

电对	电极反应	φ/V
$[Ag(NH_3)_2]^+/Ag$	$[Ag(NH_3)_2]^+ + e^- \rightleftharpoons Ag + 2NH_3$	0.373
O_2/OH^-	$O_2 + 2H_2O + 4e^- \rightleftharpoons 4OH^-$	0.401
IO^-/I^-	$IO^- + H_2O + 2e^- \rightleftharpoons I^- + 2OH^-$	0.485
MnO_4^-/MnO_4^{2-}	$MnO_4^- + e^- \rightleftharpoons MnO_4^{2-}$	0.558
MnO_4^-/MnO_2	$MnO_4^- + 2H_2O + 3e^- \rightleftharpoons MnO_2 + 4OH^-$	0.595
BrO_3^-/Br^-	$BrO_3^- + 3H_2O + 6e^- \rightleftharpoons Br^- + 6OH^-$	0.61
ClO_3^-/Cl^-	$ClO_3^- + 3H_2O + 6e^- \rightleftharpoons Cl^- + 6OH^-$	0.62
ClO_2^-/ClO^-	$ClO_2^- + H_2O + 2e^- \rightleftharpoons ClO^- + 2OH^-$	0.66
ClO_2^-/Cl^-	$ClO_2^- + 2H_2O + 4e^- \rightleftharpoons Cl^- + 4OH^-$	0.76
BrO^-/Br^-	$BrO^- + H_2O + 2e^- \rightleftharpoons Br^- + 2OH^-$	0.761
ClO^-/Cl^-	$ClO^- + H_2O + 2e^- \rightleftharpoons Cl^- + 2OH^-$	0.841
O_3/OH^-	$O_3 + H_2O + 2e^- \rightleftharpoons O_2 + 2OH^-$	1.24

参 考 文 献

[1] 呼世斌等．无机及分析化学．北京：高等教育出版社，2001.

[2] 古国榜．无机化学．第 2 版．北京：化学工业出版社，2007.

[3] 邢文卫．分析化学．第 2 版．北京：化学工业出版社，2006.

[4] 胡伟光．无机化学．三年制．第 2 版．北京：化学工业出版社，2008.

[5] 侯新初．无机化学．北京：中国医药科技出版社，2002.

[6] 王建梅．无机化学．北京：化学工业出版社，2006.

[7] 张正兢．基础化学．北京：化学工业出版社，2008.

[8] 林俊杰．无机化学．第 2 版．北京：化学工业出版社，2008.

[9] 黄蔷蕾．无机及分析化学．北京：中国农业出版社，2004.

[10] 徐春祥．医学化学．北京：高等教育出版社，2004.

[11] 陈虹锦．无机及分析化学．北京：科学出版社，2002.

[12] 董敬芳．无机化学．第 4 版．北京：化学工业出版社，2004.

[13] 张铁恒．分析化学中的量和单位．第 2 版．北京：中国标准出版社，2002.

[14] 张铁恒．化验工作使用手册．北京：化学工业出版社，2003.

[15] 赵玉娥．基础化学．北京：化学工业出版社，2008.

元素周期表

IUPAC 2013

氧化态(单质的氧化态为0，未列入；常见的为红色) — +2 +3 +4 +5 +6

95 — 原子序数
Am — 元素符号(红色的为放射性元素)
镅˄ — 元素名称(注˄的为人造元素)
$5f^7 7s^2$ — 价层电子构型
243.06138(2)✦ — 以 ^{12}C=12为基准的原子量(注✦的是半衰期最长同位素的原子量)

s区元素　p区元素　d区元素　ds区元素　f区元素　稀有气体

族 周期	1 ⅠA	2 ⅡA	3 ⅢB	4 ⅣB	5 ⅤB	6 ⅥB	7 ⅦB	8 ⅧB(Ⅷ)	9 ⅧB(Ⅷ)	10 ⅧB(Ⅷ)	11 ⅠB	12 ⅡB	13 ⅢA	14 ⅣA	15 ⅤA	16 ⅥA	17 ⅦA	18 ⅧA(0)	电子层
1	−1 +1 1 **H** 氢 $1s^1$ 1.008																	2 **He** 氦 $1s^2$ 4.002602(2)	K
2	+1 3 **Li** 锂 $2s^1$ 6.94	+2 4 **Be** 铍 $2s^2$ 9.0121831(5)											+3 5 **B** 硼 $2s^2 2p^1$ 10.81	−4 +2 +4 6 **C** 碳 $2s^2 2p^2$ 12.011	−3 −2 −1 +1 +2 +3 +4 +5 7 **N** 氮 $2s^2 2p^3$ 14.007	−2 −1 8 **O** 氧 $2s^2 2p^4$ 15.999	−1 9 **F** 氟 $2s^2 2p^5$ 18.998403163(6)	10 **Ne** 氖 $2s^2 2p^6$ 20.1797(6)	L K
3	−1 +1 11 **Na** 钠 $3s^1$ 22.98976928(2)	+2 12 **Mg** 镁 $3s^2$ 24.305											+3 13 **Al** 铝 $3s^2 3p^1$ 26.9815385(7)	−4 +2 +4 14 **Si** 硅 $3s^2 3p^2$ 28.085	−3 −2 +1 +3 +5 15 **P** 磷 $3s^2 3p^3$ 30.973761998(5)	−2 +2 +4 +6 16 **S** 硫 $3s^2 3p^4$ 32.06	−1 +1 +3 +5 +7 17 **Cl** 氯 $3s^2 3p^5$ 35.45	18 **Ar** 氩 $3s^2 3p^6$ 39.948(1)	M L K
4	−1 +1 19 **K** 钾 $4s^1$ 39.0983(1)	+2 20 **Ca** 钙 $4s^2$ 40.078(4)	+3 21 **Sc** 钪 $3d^1 4s^2$ 44.955908(5)	−1 0 +2 +3 +4 22 **Ti** 钛 $3d^2 4s^2$ 47.867(1)	0 ±1 +2 +3 +4 +5 23 **V** 钒 $3d^3 4s^2$ 50.9415(1)	−3 0 ±1 ±2 +3 +4 +5 +6 24 **Cr** 铬 $3d^5 4s^1$ 51.9961(6)	−2 0 ±1 +2 ±3 +4 +5 +6 +7 25 **Mn** 锰 $3d^5 4s^2$ 54.938044(3)	−2 0 ±1 +2 +3 +4 +5 +6 26 **Fe** 铁 $3d^6 4s^2$ 55.845(2)	0 ±1 +2 +3 +4 +5 27 **Co** 钴 $3d^7 4s^2$ 58.933194(4)	0 ±1 +2 +3 +4 28 **Ni** 镍 $3d^8 4s^2$ 58.6934(4)	+1 +2 +3 +4 29 **Cu** 铜 $3d^{10} 4s^1$ 63.546(3)	+1 +2 30 **Zn** 锌 $3d^{10} 4s^2$ 65.38(2)	+1 +3 31 **Ga** 镓 $4s^2 4p^1$ 69.723(1)	+2 +4 32 **Ge** 锗 $4s^2 4p^2$ 72.630(8)	−3 +3 +5 33 **As** 砷 $4s^2 4p^3$ 74.921595(6)	−2 +2 +4 +6 34 **Se** 硒 $4s^2 4p^4$ 78.971(8)	−1 +1 +3 +5 +7 35 **Br** 溴 $4s^2 4p^5$ 79.904	+2 +4 36 **Kr** 氪 $4s^2 4p^6$ 83.798(2)	N M L K
5	−1 +1 37 **Rb** 铷 $5s^1$ 85.4678(3)	+2 38 **Sr** 锶 $5s^2$ 87.62(1)	+3 39 **Y** 钇 $4d^1 5s^2$ 88.90584(2)	+1 +2 +3 +4 40 **Zr** 锆 $4d^2 5s^2$ 91.224(2)	0 ±1 +2 +3 +4 +5 41 **Nb** 铌 $4d^4 5s^1$ 92.90637(2)	0 ±1 ±2 +3 +4 +5 +6 42 **Mo** 钼 $4d^5 5s^1$ 95.95(1)	0 ±1 +2 +3 +4 +5 +6 +7 43 **Tc** 锝˄ $4d^5 5s^2$ 97.90721(3)✦	0 +1 ±2 +3 +4 +5 +6 +7 +8 44 **Ru** 钌 $4d^7 5s^1$ 101.07(2)	0 ±1 +2 +3 +4 +5 +6 45 **Rh** 铑 $4d^8 5s^1$ 102.90550(2)	0 +1 +2 +3 +4 46 **Pd** 钯 $4d^{10}$ 106.42(1)	+1 +2 +3 47 **Ag** 银 $4d^{10} 5s^1$ 107.8682(2)	+1 +2 48 **Cd** 镉 $4d^{10} 5s^2$ 112.414(4)	+1 +3 49 **In** 铟 $5s^2 5p^1$ 114.818(1)	+2 +4 50 **Sn** 锡 $5s^2 5p^2$ 118.710(7)	−3 +3 +5 51 **Sb** 锑 $5s^2 5p^3$ 121.760(1)	−2 +2 +4 +6 52 **Te** 碲 $5s^2 5p^4$ 127.60(3)	−1 +1 +3 +5 +7 53 **I** 碘 $5s^2 5p^5$ 126.90447(3)	+2 +4 +6 +8 54 **Xe** 氙 $5s^2 5p^6$ 131.293(6)	O N M L K
6	−1 +1 55 **Cs** 铯 $6s^1$ 132.90545196(6)	+2 56 **Ba** 钡 $6s^2$ 137.327(7)	57~71 **La~Lu** 镧系	+1 +2 +3 +4 72 **Hf** 铪 $5d^2 6s^2$ 178.49(2)	0 ±1 +2 +3 +4 +5 73 **Ta** 钽 $5d^3 6s^2$ 180.94788(2)	0 ±1 ±2 +3 +4 +5 +6 74 **W** 钨 $5d^4 6s^2$ 183.84(1)	0 ±1 +2 +3 +4 +5 +6 +7 75 **Re** 铼 $5d^5 6s^2$ 186.207(1)	0 +1 +2 +3 +4 +5 +6 +7 +8 76 **Os** 锇 $5d^6 6s^2$ 190.23(3)	0 ±1 +2 +3 +4 +5 +6 77 **Ir** 铱 $5d^7 6s^2$ 192.217(3)	0 +2 +3 +4 +5 +6 78 **Pt** 铂 $5d^9 6s^1$ 195.084(9)	+1 +2 +3 +5 79 **Au** 金 $5d^{10} 6s^1$ 196.966569(5)	+1 +2 +3 80 **Hg** 汞 $5d^{10} 6s^2$ 200.592(3)	+1 +3 81 **Tl** 铊 $6s^2 6p^1$ 204.38	+2 +4 82 **Pb** 铅 $6s^2 6p^2$ 207.2(1)	−3 +3 +5 83 **Bi** 铋 $6s^2 6p^3$ 208.98040(1)	−2 +2 +3 +4 +6 84 **Po** 钋 $6s^2 6p^4$ 208.98243(2)✦	±1 +5 +7 85 **At** 砹 $6s^2 6p^5$ 209.98715(5)✦	+2 86 **Rn** 氡 $6s^2 6p^6$ 222.01758(2)✦	P O N M L K
7	+1 87 **Fr** 钫˄ $7s^1$ 223.01974(2)✦	+2 88 **Ra** 镭 $7s^2$ 226.02541(2)✦	89~103 **Ac~Lr** 锕系	104 **Rf** 𬬻˄ $6d^2 7s^2$ 267.122(4)✦	105 **Db** 𬭊˄ $6d^3 7s^2$ 270.131(4)✦	106 **Sg** 𬭳˄ $6d^4 7s^2$ 269.129(3)✦	107 **Bh** 𬭛˄ $6d^5 7s^2$ 270.133(2)✦	108 **Hs** 𬭶˄ $6d^6 7s^2$ 270.134(2)✦	109 **Mt** 鿏˄ $6d^7 7s^2$ 278.156(5)✦	110 **Ds** 𫟼˄ 281.165(4)✦	111 **Rg** 𬬭˄ 281.166(6)✦	112 **Cn** 鿔˄ 285.177(4)✦	113 **Nh** 鿭˄ 286.182(5)✦	114 **Fl** 𫓧˄ 289.190(4)✦	115 **Mc** 镆˄ 289.194(6)✦	116 **Lv** 𫟷˄ 293.204(4)✦	117 **Ts** 鿬˄ 293.208(6)✦	118 **Og** 鿫˄ 294.214(5)✦	Q P O N M L K

★ 镧系	+3 57 **La**★ 镧 $5d^1 6s^2$ 138.90547(7)	+2 +3 +4 58 **Ce** 铈 $4f^1 5d^1 6s^2$ 140.116(1)	+3 +4 59 **Pr** 镨 $4f^3 6s^2$ 140.90766(2)	+2 +3 +4 60 **Nd** 钕 $4f^4 6s^2$ 144.242(3)	+3 61 **Pm** 钷˄ $4f^5 6s^2$ 144.91276(2)✦	+2 +3 62 **Sm** 钐 $4f^6 6s^2$ 150.36(2)	+2 +3 63 **Eu** 铕 $4f^7 6s^2$ 151.964(1)	+3 64 **Gd** 钆 $4f^7 5d^1 6s^2$ 157.25(3)	+3 +4 65 **Tb** 铽 $4f^9 6s^2$ 158.92535(2)	+3 +4 66 **Dy** 镝 $4f^{10} 6s^2$ 162.500(1)	+3 67 **Ho** 钬 $4f^{11} 6s^2$ 164.93033(2)	+3 68 **Er** 铒 $4f^{12} 6s^2$ 167.259(3)	+2 +3 69 **Tm** 铥 $4f^{13} 6s^2$ 168.93422(2)	+2 +3 70 **Yb** 镱 $4f^{14} 6s^2$ 173.045(10)	+3 71 **Lu** 镥 $4f^{14} 5d^1 6s^2$ 174.9668(1)
★ 锕系	+3 89 **Ac**★ 锕 $6d^1 7s^2$ 227.02775(2)✦	+3 +4 90 **Th** 钍 $6d^2 7s^2$ 232.0377(4)	+3 +4 +5 91 **Pa** 镤 $5f^2 6d^1 7s^2$ 231.03588(2)	+2 +3 +4 +5 +6 92 **U** 铀 $5f^3 6d^1 7s^2$ 238.02891(3)	+3 +4 +5 +6 +7 93 **Np** 镎 $5f^4 6d^1 7s^2$ 237.04817(2)✦	+3 +4 +5 +6 +7 94 **Pu** 钚 $5f^6 7s^2$ 244.06421(4)✦	+2 +3 +4 +5 +6 95 **Am** 镅˄ $5f^7 7s^2$ 243.06138(2)✦	+3 +4 96 **Cm** 锔˄ $5f^7 6d^1 7s^2$ 247.07035(3)✦	+3 +4 97 **Bk** 锫˄ $5f^9 7s^2$ 247.07031(4)✦	+2 +3 +4 98 **Cf** 锎˄ $5f^{10} 7s^2$ 251.07959(3)✦	+2 +3 99 **Es** 锿˄ $5f^{11} 7s^2$ 252.0830(3)✦	+2 +3 100 **Fm** 镄˄ $5f^{12} 7s^2$ 257.09511(5)✦	+2 +3 101 **Md** 钔˄ $5f^{13} 7s^2$ 258.09843(3)✦	+2 +3 102 **No** 锘˄ $5f^{14} 7s^2$ 259.1010(7)✦	+3 103 **Lr** 铹˄ $5f^{14} 6d^1 7s^2$ 262.110(2)✦